信息技术人才培养系列规划教材

物联网开发实战系列

Linux

系统编程

慕课版

学 IT 有疑问
就找千问千知！

◎ 千锋教育高教产品研发部 编著

人民邮电出版社

北　京

图书在版编目（CIP）数据

Linux系统编程：慕课版 / 千锋教育高教产品研发
部编著. -- 北京：人民邮电出版社，2020.8
信息技术人才培养系列规划教材
ISBN 978-7-115-53337-1

Ⅰ. ①L… Ⅱ. ①千… Ⅲ. ①Linux操作系统—教材
Ⅳ. ①TP316.85

中国版本图书馆CIP数据核字(2020)第104301号

内 容 提 要

本书采用知识模块串联的方式，对 Linux 操作系统应用层编程涉及的核心知识点由浅至深进行了详细的讲解。全书共分 12 章：第 1 章介绍了 Linux 操作系统的核心，即有关文件的操作；第 2 章介绍了不同形式 I/O 的操作接口；第 3 章介绍了进程的相关属性与进程的创建，以及进程的各种状态；第 4 章介绍了多线程编程，以及线程同步互斥机制；第 5 章介绍了三种早期的进程间通信机制；第 6 章介绍了 System V 的三种进程间通信机制；第 7 章～第 10 章介绍了进程间通信的重要知识，从网络基础编程及协议分析，到难度更深的网络高级编程；第 11 章介绍了 SQLite 数据库的简单应用；第 12 章介绍了一个实际的项目案例，回顾并应用了前面的大部分知识点，以达到复习并提高实战能力的效果。

本书可作为高等院校教材及教学参考书，也可作为培训机构的培训用书，还可作为开发人员的参考书。

◆ 编　著　千锋教育高教产品研发部
责任编辑　李　召
责任印制　王　郁　陈　犇

◆ 人民邮电出版社出版发行　　北京市丰台区成寿寺路 11 号
邮编　100164　　电子邮件　315@ptpress.com.cn
网址　https://www.ptpress.com.cn
涿州市京南印刷厂印刷

◆ 开本：787×1092　1/16
印张：21.75　　　　　　　2020 年 8 月第 1 版
字数：629 千字　　　　　2020 年 8 月河北第 1 次印刷

定价：59.80 元

读者服务热线：(010)81055256　印装质量热线：(010)81055316
反盗版热线：(010)81055315
广告经营许可证：京东市监广登字 20170147 号

编　委　会

当今世界是知识爆炸的世界，科学技术与信息技术快速发展，新型技术层出不穷，教科书也要紧随时代的发展，纳入新知识、新内容。目前很多教科书注重算法讲解，但是如果在初学者还不会编写一行代码的情况下，教科书就开始讲解算法，会打击初学者学习的积极性，使其难以入门。

IT 行业需要的不是只有理论知识的人才，而是技术过硬、综合能力强的实用型人才。高校毕业生求职面临的第一道门槛就是技能与经验。学校往往注重学生理论知识的学习，忽略了对学生实践能力的培养，导致学生无法将理论知识应用到实际工作中。

为了杜绝这一现象，本书倡导快乐学习、实战就业，在语言描述上力求准确、通俗易懂，在章节编排上循序渐进，在语法阐述中尽量避免术语和公式，从项目开发的实际需求入手，将理论知识与实际应用相结合，目的就是让初学者能够快速成长为初级程序员，积累一定的项目开发经验，从而在职场中拥有一个高起点。

千锋教育

本书特点

提到物联网或者嵌入式，就不得不提及 Linux 操作系统。Linux 是一款免费使用和自由传播的开源操作系统。伴随着智能互联网的快速发展，Linux 得到了来自全世界软件爱好者、组织、公司的支持。传统的 Linux 内核经过特殊的定制，就可以移植到嵌入式硬件平台上，这使得 Linux 成为目前在物联网设备中应用最为广泛的操作系统。

本书从系统编程的角度，对 Linux 系统涉及的各种函数接口进行了细致的讲解，同时介绍了系统中的各种应用机制。这些常用的接口与机制是连接用户与内核的桥梁，了解它们是探索 Linux 系统内部运行机制的前提。本书从实际开发的需求出发，重点介绍了各种接口的应用场合与原理，精选重点、难点，将知识点与实例结合，真正实现通俗易懂。同时，本书在最后一章通过一个完整的项目案例，帮助读者夯实理论知识，提升开发能力。

通过本书你将学到以下内容。

第 1 章：介绍了 Linux 操作系统中对文件的基本操作。

第 2 章：介绍了通过标准库与系统调用实现对文件的操作。

第 3 章：介绍了进程的概念以及相关的编程操作。

第 4 章：介绍了多线程编程以及同步互斥机制。

第 5 章：介绍了传统进程间的通信机制。

第 6 章：介绍了 System V 进程间通信机制。

第 7 章：介绍了网络基本概念与专业名词。

第 8 章：介绍了网络编程基础以及使用抓包工具。

第 9 章：介绍了 I/O 模型以及服务器模型。

第 10 章：介绍了网络高级编程。

第 11 章：介绍了 SQLite 数据库的基本操作。

第 12 章：介绍了项目案例——小区物业停车管理系统。

针对高校教师的服务

千锋教育基于多年的教育培训经验，精心设计了"教材+授课资源+考试系统+测试题+辅助案例"教学资源包。教师使用教学资源包可节约备课时间，缓解教学压力，显著提高教学质量。

本书配有千锋教育优秀讲师录制的教学视频，按知识结构体系已部署到教学辅助平台"扣丁学堂"，可以作为教学资源使用，也可以作为备课参考资料。本书配套教学视频，可登录"扣丁学堂"官方网站下载。

高校教师如需配套教学资源包，也可扫描下方二维码，关注"扣丁学堂"师资服务微信公众号获取。

扣丁学堂

针对高校学生的服务

学 IT 有疑问，就找"千问千知"，这是一个有问必答的 IT 社区。平台上的专业答疑辅导老师承诺在工作时间 3 小时内答复您学习 IT 时遇到的专业问题。读者也可以通过扫描下方的二维码，关注"千问千知"微信公众号，浏览其他学习者在学习中分享的问题和收获。

学习太枯燥，想了解其他学校的伙伴都是怎样学习的？你可以加入"扣丁俱乐部"。"扣丁俱乐部"是千锋教育联合各大校园发起的公益计划，专门面向对 IT 有兴趣的大学生，提供免费的学习资源和问答服务，已有超过 30 万名学习者获益。

千问千知

资源获取方式

本书配套源代码、习题答案的获取方法：添加小千 QQ 号 2133320438 索取，或登录人邮教育社区 www.ryjiaoyu.com 进行下载。

致谢

本书由千锋教育物联网教学团队整合多年积累的教学实战案例，通过反复修改最终撰写完成。多名院校老师参与了教材的部分编写与指导工作。除此之外，千锋教育的 500 多名学员参与了教材的试读工作，他们站在初学者的角度对教材提出了许多宝贵的修改意见，在此一并表示衷心的感谢。

意见反馈

虽然我们在本书的编写过程中力求完美，但书中难免有不足之处。欢迎读者给予宝贵意见，联系方式：huyaowen@1000phone.com。

千锋教育高教产品研发部

2020 年 3 月于北京

目录 CONTENTS

第1章 文件与目录

本章学习目标

- 了解 Linux 系统中文件的类型
- 掌握获取文件的属性信息的方法
- 掌握文件的存取权限与目录的操作方法
- 掌握文件系统的概念

在开篇的第 1 章里，我们介绍 Linux 系统中应用最为广泛的知识：文件件的属性特点与文件目录的操作，以及文件系统的概念。对于 Linux 操作系统而言，一切皆文件，由此可见文件是 Linux 操作系统的重要组成部分。本章内容有助于读者对后续章节的理解与应用。

1.1 文件属性

1.1.1 文件的类型

文件属性

了解文件首先需要了解 Linux 系统中文件的类型，以及它们各自的特点。Linux 系统中的大多数文件是普通文件或目录，但是也有另外一些文件类型。

（1）普通文件（regular file）。这种文件是最常见的文件类型，其数据形式可以是文本或二进制数据。

（2）目录文件（directory file）。这种文件包含其他类型文件的名字以及指向与这些文件有关的信息的指针。对一个目录文件有读许可权的任一进程都可以读该目录文件的内容，但只有内核才有写目录文件的权限。

（3）字符设备文件（character special file）。这种文件被视为对字符设备的一种抽象，它代表的是应用程序对硬件设备的访问接口。Linux 应用程序通过对该文件进行操作来实现对设备的访问。

（4）块设备文件（block special file）。这种文件类似于字符设备文件，只是它用于磁盘设备。Linux 系统中的所有设备或者抽象为字符设备文件，或者为块设备文件。

（5）管道文件（pipe file）。这种文件用于进程间的通信，有时也将其称为命名管道。本书第 5 章将对其进行详细说明。

（6）套接字文件（socket file）。这种文件用于进程间的网络通信，也可用于在一台宿主机上的进程之间的本地通信。本书从第 7 章开始对其进行详细说明。

（7）符号链接文件（symbolic link file）。这种文件指向另一个文件。

在 Linux 系统终端输入 "ls–l 目录名"，即可查看到需要查看的目录下的所有文件及类型。查询结果如下所示（注意每行的首字符）。

```
linux@Master:~/1000phone/file$ ls -l
总用量 4
brw-r--r-- 1 root  root  500, 1  3月 29 14:44 block
crw-r--r-- 1 root  root  500, 0  3月 29 14:44 char
prw-rw-r-- 1 linux linux    0  3月 29 14:39 fifo
lrwxrwxrwx 1 linux linux   20  3月 29 14:42 stdio.h -> /usr/include/stdio.h
drwxrwxr-x 2 linux linux 4096  3月 29 14:50 test
-rw-rw-r-- 1 linux linux    0  3月 29 14:50 test.txt
```

通常情况下，文件的类型用一个字符表示。文件类型的字符表示如表 1.1 所示。

表 1.1   文件类型的字符表示

字符	说明
b	块设备文件
c	字符设备文件
d	目录文件
-	普通文件
l	符号链接文件
s	套接字文件
p	管道文件

文件类型的宏定义如表 1.2 所示。

表 1.2   文件类型的宏定义

常量	测试宏	文件类型
S_IFREG	S_ISREG()	普通文件
S_IFDIR	S_ISDIR()	目录文件
S_IFCHR	S_ISCHR()	字符设备文件
S_IFBLK	S_ISBLK()	块设备文件
S_IFIFO	S_ISFIFO()	管道文件
S_IFLNK	S_ISLNK()	符号链接文件
S_IFSOCK	S_ISSOCK()	套接字文件

1.1.2 符号链接文件

上一节中介绍的 7 种文件类型，字符设备文件与块设备文件一般在讨论底层驱动时会使用到，这里不再描述。套接字文件常用于实现进程间的网络通信，后续在讨论网络通信时，将着重介绍。本节单独介绍符号链接文件的特点。

符号链接文件类似于 Windows 系统的快捷方式，只保留目标文件的地址，而不用占用存储空间。

使用符号链接文件和使用目标文件的效果是一样的，符号链接文件可以指定不同的访问权限，以控制对文件的共享和保证安全性。

Linux 中有两种类型的链接：硬链接和软链接。

硬链接是利用 Linux 系统为每个文件分配的物理编号 i 节点建立链接（关于 i 节点，详见 1.1.10 节）。因此，硬链接不能跨越文件系统。硬链接的文件属性与源文件是基本一致的，二者可以同步更新。这种方式类似于 Windows 系统中将文件复制一份。

软链接是利用文件的路径名建立链接。通常建立软链接使用绝对路径而不是相对路径，以最大限度保证可移植性。软链接更像是 Windows 中创建快捷方式，软链接权限不会改变源文件（目标文件）的权限。

硬链接和软链接的不同之处在于，源文件删除后，软链接无法定位到源文件，所以会显示没有文件；硬链接类似于复制，删除源文件，硬链接依然可以访问。假如删除源文件后，重新创建一个同名文件，软链接将恢复；硬链接则不再有效，因为文件的 i 节点已经改变。

需要注意的是，修改链接的目标文件名，硬链接依然有效，软链接将断开。对一个已存在的符号链接文件执行移动或删除操作，有可能导致链接的断开。

1. link() 函数和 unlink() 函数分别用来创建和移除硬链接

```
#include <unistd.h>
int link(const char *oldpath, const char *newpath);
```

参数 oldpath 提供的是一个已存在文件的路径名，link() 函数将以 newpath 参数所指定的路径名创建一个新链接。如果 newpath 指定的路径名已然存在，那么它不会被覆盖；相反，函数会产生一个错误（EEXIST）。在 Linux 中，link() 函数不会对符号链接进行解引用操作。如果 oldpath 属于符号链接，则会将 newpath 创建为指向相同符号链接文件的全新硬链接（newpath 也是符号链接，指向 oldpath 所指向的同一文件）。

```
#include <unistd.h>
int unlink(const char *pathname);
```

unlink() 函数用于移除一个链接（删除一个文件名），且如果此链接是指向文件的最后一个链接，那么还将移除文件本身。若 pathname 指定的文件的链接不存在，则 unlink() 函数调用失败，errno（错误码）被置为 ENOENT。unlink() 函数不会对符号链接进行解引用操作，若 pathname 为符号链接，则移除链接本身，而非链接指向的名称。

2. symlink() 函数用来创建软链接

```
#include <unistd.h>
 int symlink(const char *oldpath, const char *newpath);
```

针对 oldpath 所指定的路径名创建一个新的符号链接 newpath（移除符号链接需使用 unlink() 函数）。

若 newpath 中给定的路径名已然存在，则调用失败（errno 置为 EEXIST）。由 oldpath 指定的路径名可以是绝对路径，也可以是相对路径。符号链接存储的内容是符号链接文件的路径。例如，/home/test 链接到 /home/test.txt，符号链接 /home/test 存储的内容就是 "/home/test.txt"。这一点类似于指针，即指针变量保存的是数据的地址，通过指针就可以访问数据。

readlink() 函数则可以获取链接本身的内容，即其所指向的路径名。

```
#include <unistd.h>
```

```
ssize_t readlink(const char *path, char *buf, size_t bufsiz);
```

参数 bufsiz 是一个整型参数，用来指定参数 buf 中的可用字节数。如果成功，readlink()函数将返回实际放入 buf 中的字节数。若链接长度超过 buf，则置于 buf 中的是经截断处理的字符串。

因为 buf 尾部并未放置终止空字符，因此无法分辨 readlink()函数所返回的字符串到底是经过了截断处理，还是恰巧将 buf 填满。验证的方法之一是重新分配一块更大的 buf，并再次调用 readlink()函数。

1.1.3 stat()函数、fstat()函数和 lstat()函数

本节讨论的核心是三个关于文件属性的 stat()函数、fstat()函数、lstat()函数及其所返回的信息。

```
#include <sys/types.h>
#include <sys/stat.h>
#include <unistd.h>
 int stat(const char *path, struct stat *buf);
 int fstat(int fd, struct stat *buf);
 int lstat(const char *path, struct stat *buf);
```

stat()函数得到一个与 path 所指定的文件有关的信息结构，并保存在第二个参数 buf 中。fstat()函数需要将文件打开之后的文件描述符作为参数，其功能与 stat()函数一致。lstat()函数类似于 stat()函数，只不过其参数 path 指向的文件是一个符号链接。lstat()函数返回符号链接的有关信息，而不是由该符号链接引用的文件的信息。

第二个参数 buf 是一个结构体指针，它指向一个已定义的结构体，该结构体的实际定义可能会随实现的不同而有所不同。其基本形式如下所示。

```
struct stat {
    dev_t    st_dev;     /* ID of device containing file */
    ino_t    st_ino;     /* inode number */
    mode_t   st_mode;    /* protectI/On */
    nlink_t  st_nlink;   /* number of hard links */
    uid_t    st_uid;     /* user ID of owner */
    gid_t    st_gid;     /* group ID of owner */
    dev_t    st_rdev;    /* device ID (if special file) */
    off_t    st_size;    /* total size, in bytes */
    blksize_t st_blksize; /* blocksize for file system I/O */
    blkcnt_t st_blocks;  /* number of 512B blocks allocated */
    time_t   st_atime;   /* time of last access */
    time_t   st_mtime;   /* time of last modificatI/On */
    time_t   st_ctime;   /* time of last status change */
};
```

这样通过读取第二个参数的结构体成员，就可以获取文件的属性，如例 1-1 所示。

例 1-1 查询文件的属性。

```
1 #include <stdio.h>
2 #include <sys/types.h>
3 #include <sys/stat.h>
4 #include <unistd.h>
5
6 int main(int argc, const char *argv[])
7 {
```

```
 8      struct stat buf;
 9      if(stat("test.txt", &buf) == 0){
10          printf("%d %d %ld \n", buf.st_uid, buf.st_gid, buf.st_size);
11      }
12      return 0;
13 }
```

注意，test.txt 为一个普通文本文件。例 1-1 运行结果如下所示。

```
linux@Master:~/1000phone$ ./a.out
1000 1000 40
```

程序得到文件的所属用户的 ID 为 1000，其用户所在的组 ID 为 1000，文件的大小为 40 字节。如果需要得到文件的更多信息，选择更多的信息输出即可。

1.1.4　文件属主

文件都有一个特定的所有者，也就是对该文件具有所有权的用户，即文件的属主，通俗地说为"文件的主人"。在 Linux 系统中，用户是按组分类的，一个用户可以属于一个或多个组。因此，文件属主以外的其他用户又可以分为文件所有者的同组用户和其他用户。

每个文件都有一个与之关联的用户 ID（UID）和组 ID（GID），即文件的属主和属组。系统调用 chown()函数、lchown()函数和 fchown()函数来改变用户 ID 和组 ID。

```
#include <unistd.h>
 int chown(const char *path, uid_t owner, gid_t group);
 int fchown(int fd, uid_t owner, gid_t group);
 int lchown(const char *path, uid_t owner, gid_t group);
```

上述 3 个函数之间的区别类似于 stat()函数一族。

chown()函数用于改变由 path 参数指定的文件的属主。

lchown()函数用途与 chown()函数相似，不同之处在于如果参数 path 为一符号链接，则将会改变符号链接文件本身的所有权，而与该链接所指向的文件无关。

fchown()函数也会改变文件的所有权，只是文件由打开文件描述符 fd 表示（第 2 章将详细介绍文件描述符）。

参数 owner 和 group 分别为文件指定新的用户 ID 和组 ID。若只打算改变其中之一，只需将另一个参数置为-1，即可令与之相关的 ID 保持不变。

1.1.5　文件的存取许可权

在 1.1.3 节中，我们介绍了用于描述文件信息的结构体 stat，其成员 st_mode 值指定了属主对文件的存取许可权。所有类型的文件（目录、字符设备文件等）都有存取许可权，而不只是普通文件。每个文件都对应 9 种存取许可权，可将它们分为三类，如表 1.3 所示。

表 1.3　　　　　　　　　　　　　　文件的存取许可权

st_mode	意义说明
S_IRUSR	所属用户可读
S_IWUSR	所属用户可写
S_IXUSR	所属用户可执行

st_mode	意义说明
S_IRGRP S_IWGRP S_IXGRP	与所属用户同组的其他用户可读 与所属用户同组的其他用户可写 与所属用户同组的其他用户可执行
S_IROTH S_IWOTH S_IXOTH	其他用户可读 其他用户可写 其他用户可执行

表 1.3 中的宏在<sys/stat.h>中定义，如下所示。

```
#define S_IRUSR __S_IREAD    /* Read by owner.  */
#define S_IWUSR __S_IWRITE   /* Write by owner. */
#define S_IXUSR __S_IEXEC    /* Execute by owner.  */
```

继续追踪，则上述宏的原型在<bits/stat.h>中定义，如下所示。

```
#define __S_IREAD    0400    /* Read by owner.  */
#define __S_IWRITE   0200    /* Write by owner.  */
#define __S_IEXEC    0100    /* Execute by owner.  */
```

由此可以分析得出，用于表示文件权限的宏其实是八进制数，因此，如果需要定义文件的存取权限，可以采用位运算的方式进行转换，如下所示。

```
#define  I_SRWXU    I_SRUSR|I_SWUSR|I_SXUSR
```

宏 I_SRWXU 表示用户对文件拥有可读、可写、可执行的权限，用户指的是文件所有者。如同在 Windows 操作系统中，管理员就是一个特殊的用户，拥有至高的权限。

进一步讨论，要打开任一类型的文件，对该名字包含的每一个目录，包括它可能隐含的当前目录，都应具有执行许可权，例如，为了打开文件/usr/include/stdio.h，需要具有对目录/usr/include 的执行许可权，以及对文件本身的适当许可权。

注意，对于目录来说，读许可权和执行许可权的意义不相同。读许可权允许读目录，获得该目录中所有文件名的列表。要在一个目录中创建一个新文件，必须对该目录具有写许可权和执行许可权。同样，删除一个文件，需要对目录具有写许可权和执行许可权，而不涉及对文件本身的许可权。

1.1.6 chmod()函数和 fchmod()函数

我们在 1.1.5 节中已说明了与每个文件相关联的 9 种存取许可权，这些表示文件存取权限的宏，常常被用在一些函数（如 open()函数、chmod()函数）中，用来设置或者修改文件的权限。通常情况下，可以直接输入"ls - l 目录名"，查看用户对文件的执行权限，查询结果如下所示。

```
linux@Master:~/1000phone/file$ ls -l
总用量 4
brw-r--r-- 1 root  root  500, 1 3月 29 14:44 block
crw-r--r-- 1 root  root  500, 0 3月 29 14:44 char
prw-rw-r-- 1 linux linux    0 3月 29 14:39 fifo
lrwxrwxrwx 1 linux linux   20 3月 29 14:42 stdio.h -> /usr/include/stdio.h
drwxrwxr-x 2 linux linux 4096 3月 29 14:50 test
```

```
-rw-rw-r-- 1 linux linux    0  3月 29 14:50 test.txt
```

例如，上述查询结果中文件 test.txt 的存取许可权是 rw-rw-r--，每三个符号为一组，其含义如表 1.4 所示。

表 1.4 用户对文件的操作权限

r	w	-	r	w	-	r	-	-
文件所属用户对文件的权限			同组其他用户对文件的权限			其他用户对文件的权限		

我们用 r 表示可读权限，用 w 表示可写权限，用 x 表示可执行权限，用-表示不具备该权限。因此，用符号表示的权限和表 1.3 中的宏可以建立关系，举例如下。

一个文件的权限是：该文件所属的用户对该文件具有可读可写权限，与文件所属用户同组的其他用户对该文件具有可读可写权限，与文件所属用户非同组的其他用户对该文件具有可读权限，分别用宏和符号表示如下。

使用宏表示为 S_IRUSR|S_IWUSR|S_IRGRP|S_IWGRP|S_IROTH。

使用符号表示为 rw-rw-r--。

如果将具有该权限设置为 1，不具有该权限设置为 0，那么用符号表示的权限就可以替换为二进制数 110 110 100，与 rw-rw-r--一一对应。将二进制数 110 110 100 转换为八进制数为 0664。

以下两个函数可以更改现存文件的存取许可权。

```
#include <sys/stat.h>
 int chmod(const char *path, mode_t mode);
 int fchmod(int fd, mode_t mode);
```

chmod()函数用于对指定的文件进行权限修改，而 fchmod()函数用于对已打开的文件进行权限修改，参数 mode 则表示常数的某种逐位或运算，如例 1-2 所示。

例 1-2 修改文件权限。

```
 1 #include <stdio.h>
 2 #include <sys/stat.h>
 3
 4 int main(int argc, const char *argv[])
 5 {
 6    if(chmod("test.txt", S_IRUSR|S_IWUSR|S_IRGRP|S_IROTH) < 0){
 7        printf("chmod error\n");
 8        return -1;
 9    }
10    return 0;
11 }
```

例 1-2 运行结果如下。

```
linux@Master:~/1000phone$ ls -l test.txt
-rw-rw-r-- 1 linux linux 40  4月  9 15:25 test.txt
linux@Master:~/1000phone$ ./a.out
linux@Master:~/1000phone$ ls -l test.txt
-rw-r--r-- 1 linux linux 40  4月  9 15:25 test.txt
```

由此可以看到，原来文件 test.txt 的权限为 rw-rw-r--，转换为八进制数表达为 0664；运行程序之后，test.txt 的权限被修改为 rw-r--r--，转换为八进制数表达为 0644。

要改变一个文件的许可权限，要么进程的有效用户是文件的所有者，要么该进程具有超级用户许可权。例如，可以使用终端输入"sudo chmod 权限 文件"修改文件权限，sudo 为获取临时管理员权限。

1.1.7　文件的长度

在 1.1.3 节中，我们介绍了描述文件属性的 stat 结构体，其中的成员 st_size 指定了以字节为单位的文件的长度。此字段只对普通文件、目录文件和符号链接文件有意义。

对于普通文件而言，其文件长度可以是 0，在读这种文件时，将得到文件结束指示。

对于目录而言，文件长度通常是一个数，如 16 或 512 的整倍数。我们将在 1.2 节中单独讲解目录操作。

对于符号链接文件而言，文件长度是文件名的实际字节数，如下所示。

```
linux@Master: ~/1000phone/file$ ls -l stdio.h
lrwxrwxrwx 1 linux linux 20  3月 29 14:42 stdio.h -> /usr/include/stdio.h
```

其中，文件长度 20 指的是路径名/usr/include/stdio.h 的长度（注意，因为符号链接文件长度总是由 st_size 指示，所以符号链接并不包含通常 C 语言用作名字结尾的 null 字符）。

普通文件有时会出现空洞。空洞是位移超过文件结尾端，并写入某些数据造成的（下一章将从代码的角度实现一个空洞文件）。

文件空洞不占用任何磁盘空间，直到某个时间点，文件空洞中写入数据时，文件系统才会为之分配磁盘块。空洞的存在意味着一个文件名义上的大小可能比其占用的磁盘存储空间要大（有时大出很多）。向文件空洞中写入字节，内核需要为其分配存储单元，即使文件大小不变，系统的可用磁盘空间也将减少。图 1.1 所示为空洞文件。

图 1.1　空洞文件

我们可通过命令查询空洞文件，如下所示。

```
linux@Master: ~/1000phone$ ls -l test.txt
-rw-r--r-- 1 linux linux 65550  4月 11 16:25 test.txt
linux@Master: ~/1000phone$ du -sh test.txt
8.0K  test.txt
```

文件 test.txt 的长度超过 64KB，而 du 命令报告该文件所使用的磁盘空间总量是 8.0KB。很明显，此文件就是一个空洞文件。无空洞文件的文件大小和占用磁盘空间是一样的。

空洞文件的应用场景如下。

（1）使用下载工具下载文件时，在未下载完的情况下，就可以看到文件的总大小，包括当前已经下载的数据的大小，以及剩余未下载的数据大小。文件在未下载完成时就已经占据了整个文件所需的空间，这样可预防使用过程中空间不足。

（2）创建虚拟机的时候，创建了一个 100GB 的磁盘镜像，但是其实刚装起系统时只使用了 3～4GB 的磁盘空间，如果一开始就把 100GB 分配出去，对资源是很大的浪费。

1.1.8　文件的截取

Linux 系统有时会有在文件尾端截去一些数据以缩短文件的需求。为了截短文件，可以调用 truncate()函数和 ftruncate()函数。

```
#include <unistd.h>
#include <sys/types.h>
 int truncate(const char *path, off_t length);
 int ftruncate(int fd, off_t length);
```

这两个函数的功能为将路径名 path 或打开的文件描述符 fd 所指定的一个现存文件截短为 length 长度。如果该文件以前的长度大于 length，则 length 以外的数据就不再能存取；如果该文件以前的长度小于 length，则对该文件进行扩展，扩展部分将被填写为空字符（'\0'）。具体如例 1-3 所示。

例 1-3　截取文件的长度。

```
 1 #include <stdio.h>
 2 #include <sys/types.h>
 3
 4 int main(int argc, const char *argv[])
 5 {
 6    off_t offset = 12;
 7    if(truncate(argv[1], offset) < 0){
 8        printf("truncate error\n");
 9        return -1;
10    }
11    return 0;
12 }
```

例 1-3 的运行结果如下。

```
linux@Master:~/1000phone$ cat test.txt
hello world
hello world
linux@Master:~/1000phone$ ls -l test.txt
-rw-rw-r-- 1 linux linux 24  4月 11 16:30 test.txt
linux@Master:~/1000phone$ ./a.out test.txt
linux@Master:~/1000phone$ ls -l test.txt
-rw-rw-r-- 1 linux linux 12  4月 11 16:32 test.txt
linux@Master:~/1000phone$ cat test.txt
hello world
```

test.txt 文件中原有 24 字节的数据。运行程序，使用命令行传参，将文件 test.txt 作为参数传递给执行程序，运行之后，文件的大小变为 12 字节。cat 命令的功能为查看文件的内容。

1.1.9　更改文件名

rename()函数，既可以重命名文件，又可以将文件移至同一文件系统中的另一目录。rename() 函数会将 oldpath 所表示的现有的一个路径名重命名为 newpath 参数所指定的路径名。

```
#include <stdio.h>
 int rename(const char *oldpath, const char *newpath);
```

rename()函数调用仅操作目录条目，而不移动文件数据。改名既不影响指向该文件的其他硬链接，也不影响持有该文件的打开描述符的任何进程，因为这些文件描述符指向的是打开文件描述，与文件名无关。

如果 newpath 已经存在，则将其覆盖。如果 newpath 与 oldpath 指向同一文件，则不发生变化（且调用成功）。

如果 oldpath 指定文件而非目录，那么就不能将 newpath 指定为一个目录的路径名（否则将 errno 置为 EISDIR）。要想重命名一个文件到某一目录中（亦将文件移到另一个目录），newpath 必须包含新的文件名。如下调用既将一个文件移动到另一个目录中，同时又将其改名：

```
rename("sub1/x","sub2/y");
```

如果 oldpath 指定目录名，则意在重命名该目录。这种情况下，必须保证 newpath 要么不存在，要么是一个空目录的名称，否则将会出错。

如果 oldpath 是一个目录，则 newpath 不能包含 oldpath 作为其目录前缀。例如，不能将 /home/1000phone 重命名为/home/1000phone/work。

1.1.10 文件的时间戳

1.1.3 节中介绍的 stat 结构体中的成员 st_atime、st_mtime、st_ctime 字段表示文件时间戳，分别记录对文件的上次访问时间、上次修改时间，以及文件状态上次发生变更的时间。三个字段类型都是 time_t，对时间戳的记录形式为自 1970 年 1 月 1 日到当前系统时间经历的秒数。

使用 utime()函数或与之相关的函数接口，可改变存储于文件 i 节点中的文件上次访问时间戳和上次修改时间戳。

理解 i 节点，要从文件储存说起。文件储存在硬盘上，硬盘的最小存储单位叫作扇区（sector）。每个扇区储存 512 字节（相当于 0.5KB）。操作系统读硬盘的时候，不是一个个扇区地读取，这样效率太低，而是一次性连续读取多个扇区，即一次性读取一个"块"（block）。这种由多个扇区组成的"块"，是文件存取的最小单位。"块"的大小，最常见的是 4KB，即连续八个扇区组成一个块。文件数据都储存在"块"中，那么显然，我们还必须找到一个地方储存文件的元信息，如文件的创建者、文件的创建日期、文件的大小等。这种储存文件元信息的区域叫作索引节点（inode）。

```
#include <sys/types.h>
#include <utime.h>
  int utime(const char *filename, const struct utimbuf *times);
```

参数 filename 用来指定要修改时间的文件，若该参数为符号链接，则会进一步解引用。参数 times 既可为 NULL，也可为指向 utimbuf 结构体的指针。

```
struct utimbuf {
    time_t actime;        /* access time */
    time_t modtime;       /* modificatI/On time */
};
```

utime()函数的运作方式则视以下两种不同情况而定。

如果 buf 为 NULL，那么 utime()函数会将文件的上一次访问时间和修改时间同时设置为当前时间。

若将 buf 指定为指向 utimbuf 结构体的指针，utime()函数则会使用该结构的相应字段去更新文件的上次访问和修改时间。

为更改文件时间戳中的一项，可以先利用 stat()函数来获取两个时间，并使用其中之一来初始化 utimbuf 结构体，然后再将另一个时间置为期望值，如例 1-4 所示。

例 1-4　更新文件被访问和修改的时间。

```
1  #include <stdio.h>
2  #include <sys/types.h>
3  #include <sys/stat.h>
4  #include <unistd.h>
5  #include <utime.h>
6
7  int main(int argc, const char *argv[])
8  {
9      struct stat buf;
10     struct utimbuf utimbuf;
11     if(stat(argv[1], &buf) == -1){
12         printf("stat error\n");
13         return -1;
14     }
15
16     utimbuf.actime = buf.st_atime;
17     utimbuf.modtime = buf.st_atime;
18
19     if(utime(argv[2], &utimbuf) == -1){
20         printf("utime error\n");
21         return -1;
22     }
23     return 0;
24 }
```

上述代码，只要 utime()函数调用成功，总会将文件的上次状态更改时间置为当前时间。argv[1] 和 argv[2] 为同一个命令行参数。

Linux 还提供了源于 BSD（Berkeley Software Distribution，伯克利软件套件）的 utimes()函数的接口，其功能类似于 utime()函数。

```
#include <sys/time.h>
 int utimes(const char *filename, const struct timeval times[2]);
```

utime()函数和 utimes()函数之间最显著的差别在于后者可以以微秒级精度来指定时间值，timeval 结构体如下。

```
struct timeval {
   long tv_sec;          /*seconds 秒*/
   long tv_usec;         /*microseconds 微秒*/
};
```

futimes()库函数和 lutimes()库函数的功能与 utimes()函数大同小异。前两者与后者之间的差异在于，用来指定更改时间戳文件的参数不同。

```
#include <sys/time.h>
 int futimes(int fd, const struct timeval tv[2]);
```

```
          int lutimes(const char *filename, const struct timeval tv[2]);
```

调用 futimes()库函数时，使用打开文件描述符 fd 来指定文件。

调用 lutimes()库函数时，使用路径名来指定文件。有别于调用 utimes()函数的是：对于 lutimes()库函数来说，若路径名指向一符号链接，则调用不会对该链接进行解引用，而是更改链接自身的时间戳。

1.2　目录操作

1.2.1　mkdir()函数和 rmdir()函数

Linux 系统中，存在与创建目录的函数同名的 Shell 命令可以实现对目录的创建和删除。如下所示，创建三个目录，然后删除第三个目录。

```
linux@Master:~/1000phone/dir$ mkdir dir1 dir2 dir3
linux@Master:~/1000phone/dir$ ls
dir1  dir2  dir3
linux@Master:~/1000phone/dir$ rmdir dir3
linux@Master:~/1000phone/dir$ ls
dir1  dir2
```

mkdir()函数可以创建一个目录。

```
#include <sys/stat.h>
#include <sys/types.h>
 int mkdir(const char *pathname, mode_t mode);
```

参数 pathname 为指定创建的目录名，所指定的 mode 是文件的存取许可权，并且该许可权可以被进程使用文件权限掩码进行修改（第 3 章介绍）。

rmdir()函数可以删除一个空目录。

```
#include <unistd.h>
 int rmdir(const char *pathname);
```

1.2.2　读目录

Linux 系统中，对某个目录具有存取许可权的任一用户都可读该目录，但是只有内核才能写目录（防止文件系统发生混乱）。1.1.5 节中讲过，一个目录的写许可权和执行许可权决定了在该目录中能否创建新文件以及删除文件。

opendir()函数和 readdir()函数可以完成对目录的操作，实现对目录的读取。

```
#include <sys/types.h>
#include <dirent.h>
 DIR *opendir(const char *name);
```

读目录之前，首先应该选择打开一个目录。opendir()函数用于打开一个目录，参数 name 表示目录的名字，函数执行调用，返回一个指向 DIR 结构的指针，也可以把 DIR*称为目录流指针，类似于打开文件的 FILE*（第 2 章介绍）。DIR 的本质是一个结构体，在<dirent.h>中定义如下：

```
typedef struct __dirstream DIR;
```

得到指向 DIR 结构体的指针之后，则可以使用 readdir()函数对目录进行读取。

```
#include <dirent.h>
 struct dirent *readdir(DIR *dirp);
```

readdir()函数实现对目录的读取，其参数的类型就是 DIR*。由此可知，选择读取一个目录，首先应该得到一个与该目录有关联的结构体指针 DIR*。函数返回一个结构体 dirent 指针。结构体 dirent 定义如下。

```
struct dirent {
    ino_t          d_ino;       /* inode number */
    off_t          d_off;       /* offset to the next dirent */
    unsigned short d_reclen;     /* length of this record */
    unsigned char  d_type;       /* type of file; not supported
                                    by all file system types */
    char           d_name[256]; /* filename */
};
```

其中，d_ino 表示文件的索引号，d_off 表示在目录中文件的偏移，d_reclen 表示文件名的长度，d_type 表示文件的类型，d_name 表示文件名。因此，可以通过 readdir()函数返回的 dirent 结构体指针访问 dirent 结构体成员，得到文件的信息。

1.2.3 解析路径名字符串

dirname()函数和 basename()函数将一个路径名字符串分解成目录和文件名两部分。

```
#include <libgen.h>
 char *dirname(char *path);
 char *basename(char *path);
```

例如，给定路径名为/home/1000phone/prog.c，dirname()函数将返回字符串/home/1000phone，而 basename()函数将返回字符串 prog.c。

关于 dirname()函数和 basename()函数，请注意以下几点。

（1）函数执行将忽略 path 中尾部的斜线字符。

（2）如果 path 未包含斜线字符，那么 dirname()函数将返回字符串.（点），而 basename()函数将返回 path。例如，当前目录下的文件不需要指定路径。

（3）如果 path 仅由一个斜线字符组成，那么 dirname()函数和 basename()函数均返回字符串/。将其应用于上述拼接规则，所创建的路径名字符串为///，该路径名属于有效路径名。因为多个连续斜线字符相当于单个斜线字符，所以路径名///就相当于路径名/。

（4）如果 path 为空指针或空字符串，那么 dirname()函数和 basename()函数均返回字符串.（点）。

1.3 文件系统

1.3.1 文件系统的概念

文件系统

在任何一个操作系统中，文件系统无疑是其最重要的组件，也是整个操作系统中相对抽象的部分，理解难度较大。文件系统是存放运行、维护系统所必需的各种工具软件、库文件、脚本、配置文件和其他特殊文件的地方，也可以安装各种软件包。简单地说，文件系统就是用于组织和管理计算机存储设备上大量文件的一种机制。

文件系统的功能包括：管理和调度文件的存储空间；提供文件的逻辑结构、物理结构和存储方法；实现文件从标识到实际地址的映射；实现文件的控制操作和存取操作；实现文件信息的共享，并提供可靠的文件保密和保护措施。

举一个简单的例子。生活中常用的 U 盘是一种存储设备，在初始状态下，如果不设置分区及格式化，那么 U 盘是无法直接存储各种资源（图片、文档、音视频等）的。其原因是，设备缺少对文件进行管理的方式。没有规矩不成方圆，文件系统就是用来提供文件管理方式的。

以上只是对文件系统的简单阐述。文件系统作为整个操作系统的重要组成部分，其格式繁多，每一种格式的文件系统对文件的管理方式细节不尽相同。因此读者对文件系统有基本了解之后，才能对某些文件系统有更加深入的理解。

1.3.2　文件系统的类型

Linux 是一种兼容性很高的操作系统，支持的文件系统格式很多，大体可以分为以下几类。

1. 磁盘文件系统

磁盘文件系统指本地主机中实际可以访问到的文件系统，或者说可以驻留在磁盘上的文件系统，包括硬盘、CD-ROM、DVD、USB 存储器、磁盘阵列等。其常见格式有 EXT3、EXT4、VFAT、FAT、FAT16、FAT32、NTFS 等，其中，NTFS 是目前 Windows 的主要文件系统格式。

2. 网络文件系统

网络文件系统指可以远程访问的文件系统，这种文件系统在服务器端仍是本地的磁盘文件系统，客户机通过网络远程访问数据。其常见格式有 NFS、Samba 等。

3. 虚拟文件系统

虚拟文件系统指不驻留在磁盘上的文件系统，也是比较抽象、难以理解的部分。虚拟文件系统（Virtual File System，VFS）是物理文件系统（上述文件系统都属于物理文件系统）与服务应用之间的一个接口层，它对 Linux 的每个文件系统的所有细节进行抽象，使不同的文件系统在 Linux 核心以及系统中运行的其他进程看来都是相同的。第 2 章我们将介绍文件系统、虚拟文件系统、内核之间的关系，使读者对它们有更加立体的理解。

1.3.3　文件系统的结构

一所大学的学生可能有一两万人，通常将学生分配在以学院—系—班为单位的分层组织机构中。若需要查找一名学生，最笨的办法是依次问询大学中的每一个学生，直到找到为止。如果按照从学院到系再到班的层次查询，必然可以找到该学生，且查询效率高。这种树形的分层结构提供了一种自顶向下的查询方法。

一直使用微软 Windows 操作系统的用户似乎已经习惯了将硬盘分区，并使用 C、D、E、F 等符号标识。存取文件时一定要清楚文件存放在哪个磁盘的哪个目录下。

Linux 的文件组织模式犹如一棵倒置的树，这与 Windows 文件系统有很大差别。所有存储设备作为这棵树的子目录，存取文件时只要确定目录就可以了，无须考虑物理存储位置。这一点其实并不难理解，只是刚刚接触的使用者不太习惯。

Windows 和 Linux 的文件系统有一个明显的区别，就是分区和目录的关系：在 Windows 下，目录结构属于分区；在 Linux 下，分区属于目录结构。

为什么要这么说呢？Linux 将所有硬件视为文件来处理，包括硬盘分区、CD-ROM、软驱以及其他 USB 移动设备等。为了能够按照统一的方式访问文件资源，Linux 为每种硬件设备提供了相应的设备文件。一旦 Linux 系统可以访问到硬件，就将其上的文件系统挂载到目录树的一个子目录中。例如，用户插入 U 盘，Linux 系统自动识别之后，将其挂载到/media/DISK_IMG 目录下，用户可以在该目录下访问到 U 盘，而不像 Windows 系统将 USB 存储器作为新的驱动器，如"F:"（一个新盘）。

Linux 文件系统和 Windows 文件系统的比较如表 1.5 所示。

表 1.5　　　　　　　　　　　　　Linux 文件系统和 Windows 文件系统的比较

项目	Linux 文件系统	Windows 文件系统
文件格式	使用的主要文件格式有 EXT2、EXT3、EXT4 等	使用的主要文件格式有 FAT16、FAT32、NTFS 等
存储结构	逻辑结构犹如一棵倒置的树。将每个硬件设备视为一个文件，置于树形的文件系统层次结构中。因此，Linux 系统的某一个文件就可能占有一块硬盘，甚至是远端设备，用户访问时非常自然	逻辑结构犹如多棵树。将硬盘划分为若干个分区，与存储设备一起（如 CD-ROM、USB 存储器等），使用驱动器盘符标识，例如，C 代表硬盘中的一个分区
与硬盘分区的关系	分区在目录结构中	目录结构在分区中
文件命名	Linux 文件系统中严格区分大小写，MyFile.txt 与 myfile.txt 指不同的文件。区分文件类型不依赖于文件后缀，可以使用程序 file 命令判断文件类型	Windows 文件系统中不区分大小写，MyFile.txt 与 myfile.txt 指同一个文件。使用文件后缀来标识文件类型，例如，使用.txt 表示文本文件
路径分隔符	Linux 使用斜杠（/）分隔目录名，例如，/home/usr/share，其中第一个斜杠是根目录。绝对路径都是以根目录作为起点的	Windows 使用反斜杠（\）分隔目录名，如 C:\program\username。绝对路径都是以驱动器盘符作为起点
文件与目录权限	Linux 最初的定位是多用户的操作系统，因而有完善的文件授权机制，所有的文件和目录都有相应的访问权限	Windows 最初的定位是单用户的操作系统，内建系统时没有文件权限的概念，后期的 Windows 逐渐增加了这方面的功能

1.4　本章小结

通过本章的学习，读者应对文件与目录的基本概念有初步的认识，重点掌握文件目录的属性，了解并掌握与文件相关的函数接口的使用场合。本章最后对文件系统进行了简单的介绍。文件系统是一个很复杂的课题，本章的介绍有助于读者将来全面了解整个 Linux 操作系统，对文件系统有更加深入的认识。

1.5　习题

1．填空题

（1）Linux 系统中文件的类型有_____种。

（2）可以用于进程间的网络通信的文件是_____。

（3）可以用于查看符号链接文件属性的函数是_____。

（4）用来修改未打开的文件的存取权限的函数是_____。

（5）Linux 的两种文件链接方式为_____和_____。

2．选择题

（1）可以得到文件属性的函数不包括（　　　）。

　　A．stat()　　　　　　B．fstat()　　　　　　C．lstat()　　　　　　D．chmod()

（2）文件的 9 个基本存取权限宏定义不包括（　　　）。

  A．S_IRGRP   B．S_IRUSR   C．S_IRWXU   D．S_IXOTH

（3）为了定义文件的存取权限，采用（　　　）运算符组合基本存取权限宏。

  A．&   B．&&   C．| D．||

（4）已知文件的存取权限为 0664，使用 ls –l 查询该文件的权限为（　　　）。

  A．rw-rw-r--   B．rwxrw-rw-   C．r--r--r-x   D．rw-rw-rw-

（5）（　　　）文件系统不属于磁盘文件系统。

  A．EXT3   B．NTFS   C．TMPFS   D．FAT32

3．思考题

（1）简述文件系统的类型。

（2）简述硬链接和软链接。

4．编程题

使用功能函数实现查看当前目录下所有的文件（只需要查看文件名，效果等同于 Shell 命令 ls）。

02 第2章 I/O

本章学习目标

- 了解 Linux 操作系统框架
- 熟练掌握标准 I/O 的系列编程接口的用法
- 熟练掌握文件 I/O 的系列编程接口的用法
- 熟练使用应用层编程接口实现对文件操作

应用层开发过程经常涉及对文件的访问。因此本章将在上一章的基础上继续讨论文件，重点介绍用于文件输入/输出数据的各种编程接口（Application Programming Interface，API）。对文件实现输入/输出称为 I/O。Linux 提供了两种 I/O 操作形式：标准 I/O 与文件 I/O，它们分别有另外一种名称，即带缓存 I/O、不带缓存 I/O。标准 I/O 和文件 I/O 在 Linux 系统编程中属于基本功，需要熟练掌握。

2.1 I/O 的基本概念

I/O 的基本概念

2.1.1 I/O 的定义

说到 I/O，顾名思义，它所指的是 Input/Output，即输入/输出。I/O 操作的基本对象为文件，文件既可以是设备文件，也可以是普通文件。Linux 系统中，I/O 的类型可以分为标准 I/O 与文件 I/O。同时针对 I/O 的操作模式，也实现了阻塞 I/O、非阻塞 I/O、多路复用 I/O 以及异步 I/O，这四种典型的模型。

标准 I/O 采用间接系统调用（库函数）的方式实现对文件的读写。文件 I/O 采用直接系统调用的方式实现对文件的读写。

因此，标准 I/O 和文件 I/O 是为了实现对文件读写而封装的两套不同的用户程序编程接口。根据上述的定义，理解用户程序编程接口与系统调用是关键。

2.1.2 系统调用

操作系统负责管理和分配所有的计算机资源。为了更好地服务于应用程序，操作系统提供了一组特殊接口——系统调用接口层。通过接口层，用户程序可以使用操作系统内核提供的各种功能，如分配内存、创建进程、实现进程之间的通信等，通过 Linux 系统框架可以更好地理解系统调用接口层的重要性。

如图 2.1 所示，系统调用接口层（System Call Interface，SCI）介于应用层与内核层之间（系统调用接口层不属于内核层，但它是由内核函数实现的）。为了安全考虑，应用程序不可以直接访问硬件资源。在单片机开发中，由于不需要操作系统，因此开发人员可以编写代码直接访问硬件；而在嵌入式系统中，通常需要操作系统，程序访问硬件资源的方式就发生了改变。

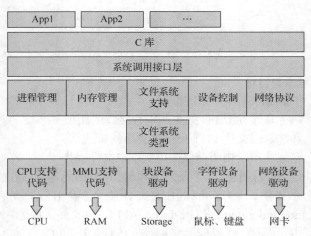

图 2.1　操作系统框架

操作系统基本上都支持多任务，即同时可以运行多个程序。如果允许应用程序直接访问硬件资源，肯定会带来很多问题。因此，所有软硬件资源的管理和分配都由操作系统来完成，即应用程序向操作系统发出服务请求，操作系统收到请求后执行相关的代码来处理，并将结果返回。

如图 2.2 所示，系统调用执行的流程如下。

（1）应用程序代码调用封装的 func()函数，该函数是一个包装的系统调用的函数。

（2）func()函数负责准备向内核传递参数，并触发软中断 int 0x80 切换到内核。

（3）CPU 被软中断打断后，执行中断处理函数，即系统调用处理函数（system_call）。

（4）system_call 调用系统调用服务例程（sys_func()），真正开始处理该系统调用。

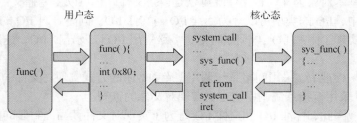

图 2.2　系统调用流程

关于系统调用，还可以关注以下几点。

（1）系统调用将处理器从用户态切换到核心态，提高执行权限，以便 CPU 可以访问受保护的内核内存。

（2）系统调用的组成是固定的，每个系统调用都由一个唯一的数字来标识。

（3）每个系统调用可辅之以一套参数，对用户空间与内核空间之间传递的信息加以规范。

2.1.3 用户程序编程接口

用户程序编程接口通俗的解释是各种库（最重要的是 C 库）中的函数。为了提高开发效率，C 库中实现了很多函数。这些函数实现了常用的功能，供程序员调用。这样一来，程序员不需要自己编写这些代码，直接调用库函数就可以实现基本功能，提高了代码的复用率。使用用户程序编程接口还有一个好处：程序具有良好的可移植性。几乎所有的操作上都实现了 C 库，所以程序通常只需重新编译一下就可以在其他操作系统下运行。

用户程序编程接口（API）在实现时，通常都要依赖系统调用接口。例如，创建进程的 fork() 函数依赖于内核空间的 sys_fork() 系统调用。很多 API 函数需要通过多个系统调用来完成其功能。还有一些 API 不需要调用任何系统调用。

在 Linux 中，API 遵循了在 UNIX 中最流行的应用编程界面标准——POSIX 标准。POSIX 标准是由 IEEE 和 ISO/IEC 共同开发的标准系统，该标准基于当时的 UNIX 实践和经验，描述了操作系统的系统调用编程接口（实际上就是 API），用于保证应用程序在源代码一级上可以在多种操作系统上进行移植。这些系统调用编程接口主要是通过 C 库来实现的。

2.2 Linux 标准 I/O

2.2.1 标准 I/O 概述

在讲述标准 I/O 之前，我们先从了解文件 I/O 开始。通过 2.1 节的介绍，读者应该对文件 I/O 有了进一步的理解。因此，在这里重新对文件 I/O 做一个定义。

文件 I/O 就是操作系统封装了一系列函数接口供应用程序使用，通过这些接口可以实现对文件的读写操作。2.1 节还提到，文件 I/O 是采用系统直接调用的方式，因此当使用这些接口对文件进行操作时，就会立刻触发系统调用过程，即向系统内核发出请求之后，系统内核会收到执行相关代码处理的请求，决定是否将操作硬件资源或返回结果给应用程序。

标准 I/O 虽然也是使用一系列函数接口对文件进行读写操作的，但函数出自 C 库。因此，封装了比底层系统调用更多的调用函数接口。最重要的一点，标准 I/O 与文件 I/O 的本质区别在于，标准 I/O 函数接口在对文件进行操作时，首先操作缓存区，等到缓存区满足一定的条件时，然后再去执行系统调用，真正实现对文件的操作。而文件 I/O 不操作任何缓存区，直接执行系统调用，对文件进行操作，如图 2.3 所示，可直观地看出二者的区别。

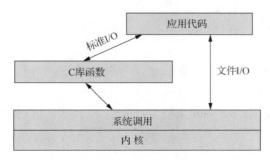

图 2.3　文件 I/O 与标准 I/O 的区别

使用标准 I/O 可以减少系统调用的次数，提高系统效率。例如，将数据写入文件中，每次写入一个字符。采用文件 I/O 的函数接口，每调用一次函数写入字符就会产生一次系统调用；而执行系统调用时，Linux 必须从用户态切换到内核态，处理相应的请求，然后再返回到用户态，如果频繁地执行系统调用会增加系统的开销。采用标准 I/O 的函数接口，每调用一次函数写入字符，并不着急将字符写入文件，而是放到缓存区保存，之后每一次写入字符都放到缓存区保存。直到缓存区满足刷新的条件（如写满）时，再一并将缓存区中的数据写入文件，执行一次系统调用完成此过程，这样便很大程度地减少了系统调用的次数，提高了执行效率。

2.2.2　标准 I/O 的操作核心

标准 I/O 的操作都是围绕流（stream）来进行的。在标准 I/O 中，流用 FILE*来描述。而每个被使用的文件都在内存中开辟一个区域，用来存放文件的有关信息，这些信息是保存在一个结构体类型的变量中的，该结构体类型是由系统定义的，取名为 FILE。

因此，FILE 本质就是一个结构体，一个与被操作的文件所对应的结构体（该结构体描述了该文件）。而对于标准 I/O 来说，如果需要对文件进行操作，只需要操作与该文件所对应的结构体指针即可完成，也就是 FILE*。FILE*通常也称为流指针。

FILE 结构体可在<include/libio.h>中查看。

```
typedef struct _IO_FILE FILE;
struct _IO_FILE {
  int _flags;
  #define _IO_file_flags _flags
  char* _IO_read_ptr;
  char* _IO_read_end;
  char* _IO_read_base;
  char* _IO_write_base;
  char* _IO_write_ptr;
  char* _IO_write_end;
  char* _IO_buf_base;
  char* _IO_buf_end;
  char* _IO_save_base;
  char* _IO_backup_base;
  char* _IO_save_end;
  struct _IO_marker *_markers;
  struct _IO_FILE *_chain;
  int _fileno;
  _IO_off_t _old_offset;
  #define __HAVE_COLUMN
  unsigned short _cur_column;
  signed char _vtable_offset;
  char _shortbuf[1];
  _IO_lock_t *_lock;
  #ifdef _IO_USE_OLD_IO_FILE
};
```

其中，_IO_buf_base 与_IO_buf_end 类型为 char*，表示标准 I/O 操作的缓存区的起始以及结尾地址。

2.2.3　流的打开和关闭

如果需要对文件进行读写操作，首先应该得到一个流指针，或者说首先应该将文件打开。

```
#include <stdio.h>
FILE *fopen(const char *path, const char *mode);
FILE *fdopen(int fd, const char *mode);
FILE *freopen(const char *path, const char *mode, FILE *stream);
```

使用标准 I/O 打开文件的函数有 fopen()、fdopen()、freopen()。它们可以以不同的模式打开文件，都返回一个指向 FILE 的指针，FILE 结构体与 path 相关联（FILE 结构体描述 path）。此后，对文件的读写通过这个 FILE 指针来进行。其中，fopen()函数可以指定打开文件的路径和模式；fdopen()函数可以指定打开的文件描述符和模式；而 freopen()函数除可指定打开的文件和模式外，还可指定特定的 I/O 流。

其中，参数 mode 用来指定打开文件的方式。注意此方式表示的是进程（或执行程序）对文件的操作权限，而非用户对文件的执行权限。表 2.1 说明了 mode 取值说明。

表 2.1 　　　　　　　　　　　　　　　　mode 取值说明

mode	功能
r 或 rb	以只读的方式打开文件，文件必须存在
r+或 r+b	以读写的方式打开文件，文件必须存在
w 或 wb	以只写的方式打开文件。如果文件不存在，则自动创建；如果文件存在，则截取文件的长度为 0，即清空文件中的数据
w+或 w+b	以读写的方式打开文件。如果文件不存在，则自动创建；如果文件存在，则截取文件的长度为 0，即清空文件中的数据
a 或 ab	以只写的方式打开文件。如果文件不存在，则自动创建；如果文件存在，则追加到文件的末尾，即原有数据不清空，在数据末尾继续写入
a+或 a+b	以读写的方式打开文件。如果文件不存在，则自动创建；如果文件存在，则追加到文件的末尾，即原有数据不清空，在数据末尾继续写入，但在数据开头读取

注意，在每一个选项中加入 b 字符用来告诉函数库打开的文件为二进制文件，而非纯文本文件。不过在 Linux 系统中会忽略该符号。

当用户程序运行时，系统会自动打开 3 个流指针，它们分别是：标准输入流指针 stdin、标准输出流指针 stdout 和标准错误输出流指针 stderr。这 3 个流指针无须声明，可以直接被进程所使用，如表 2.2 所示。

表 2.2 　　　　　　　　　　　　　　　　系统预定义流指针

用途	对应文件描述符	宏定义	标准流指针
标准输入	0	STDIN_FILENO	stdin
标准输出	1	STDOUT_FILENO	stdout
标准错误输出	2	STDERR_FILENO	stderr

stdin 用来从标准输入设备（默认是键盘）中读取输入内容；stdout 用来向标准输出设备（默认是当前终端）输出内容；stderr 用来向标准输出设备（默认是当前终端）输出错误信息。这 3 个流指针由于是系统预定义的，因此可以直接使用，它们经常被用来实现终端上的输入/输出，其本质与 fopen 的返回值 FILE*的指针一样。所关联的对象有所不同，系统预定义的 3 个流指针所关联的对象可以认为是终端，而 fopen 的返回值 FILE*的指针所关联的对象是打开的文件。关于系统预定义流指针使用的情景，在后续章节着重介绍。

关闭流的函数为 fclose()。该函数将流的缓存区内的数据全部写入文件，并释放相关资源。有时函数也可以被忽略，因为程序结束时会自动关闭所有打开的流指针。

```
#include <stdio.h>
 int fclose(FILE *fp);
```

其中，fp 为已打开的流指针。具体如例 2-1 所示。

例 2-1　使用标准 I/O 函数打开文件。

```
 1 #include <stdio.h>
 2
 3 int main(int argc, const char *argv[])
 4 {
 5    FILE *fp;
 6    if((fp = fopen("test.txt", "w")) == NULL){
 7       printf("fopen error\n");
 8       return -1;
 9    }
10    fclose(fp);
11    return 0;
12 }
```

运行之后，如果文件不存在，则会在当前工作目录下，自动创建一个 test.txt 文件；如果文件存在，则 test.txt 文件中的数据被清空。也可改变 fopen() 函数的 mode 参数进行试验。

2.2.4　错误处理

在例 2.1 中，如果打开的文件不存在，同时 mode 参数选择 r 或 r+，那么程序运行将会出错，错误的信息为文件不存在，一般会由系统返回这个错误信息。错误信息所对应的一个错误码会被保存在全局变量 errno 中。程序员可以通过相应的函数打印这个错误信息。

错误处理相关函数 perror() 被用来输出保存在变量 errno 中的错误码所对应的错误信息。

```
#include <stdio.h>
 void perror(const char *s);
```

参数 s 可以自行定义，可传入一个提示错误的字符串。具体如例 2-2 所示。

例 2-2　输出错误提示信息。

```
 1 #include <stdio.h>
 2
 3 int main(int argc, const char *argv[])
 4 {
 5    FILE *fp;
 6    if((fp = fopen("test.txt", "r")) == NULL){
 7       perror("fopen error");
 8       return -1;
 9    }
10    fclose(fp);
11    return 0;
12 }
```

如果被打开的文件 test.txt 不存在，mode 参数选择为 r，运行结果如下所示。

```
linux@Master:~/1000phone$ ./a.out
fopen error: No such file or directory
```

字符串 fopen error 作为参数传递给 perror() 函数，并最终输出。系统输出的错误信息为 No such file or directory。关于错误信息的定义在<asm-generic/errno-base.h>中可查看，信息所对应的错误码为 ENOENT，并保存在 errno 变量中。

```
#define ENOENT 2   /* No such file or directory */
```

strerror() 函数也可用于处理相关错误，效果与 perror 类似，strerror() 函数同样用于打印错误码所对应的错误信息。

```
#include <string.h>
 char *strerror(int errnum);
```

参数 errnum 需要传入错误码，由于函数运行产生错误，系统会将错误码保存在全局变量 errno 中，因此参数直接传递 errno 便可。具体使用如例 2-3 所示。

例 2-3　输出错误码中的提示信息。

```
1 #include <stdio.h>
2 #include <string.h>
3 #include <errno.h>
4
5 int main(int argc, const char *argv[])
6 {
7     FILE *fp;
8     if((fp = fopen("test.txt", "r")) == NULL){
9         printf("fopen error:%s\n", strerror(errno));
10         return -1;
11     }
12     fclose(fp);
13     return 0;
14 }
```

例 2-3 的运行结果如下所示。

```
linux@Master:~/1000phone$ ./a.out
fopen error: No such file or directory
```

2.2.5　流的读写

1. 按字符的形式实现输入/输出

字符输入/输出函数一次只能读写一个字符。

fputc() 函数用于向指定的流中写入一个字符，之所以不能描述为向文件中写入一个字符，完全是因为函数在对文件所对应的流指针操作时，首先会操作缓存区，最终再写入文件。但函数最终的运行结果依然是将字符写入文件。

```
#include <stdio.h>
 int fputc(int c, FILE *stream);
```

参数 c 用于表示写入的字符，函数原型定义参数 c 为 int 型，而非 char 型，这是因为函数内部对该参数做了强制类型转换。stream 则是与文件相关联的流指针。具体使用如例 2-4 所示。

例 2-4　向文件中写入一个字符。

```
1 #include <stdio.h>
```

```
 2 #include <string.h>
 3 #include <errno.h>
 4
 5 int main(int argc, const char *argv[])
 6 {
 7     FILE *fp;
 8     if((fp = fopen("test.txt", "w")) == NULL){
 9         perror("fopen error");
10         return -1;
11     }
12
13     if(fputc('a', fp) == EOF){
14         perror("fputc error");
15     }
16     fclose(fp);
17     return 0;
18 }
```

运行成功，向文件 test.txt 中写入字符 a，可使用 od -c 查看文件中的数据，如下所示。

```
linux@Master:~/1000phone$ ./a.out
linux@Master:~/1000phone$ od -c test.txt
0000000   a
0000001
```

与 fputc()相对应，fgetc()用于从指定的流中读取一个字符。

```
#include <stdio.h>
 int fgetc(FILE *stream);
```

参数 stream 为已经打开的文件所对应的流指针。函数返回值为读取的字符，函数原型定义返回值的类型为 int 型，而非 char 型，同样也是因为函数内部做了强制类型转换。具体使用如例 2-5 所示。

例 2-5 从文件中读取一个字符。

```
 1 #include <stdio.h>
 2
 3 int main(int argc, const char *argv[])
 4 {
 5     FILE *fp;
 6     int ch;
 7     if((fp = fopen("test.txt", "r")) == NULL){
 8         perror("fopen error");
 9         return -1;
10     }
11
12     if((ch = fgetc(fp)) != EOF){
13         printf("ch = %c\n", ch);
14     }
15     fclose(fp);
16     return 0;
17 }
```

选择读取例 2-4 写入的文件 test.txt，执行结果如下所示。

```
linux@Master:~/1000phone$ ./a.out
ch = a
```

2. 按字符串的形式输入/输出

字符串输入/输出函数一次操作一个字符串。

```
#include <stdio.h>
int fputs(const char *s, FILE *stream);
```

fputs()函数用于向指定的流中写入字符串，不包含字符串的结束符 '\0'。之所以不能描述为向文件中写入，原因与读写字符一样，需要先操作缓存区。

参数 s 指向需要写入的字符串，stream 为指定的流。具体使用如例 2-6 所示。

例 2-6　向文件中写入字符串。

```
1  #include <stdio.h>
2  #define N 32
3  #define errlog(errmsg) perror(errmsg);\
4                        printf("--%s--%s--%d--\n",\
5                        __FILE__, __FUNCTION__, __LINE__);\
6                        return -1;
7  int main(int argc, const char *argv[])
8  {
9      FILE *fp;
10     char buf[N] = "hello world";
11     if((fp = fopen("test.txt", "w")) == NULL){
12         errlog("fopen error");
13     }
14
15     if(fputs(buf, fp) == EOF){
16         errlog("fputs error");
17     }
18     fclose(fp);
19     return 0;
20 }
```

例 2-6 运行成功，则会将字符数组 buf 写入文件，errlog 是程序封装的函数宏。使用 od-c 可查看写入文件的数据，如下所示。

```
linux@Master:~/1000phone$ ./a.out
linux@Master:~/1000phone$ od -c test.txt
0000000  h  e  l  l  o     w  o  r  l  d
0000013
```

fgets()函数用来从指定的流中读取字符串，其操作要比 fputs()函数复杂一些。在 Linux 官方手册中，该函数的使用定义为：从指定的流中最多读取 size-1 个字符的字符串，并在读取的字符串末尾自动添加一个结束符 '\0'（表示字符串结束）。

```
#include <stdio.h>
char *fgets(char *s, int size, FILE *stream);
```

参数 s 用于存储读取的字符串，size 为期望读取的字符，程序可以自行设置，stream 为指定的流指针。具体使用如例 2-7 所示，test.txt 文件为例 2-6 写入字符串的文件。

例 2-7   从文件中读取字符串。

```
1 #include <stdio.h>
2 #define N 32
3 #define errlog(errmsg) perror(errmsg);\
4                 printf("--%s--%s--%d--\n",\
5                 __FILE__, __FUNCTION__, __LINE__);\
6                 return -1;
7 int main(int argc, const char *argv[])
8 {
9     FILE *fp;
10    char buf[N] = "";
11    if((fp = fopen("test.txt", "r")) == NULL){
12        errlog("fopen error");
13    }
14
15    if(fgets(buf, N, fp) != NULL){
16        printf("buf:%s\n", buf);
17    }
18    fclose(fp);
19    return 0;
20 }
```

例 2-7 运行结果，读取文件中的全部内容，如下所示。

```
linux@Master:~/1000phone$ ./a.out
buf:hello world
```

此时，运行结果并没有产生太多意外。程序设置的参数 size 的值为 32（期望读取的字符个数为 32），远比文件中字符的个数多，因此将文件中的数据全部读取。这时，重新换一种做法。将参数 size 的值进行修改，不妨将其设置为 11，注意此时文件中的数据为 hello world，加上单词中间的空格符，一共也是 11 个字符。

重新运行例 2-7，如下所示。

```
linux@Master:~/1000phone$ ./a.out
buf:hello worl
```

由运行结果可以看出，读取的字符串少了一个字符 'd'。此时，运行结果正如 Linux 官方手册中描述的一致，只能读取 size-1 个字符。正是因为函数本身在读取字符串时，需要在文件的末尾自动添加一个结束符 '\0'，表示字符串读取到此结束。因此读取了 size-1 个字符，最后一位被结束符替换。

上述问题，需要熟练掌握，也是函数的重点内容。fgets()函数本身在读取字符串时，会自动添加结束符 '\0'，占用一个字符位置，表示字符串读取结束。

问题到此依然没有结束，假设此时文件中的数据改变，使用编辑器写入两行数据，如下所示。

```
1 hello world
2 hello world
```

此时需要注意的是每一行后面都会有换行符，使用 od-c 可查看到，如下所示。

```
linux@Master:~/1000phone$ od -c test.txt
0000000   h   e   l   l   o       w   o   r   l   d  \n   h   e   l   l
0000020   o       w   o   r   l   d  \n
```

0000030

　　由上述查询可知，此时文件中的数据为 24 个字符，注意 '\n' 换行符（之前文件中的数据通过 fputs()函数写入时，没有换行符）。这时如果选择将参数 size 设置为 32，那么是否会将文件中的数据全部读取？答案是不会，原因就是换行符发挥了作用，运行结果如下所示。

```
linux@Master:~/1000phone$ ./a.out
buf:hello world
```

　　很明显，输出的是一行数据，空行说明读取到了第一行的换行符。说明 fgets()函数在读取到换行符 '\n' 时，会自动结束，并在末尾补充一个结束符 '\0'，表示读取结束，无论参数 size 有多大。

　　通过代码示例，可以进行简短的示例总结，如表 2.3 所示。为了更好地理解函数的本意，可以在 Linux 环境中，按照上述示例，自行设置参数，查看运行结果。

表 2.3　　　　　　　　　　　　　　　　　　示例总结

文件中的数据	参数 size 的大小	读取的结果
abcdef	6	abcde'\0'
abcdef	>6	abcdef'\0'
abcdef'\n'	6	abcde'\0'
abcdef'\n'	7	abcdef'\0'
abcdef'\n'	>7	abcdef'\n''\0'

　　至此，使用字符串的形式对文件进行输入/输出已讲解完毕。

　　接下来使用实例测试函数的熟练度。使用标准 I/O 函数求一个文件的行数，具体如例 2-8 所示。

　　例 2-8　求一个文件的行数。

```
1  #include <stdio.h>
2  #include <string.h>
3  #define N 32
4  #define errlog(errmsg) perror(errmsg);\
5                  printf("--%s--%s--%d--\n",\
6                  __FILE__, __FUNCTION__, __LINE__);\
7                  return -1;
8  int get_line(FILE *fp){
9      char buf[N] = "";
10     int count = 0;
11     while(fgets(buf, N, fp) != NULL){
12         if(buf[strlen(buf) - 1] == '\n')
13             count++;
14     }
15     return count;
16 }
17
18 int main(int argc, const char *argv[])
19 {
20     FILE *fp;
21     int line = 0;
22     if((fp = fopen(argv[1], "r")) == NULL){
23         errlog("fopen error");
24     }
25
26     line = get_line(fp);
27
```

```
28      printf("line = %d\n", line);
29      fclose(fp);
30      return 0;
31 }
```

如例 2-8 所示，子函数 get_line()实现了求文件行数的功能。使用 fgets()函数循环读取文件，无论期望读取值 N 设置为多少，每读到文件中的换行符 '\n' 时，if 判断一定判定成功，记录 count 则自加。

3. 按数据大小的形式输入/输出

前面已经讲述了采用字符的形式及字符串的形式实现对文件的输入/输出。标准 I/O 也提供了按照数据大小的形式对文件的输入/输出，而不管数据的格式如何。

```
#include <stdio.h>
size_t fwrite(const void *ptr, size_t size, size_t nmemb,FILE *stream);
```

fwrite()函数被用来向指定的流中输入数据，根据 Linux 官方手册的说明，该函数功能为向指定的流指针 stream 中，写入 nmemb 个单元数据，单元数据的大小为 size，参数 ptr 用来指向需要写入的数据。

需要注意的参数 nmemb 表示的是单元数据的个数，而非字符的个数。因此，单元数据是什么格式，完全由程序自行定义，可以是字符串、数组、结构体，甚至是共同体。

数据将采用结构体的形式输入文件，具体如例 2-9 与例 2-10 所示。

例 2-9 结构体定义。

```
1 #ifndef _SOURCE_H
2 #define _SOURCE_H
3 #define N 32
4
5 struct data{
6     int a;
7     char b;
8     char buf[N];
9 };
10
11 #endif
```

例 2-10 向文件中写入结构体信息。

```
1 #include <stdio.h>
2 #include <string.h>
3 #include "source.h"
4 #define errlog(errmsg) perror(errmsg);\
5                        printf("--%s--%s--%d--\n",\
6                        __FILE__, __FUNCTION__, __LINE__);\
7                        return -1;
8 struct data obj = {
9     .a = 10,
10    .b = 'q',
11    .buf = "test",
12 };
13 int main(int argc, const char *argv[])
14 {
15     FILE *fp;
```

```
16     if((fp = fopen("test.txt", "w")) == NULL){
17         errlog("fopen error");
18     }
19
20     if(fwrite(&obj, sizeof(struct data), 1, fp) < 0){
21         errlog("fwrite error");
22     }
23     fclose(fp);
24     return 0;
25 }
```

代码将头文件中定义的结构体进行初始化，并写入指定的流（文件）中，运行结果如下所示，使用 od -c 查看文件中的数据，说明写入成功。

```
linux@Master:~/1000phone$ od -c test.txt
0000000  \n  \0  \0  \0   q   t   e   s   t  \0  \0  \0  \0  \0  \0  \0
0000020  \0  \0  \0  \0  \0  \0  \0  \0  \0  \0  \0  \0  \0  \0  \0  \0
0000040  \0  \0  \0  \0  \0  \0  \0  \0
0000050
```

注意，文件中的 '\0' 不是结束符，写入 test.txt 文件中的数据是一些机器码。其实也不难理解，结构体属于构造数据类型，它在内存中存储的形式与数组的线程存储不同。结构体存储需要按照字节对齐的形式存储。

fread() 函数被用来从指定的流中读取数据，其参数与 fwrite() 函数一致，不同的是数据传递的方向发生了变化。

```
#include <stdio.h>
 size_t fread(void *ptr, size_t size, size_t nmemb, FILE *stream);
```

参数 ptr 用来保存读取的数据，nmemb 表示读取的单元数据的个数。具体使用如例 2-11 所示。

例 2-11 从文件中读取结构体信息。

```
 1 #include <stdio.h>
 2 #include <string.h>
 3 #include "source.h"
 4 #define errlog(errmsg) perror(errmsg);\
 5                     printf("--%s--%s--%d--\n",\
 6                     __FILE__, __FUNCTION__, __LINE__);\
 7                     return -1;
 8 int main(int argc, const char *argv[])
 9 {
10     FILE *fp;
11     struct data obj;
12     if((fp = fopen("test.txt", "r")) == NULL){
13         errlog("fopen error");
14     }
15
16     if(fread(&obj, sizeof(struct data), 1, fp) > 0){
17         printf("a=%d b=%c buf=%s\n", obj.a, obj.b, obj.buf);
18     }
19     fclose(fp);
20     return 0;
21 }
```

例 2-11 运行结果如下所示，很明显，将文件中的数据全部读取。

```
linux@Master:~/1000phone$ ./a.out
a=10 b=q buf=test
```

2.2.6　系统预定义流指针

在 2.2.3 节中，提到了系统预定义的流指针，其变量名分别为 stdin、stdout、stderr，同时也讨论了其类型与 2.2.5 节代码示例中使用的 FILE*fp 的类型应该是一致的，都属于流指针。唯一不同的是 2.2.5 节中使用 FILE*fp 的为程序自定义，需要将其与文件建立关联（将文件打开，得到返回值），而这 3 个流指针默认操作的不是文件，而是终端。

本节将讨论这三个流指针的使用情景，以及配合使用的函数接口。

stdin 作为标准输入流指针，默认是终端输入，而 stdout、stderr 同属于标准输出，默认是终端输出（不同之处在于是否操作缓存区）。因此，结合之前使用的标准 I/O 函数接口可以实现对终端的操作。

例 2-12 将实现终端上输入字符串，并输出字符串。只需要读取标准输入流指针，将数据写入标准输出流指针即可，这 3 个流指针可以直接使用。具体如例 2-12 所示。

例 2-12　采用字符的形式实现终端的输入与输出。

```
 1 #include <stdio.h>
 2
 3 int main(int argc, const char *argv[])
 4 {
 5     int ch;
 6
 7     while((ch = fgetc(stdin)) != EOF){
 8         fputc(ch, stdout);
 9     }
10     return 0;
11 }
```

例 2-12 运行结果如下所示，每次输入一行字符串，系统则打印输出一行相同的字符串。

```
linux@Master:~/1000phone$ ./a.out
aaaaaaaaaa
aaaaaaaaaa
bbbbbb
bbbbbb
ccc
ccc
```

同样，采用字符串的形式实现输入/输出，如例 2-13 所示。

例 2-13　采用字符串的形式实现终端的输入与输出。

```
 1 #include <stdio.h>
 2 #define N 32
 3 int main(int argc, const char *argv[])
 4 {
 5     char buf[N] = "";
 6     while(fgets(buf, N, stdin) != NULL){
 7         fputs(buf, stdout);
```

```
 8      }
 9      return 0;
10 }
```

标准 I/O 函数中提供了一些默认使用系统预定义流指针的函数，getchar()、putchar()、gets()、put()等。函数默认使用流指针，因此不用将预定义流指针作为参数传递给这些函数。

getchar()函数用于读取标准输入流指针（读取终端输入），每次操作一个字符，效果相当于fgetc(stdin)。

```
#include <stdio.h>
int getchar(void);
```

putchar()函数用于向标准输出流指针写入（向终端输出），每次操作一个字符，效果相当于fputc(stdout)。

```
#include <stdio.h>
int putchar(int c);
```

gets()函数是一个不推荐使用的函数。不同于 fgets()函数的是，fgets()函数指定了期望读取的字节数 size，读取成功将 size-1 个字符送入缓存 s 中。但是 gets()函数完全没有指定这一重要信息，如果读取的字符串长度大于缓存的长度，可能会造成不可预计的结果。

```
#include <stdio.h>
char *gets(char *s);
```

puts()函数用于向标准输出流指针写入字符串（向终端输出），与 fputs()函数不同的是，fputs()函数向流指针写入字符串不会自动补充新的换行符，而 puts()函数会自动再补充一个新的换行符在写入字符串的末尾。这一点在 2.2.5 节中，使用 fputs()函数向文件中写入字符串时得到了验证。

```
#include <stdio.h>
int puts(const char *s);
```

2.2.7 缓存区的类型

在前面内容中，已经使用各种标准 I/O 的函数接口对文件进行输入/输出操作。这些函数无论是对文件还是对终端操作时，都有操作缓存区。只不过这个过程是看不到的，但这一细节是不可忽略的。本节将着重讨论缓存区的问题，以便于在使用标准 I/O 函数时，注意缓存区的存在，避免产生不必要的失误。

首先，借用一个示例，展示标准 I/O 函数操作时，产生的缓存区问题。具体如例 2-14 所示。

例 2-14   测试缓存区。

```
 1 #include <stdio.h>
 2 #include <string.h>
 3
 4 int main(int argc, const char *argv[])
 5 {
 6     while(1){
 7         sleep(1);
 8         printf("hello world");
 9     }
10     return 0;
```

```
11  }
```

例 2-14 的功能是，printf()函数作为一个标准输出函数，通过 while 循环，持续向终端输出字符串"hello world"。然而运行结果，并不是想象的结果。

```
linux@Master:~/1000phone$ ./a.out
```

如上述运行结果所示，运行程序不会立刻看到输出的数据，程序一直处于停滞状态，直到一段时间后，一次性显示输出的数据，如下所示。

```
linux@Master:~/1000phone$ ./a.out
hello worldhello worldhello worldhello worldhello worldhello worldhello worldhello
worldhello worldhello worldhello worldhello worldhello worldhello worldhello
worldhello worldhello worldhello worldhello worldhello worldhello worldhello
worldhello worldhello worldhello worldhello worldhello worldhello worldhello
worldhello worldhello worldhello worldhello worldhello worldhello worldhello
worldhello worldhello worldhello worldhello worldhello worldhello worldhello
worldhello worldhello worldhello worldhello worldhello worldhello worldhello
worldhello worldhello worldhello worldhello worldhello worldhello worldhello
worldhello worldhello worldhello worldhello worldhello worldhello worldhello
worldhello worldhello worldhello worldhello worldhello worldhello worldh
```

上述代码，如果在标准输出函数 printf()中添加换行符，则运行结果如下。

```
8              printf("hello world\n");
```

运行的结果为每秒向终端输出"hello world"，产生了截然不同的结果，如下所示。

```
linux@Master:~/1000phone$ ./a.out
hello world
hello world
hello world
```

由此，可以很明显地看出缓存区的存在。在没有换行符时，printf()函数并没有立即将字符串输出到终端，是因为其字符串被输出到了缓存区中。经历一段时间之后，数据一次性输出，说明缓存区满足了刷新的条件（缓存区被写满），此时执行系统调用，将缓存区中的数据一次性输出到终端上。添加换行符，则成功解决这一问题，说明换行符不仅有换行的作用，同时也具有刷新缓存区的功能。

经过代码的论证，可以很明显看到标准 I/O 函数在使用操作时的缓存区问题，接下来则需要讨论缓存区的类型，以及缓存区的刷新条件。

标准 I/O 提供了三种类型的缓存，即全缓存、行缓存和不缓存。

（1）全缓存。当流与文件相关联时，所操作的缓存区为全缓存。通俗地讲，即当使用标准 I/O 函数操作流指针，而该流指针是与文件有关联的流指针时，访问的缓存区为全缓存区。例如，FILE *fp = fopen()，标准函数操作 fp。

（2）行缓存。当流与终端相关联时，所操作的缓存区为行缓存。通俗地讲，当使用标准 I/O 函数操作流指针，而该流指针是与终端有关联的流指针时，访问的缓存区为行缓存区。例如，标准 I/O 函数操作 stdin、stdout。

（3）不缓存（没有缓存区）。当使用标准 I/O 函数操作的流指针是不带缓存区的流指针时，没有缓存区。例如，标准 I/O 函数操作 stderr。在 2.2.3 节中，已经说明了系统预定义流指针的基本概念。stdout 与 stderr 这两个流指针，被用来实现向终端输出信息，二者不同的地方就在于缓存区的问题。

stderr 通常被用来在特定情况下，向终端输出错误警示信息使用，因此当程序出现了错误时，必然需要立刻将错误警告输出，以便及时对程序修改，此时不需要缓存区的存在。如果错误信息保存在缓存区，则无法及时得到警告，造成不可预计的后果。

2.2.8 缓存区的刷新及配置

值得注意的是，标准 I/O 函数在进行操作时，先操作缓存区，当缓存区满足刷新条件时，再执行系统调用，实现缓存区与文件的数据交互。Linux 中对刷新的概念有两层意思：在标准 I/O 库方面，刷新意味着将缓存中的内容写到磁盘上；在终端驱动程序方面，刷新表示丢弃已存在缓存中的数据。在这里，刷新通常指将缓存区清空，并将数据交互到文件或终端。

除不缓存外，全缓存和行缓存，都有自己刷新的条件。

刷新全缓存的条件是缓存区写满、强制刷新（fflush()）、程序正常退出。而行缓存的刷新条件是缓存区写满、强制刷新（fflush()）、程序正常退出、换行符 '\n'。

因此，操作流指针使用的缓存区大小是固定的。如果不喜欢这些系统默认，也可以通过函数修改指定流指针所操作的缓存区。

根据 2.2.2 节中提供的 FILE 结构体，通过获取其信息即可得到缓存区的大小。具体如例 2-15 所示。

例 2-15 计算缓存区的大小。

```
 1 #include <stdio.h>
 2
 3 int main(int argc, const char *argv[])
 4 {
 5    FILE *fp;
 6
 7    fp = fopen("test.txt", "w");
 8
 9    fputc('a', fp);
10
11    printf("fp buffer size:%ld\n",
12          fp->_IO_buf_end - fp->_IO_buf_base);
13    getchar();
14    printf("stdin buffer size:%ld\n",
15          stdin->_IO_buf_end - stdin->_IO_buf_base);
16    printf("stdout buffer size:%ld\n",
17          stdout->_IO_buf_end - stdout->_IO_buf_base);
18    printf("stderr buffer size:%ld\n",
19          stderr->_IO_buf_end - stderr->_IO_buf_base);
20    return 0;
21 }
```

如例 2-15 所示，通过不同操作对象的流指针，访问其结构体成员，通过地址相减，得到缓存区的大小。其中 _IO_buf_end、_IO_buf_base 为缓存区结尾地址与缓存区起始地址。运行结果如下所示。

```
linux@Master:~/1000phone$ ./a.out
fp buffer size:4096

stdin buffer size:1024
stdout buffer size:1024
stderr buffer size:0
```

fp 是与文件关联的流指针，stdin、stdout、stderr 都是与终端关联的流指针，其类型都为 FILE*，已知结构体指针，可访问结构体成员。因此根据缓存区的定义，可以得到全缓存的大小为 4KB，行缓存为 1KB。

对任何一个给定的流，如果不喜欢这些系统默认，则可调用下列两个函数中的一个更改缓存类型。

```
#include <stdio.h>
void setbuf(FILE *stream, char *buf);
int setvbuf(FILE *stream, char *buf, int mode, size_t size);
```

setvbuf()函数可以通过 mode 参数精确设置所需的缓存类型。_IOFBF 指定为全缓存，_IOLBF 指定为行缓存，_IONBF 指定为不缓存。如果指定一个不缓存的流，则忽略 buf 和 size 参数。如果指定全缓存或行缓存，则 buf 和 size 可以选择指定一个缓存以及长度。如果指定流为带缓存的，而 buf 为 NULL，则标准 I/O 库将自动地为该流分配适当长度的缓存。如果系统不能为该流决定此值，则分配长度为 BUFSIZ（典型值为 1024）的缓存。

表 2.4 列出了这两个函数的参数项，以及它们的具体意义。

表 2.4　　　　　　　　　　　　setbuf 和 setvbuf 函数的参数

函数	mode	buf	缓存及长度	缓存的类型
setvbuf	_IOFBF	nonnull	长度为 size	全缓存
		NULL	系统设定	
	_IOLBF	nonnull	长度为 size	行缓存
		NULL	系统设定	
	_IONBF	忽略	无缓存	不缓存
setbuf		nonnull	长度为 BUFSIZ	全缓存或行缓存
		NULL	无缓存	不缓存

2.2.9　流的定位

学习流的定位，需要先了解流的读写位置偏移的情况。通常每个打开的流内部都有一个当前读写位置，流被打开时，当前读写位置为 0，表示在文件的开始位置进行读写。每当读写一次数据后，当前读写位置自动增加实际读写的大小。在读写流之前可先对流进行定位，即移动到指定的位置再操作。以上描述可通过一个示例来说明其问题，具体如例 2-16 所示。

例 2-16　测试读写位置产生偏移的情况。

```
1 #include <stdio.h>
2 #define errlog(errmsg) perror(errmsg);\
3                 printf("--%s--%s--%d--\n",\
4                 __FILE__, __FUNCTION__, __LINE__);\
5                 return -1;
6 int main(int argc, const char *argv[])
7 {
8     FILE *fp;
9     int ch;
10    if((fp = fopen("test.txt", "w+")) == NULL){
11        errlog("fopen error");
12    }
13
14    fputc('a', fp);
```

```
15      fputc('b', fp);
16      fputc('c', fp);
17      fputc('d', fp);
18
19      while((ch = fgetc(fp)) != EOF){
20          printf("ch = %c\n", ch);
21      }
22      fclose(fp);
23      return 0;
24  }
```

如例 2-16 所示，在打开文件之后，写入字符，并读取字符。运行结果如下所示。

```
linux@Master:~/1000phone$ ./a.out
linux@Master:~/1000phone$
```

结果没有读取到任何内容，但是文件中的数据存在。这说明了读写位置发生了偏移。设想，当向文件中写入字符后，当前的读写位置已经不处于文件的开始处了。而是在写入的字符的末尾，因此当从这一位置开始读时，将无法读取任何内容。如同在 Windows 系统中写文本文件时，每次通过键盘输入之后，光标都会偏移到文字的下一位。这样，下一次写入从该位置开始写入。相反如果光标不发生移动，每次写都在一个位置，那么每次写入的数据势必会把上一次写入的数据覆盖。而如果从数据的末尾位置读取，光标前的数据将不会被读取。因此在对文件进行操作时，读写位置将十分关键。

fseek()函数和 ftell()函数被用来实现读写位置的定位及位置的查询。

```
#include <stdio.h>
int fseek(FILE *stream, long offset, int whence);
long ftell(FILE *stream);
```

fseek()函数，参数 stream 为指定的流，whence 为需要定位的位置，可设置为 SEEK_SET、SEEK_CUR、SEEK_END，分别表示定位到文件的开始处，当前位置，以及文件的末尾。offset 表示在第三个参数已经定位的基础上再发生偏移的量，其值类型为长整型。

ftell()函数则用来获取读写位置，执行成功返回当前读写位置相对于文件开始处的偏移量。使用上述函数对例 2-16 进行修改，具体如例 2-17 所示。

例 2-17　读写位置的定位与偏移量计算。

```
1  #include <stdio.h>
2  #define errlog(errmsg) perror(errmsg);\
3                  printf("--%s--%s--%d--\n",\
4                  __FILE__, __FUNCTION__, __LINE__);\
5                  return -1;
6  int main(int argc, const char *argv[])
7  {
8      FILE *fp;
9      int ch;
10     long offset;
11     if((fp = fopen("test.txt", "w+")) == NULL){
12         errlog("fopen error");
13     }
14
15     fputc('a', fp);
16     fputc('b', fp);
17     fputc('c', fp);
18     fputc('d', fp);
```

```
19
20     fseek(fp, 0, SEEK_SET);
21
22     while((ch = fgetc(fp)) != EOF){
23         printf("ch = %c\n", ch);
24     }
25
26     offset = ftell(fp);
27     printf("offset = %ld\n", offset);
28     fclose(fp);
29     return 0;
30 }
```

上述代码中，使用 fseek() 函数进行重新定位，将读写位置定位到文件的开始处。此时执行循环读取则可以从文件开始处读取相应的内容。ftell() 函数获取读取之后的读写位置的偏移量。运行结果如下所示。

```
linux@Master:~/1000phone$ ./a.out
ch = a
ch = b
ch = c
ch = d
offset = 4
```

上述代码，需要注意的是，如果打开文件的方式修改为 a+，则会出现不同的情况，修改如例 2-18 所示。

例 2-18 读写位置的定位。

```
 1 #include <stdio.h>
 2 #define errlog(errmsg) perror(errmsg);\
 3                    printf("--%s--%s--%d--\n",\
 4                    __FILE__, __FUNCTION__, __LINE__);\
 5                    return -1;
 6 int main(int argc, const char *argv[])
 7 {
 8     FILE *fp;
 9     int ch;
10     long offset;
11     if((fp = fopen("test.txt", "a+")) == NULL){
12         errlog("fopen error");
13     }
14
15     fputc('a', fp);
16     fputc('b', fp);
17     fputc('c', fp);
18     fputc('d', fp);
19
20     fseek(fp, 0, SEEK_SET);
21     fputc('e', fp);
22
23     offset = ftell(fp);
24     printf("offset = %ld\n", offset);
25     fclose(fp);
26     return 0;
27 }
```

运行结果如下所示。

```
linux@Master:~/1000phone$ ./a.out
offset = 1
linux@Master:~/1000phone$ od -c test.txt
0000000   a   b   c   d   e
0000005
```

由运行结果可以看出，在执行定位操作之后，写入字符 'e'，并没有从文件开始处写入将字符 'a' 覆盖，而是追加到文件的末尾，但是使用 ftell()函数查询读写位置偏移量时，偏移量为 1，并非是 5。因此，这样的结果总会让人产生定位操作在文件采用 a 或 a+方式打开时失效的感觉，这种情况要格外注意。使用追加的方式打开文件后，写操作默认是从文件末尾处开始的。

下面的例子将使用上述定位函数，实现获取一个文件的大小。具体如例 2-19 所示。

例 2-19 通过定位获取文件的大小。

```
 1 #include <stdio.h>
 2 #define errlog(errmsg) perror(errmsg);\
 3                        printf("--%s--%s--%d--\n",\
 4                        __FILE__, __FUNCTION__, __LINE__);\
 5                        return -1;
 6 int main(int argc, const char *argv[])
 7 {
 8     FILE *fp;
 9     if((fp = fopen(argv[1], "r")) == NULL){
10         errlog("fopen error");
11     }
12
13     fseek(fp, 0, SEEK_END);
14
15     printf("The size of %s is %ld\n", argv[1], ftell(fp));
16     fclose(fp);
17     return 0;
18 }
```

运行结果如下所示。

```
linux@Master:~/1000phone$ ./a.out test.txt
The size of test.txt is 5
```

通过上述示例，可以看到关于读写位置定位的简单应用。通过这些定位函数也可以用于实现文件的分隔及合并。例如，Linux 内核启动引导系统 Bootloader 的镜像合并就可以采用这些函数接口通过定位来实现。

2.2.10　格式化输入/输出

格式化输入/输出函数可以指定输入/输出的具体格式，包括大家非常熟悉的 printf()、scanf()等函数。它们的语法要点如表 2.5 和表 2.6 所示。

表 2.5 　　　　　　　　　格式化输入函数语法要点

所需头文件	#inlude <stdio.h>
函数原型	int scanf(const char *format, ...);
	int fscanf(FILE *stream, const char *format, ...);

续表

函数原型	int sscanf(const char *str, const char *format, ...);
函数参数	format：输入的格式
	fp：作为输入的流
	str：作为输入的存储区
函数返回值	成功：输入字符数
	失败：EOF

表 2.6 　　　　　　　　　　　　**格式化输出函数语法要点**

所需头文件	#include <stdio.h>
函数原型	int printf(const char *format, ...);
	int fprintf(FILE *stream, const char *format, ...);
	int sprintf(char *str, const char *format, ...);
函数参数	format：输出的格式
	fp：接收输出的流
	buf：接收输出的存储区
函数返回值	成功：输出字符数
	失败：EOF

2.3　Linux 文件 I/O

2.3.1　文件描述符

　　Linux 操作系统是基于文件概念的。文件是以字符序列构成的信息载体。根据这一点，可以把 I/O 设备当作文件来处理。因此，与磁盘上的普通文件进行交互所用的同一系统调用可以直接用于 I/O 设备。这样大大简化了系统对不同设备的处理，提高了效率。即文件 I/O 的函数接口既可以操作普通文件，也可操作特定文件（如管道、字符设备等）。

　　为了区分和引用特定的文件，这里用到一个重要的概念——文件描述符。对于 Linux 而言，所有对设备和文件的操作都是通过文件描述符来进行的。如果说在标准 I/O 中，操作的核心是流指针；那么在文件 I/O 中，操作的核心则是文件描述符。文件描述符是一个非负整数，它是一个索引值，并指向在内核中每个进程打开文件的记录表。当打开或创建一个新文件时，内核就会向进程返回一个文件描述符。读写文件时，需要把文件描述符作为参数传递给相应的函数。

　　通常，在程序开始运行之前，Shell 代表程序会自动打开 3 个文件描述符。更确切地说，程序继承了 Shell 文件描述符的副本——在 Shell 的日常操作中，这 3 个文件描述符始终是打开的（可以直接使用）。这一点与标准 I/O 的系统预定义的 3 个流指针类似。这 3 个文件描述符的定义如表 2.7 所示。

表 2.7 　　　　　　　　　　　　　**自动文件描述符**

文件描述符	用途	POSIX 名称	对应 stdio 流
0	标准输入	STDIN_FILENO	stdin
1	标准输出	STDOUT_FILENO	stdout
2	标准错误输出	STDERR_FILENO	stderr

　　在程序中指代这些文件描述符时，可以直接使用幻数（0、1、2）表示，或采用<unistd.h>所定

义的 POSIX 标准名称 STDIN_FILENO、STDOUT_FILENO、STDERR_FILENO。

2.3.2　文件的打开和关闭

open()函数用于创建或打开文件，在打开或创建文件时可以指定文件打开方式及文件的访问权限。

```
#include <sys/types.h>
#include <sys/stat.h>
#include <fcntl.h>
int open(const char *pathname, int flags);
int open(const char *pathname, int flags, mode_t mode);
```

参数 pathname 用以指定打开的文件的路径名，如果文件在当前目录下，那么无须指定目录，直接指定文件名。函数返回一个文件描述符，被用于进行读写操作等其他操作。标志位 flags 用以指定进程打开文件的方式。flags 标志位如表 2.8 所示。

表 2.8 **flags 标志位**

flags	打开文件的方式
O_RDONLY	以只读的方式打开文件
O_WRONLY	以只写的方式打开文件
O_RDWR	以读写的方式打开文件
O_APPEND	以追加的方式打开文件
O_ASYNC	设置异步标志位，表示对设备文件操作采用信号通知的方式
O_CREAT	如果文件不存在，自动创建
O_EXCL	如果文件存在，返回错误码
O_NONBLOCK	以非阻塞的方式打开文件，常用于管道操作
O_TRUNC	如果文件存在，截取文件的长度为 0，即清空数据

flags 标志位的使用与标准 I/O 中的 fopen()函数有些类似，唯一不同的是 open()函数用一个特定的宏来指定一种单独的模式，而非 fopen()函数中直接表示全部含义。因此，关于 flags 参数可通过"|"组合构成。通过位或，将宏组合，实现标志位的变化。

由于 open()函数属于直接系统调用，因此该函数除了可以操作普通文件以外，还可以操作设备，在本节中只讨论非设备文件的情况。flags 组合的方式如表 2.9 所示。

表 2.9 **flags 标志位设置**

open()	fopen()	表示意义
O_RDONLY	r	只读打开文件
O_RDWR	r+	读写打开文件
O_WRONLY|O_CREAT|O_TRUNC	w	只写打开文件，文件不存在则创建，存在则清空数据
O_RDWR|O_CREAT|O_TRUNC	w+	读写打开文件，文件不存在则创建，存在则清空数据
O_WRONLY|O_CREAT|O_APPEND	a	只写打开文件，文件不存在则创建，存在则追加方式
O_RDWR|O_CREAT|O_APPEND	a+	读写打开文件，文件不存在则创建，存在则追加方式

参数 mode 是否传递，取决于第二个参数 flags，如果参数 flags 中，指定了 O_CREAT 标志位，则必须指定参数 mode。参数 mode 表示文件所属用户对文件的执行权限，正是 1.1.5 节和 1.1.6 节中介绍的内容。

设想如果创建一个新文件，必须需要指定该文件所属用户的操作权限。mode 参数的使用可以参考 1.1.5 节，既可以使用宏定义，也可使用八进制数。通常设置的 mode 值，会被文件权限掩码屏蔽一些权限位。在 Linux 官方手册中，此参数需要执行 mode&～umask，umask 为文件权限掩码，默认值为 0002。

```
#include <unistd.h>
int close(int fd);
```

close()函数被用来关闭一个文件描述符。参数 fd 为需要关闭的文件描述符。当一个进程终止时，它所有的打开文件都由内核自动关闭。很多程序都使用这一功能，而不显式地使用 close()函数关闭打开的文件。

open()函数及 close()函数具体使用如例 2-20 所示。

例 2-20 使用文件 I/O 函数打开文件。

```
1 #include <stdio.h>
2 #include <sys/types.h>
3 #include <sys/stat.h>
4 #include <fcntl.h>
5 #define errlog(errmsg) perror(errmsg);\
6                    printf("--%s--%s--%d--\n",\
7                    __FILE__, __FUNCTION__, __LINE__);\
8                    return -1;
9 int main(int argc, const char *argv[])
10 {
11    int fd;
12
13    if((fd = open("test.txt", O_WRONLY|O_CREAT|O_TRUNC, 0664)) < 0){
14        errlog("open error");
15    }
16    close(fd);
17    return 0;
18 }
```

如需得到文件描述符的值，可修改代码错误判断条件，如例 2-21 所示。

例 2-21 获取文件描述符的值。

```
1 #include <stdio.h>
2 #include <sys/types.h>
3 #include <sys/stat.h>
4 #include <fcntl.h>
5 int main(int argc, const char *argv[])
6 {
7    int fd;
8
9    if((fd = open("test.txt", O_WRONLY|O_CREAT|O_TRUNC, 0664)) > 0){
10        printf("fd = %d\n", fd);
11    }
12    close(fd);
13    return 0;
14 }
```

运行结果如下所示。可以看到获取的文件描述符的值为 3，文件描述符 0、1、2 为系统自动打开，可以被直接进程使用。

```
linux@Master:~/1000phone$ ./a.out
fd = 3
```

文件描述符作为一种有限资源，不可以无限获取，一个进程在可以使用的最大的文件描述符的值为 1023，即一个进程最多可以使用 1024 个文件描述符。特别注意，文件描述符的值为多少与文件没有直接关系，而是与当前进程已经打开的文件描述符的个数有关系，测试代码如例 2-22 所示。

例 2-22 进程获取文件描述符的最大数量。

```
1  #include <stdio.h>
2  #include <sys/types.h>
3  #include <sys/stat.h>
4  #include <fcntl.h>
5  int main(int argc, const char *argv[])
6  {
7      int fd;
8      while(1){
9          if((fd = open("test.txt", O_WRONLY|O_CREAT|O_TRUNC, 0664)) > 0){
10             printf("fd = %d\n", fd);
11         }
12         else{
13             perror("open error");
14             return -1;
15         }
16     }
17     close(fd);
18     return 0;
19 }
```

运行结果如下所示。每打开一个文件描述符，则占用一个相对应的值。

```
fd = 1020
fd = 1021
fd = 1022
fd = 1023
open error: Too many open files
```

2.3.3 文件读写

与标准 I/O 相比，文件 I/O 对文件的操作更简单直接。write()函数用于将数据写入一个已经打开的文件，并返回实际写入的字节数。函数并没有固定写入文件的数据格式，只需要按照字节数操作即可。注意，没有缓存区的操作。

```
#include <unistd.h>
 ssize_t write(int fd, const void *buf, size_t count);
```

参数 fd 为已经打开的文件描述符，参数 buf 保存的是写入文件的数据，参数 count 为从 buf 中需要写入文件的字节数。函数使用如例 2-23 和例 2-24 所示。

例 2-23 结构体定义。

```
1  #ifndef _SOURCE_H
2  #define _SOURCE_H
3  #define N 32
4
```

```
5  struct data{
6      int a;
7      char b;
8      char buf[N];
9  };
10
11 #endif
```

例 2-24 向文件中写入结构体信息。

```
1  #include <stdio.h>
2  #include <sys/types.h>
3  #include <sys/stat.h>
4  #include <fcntl.h>
5  #include "source.h"
6
7  #define errlog(errmsg) perror(errmsg);\
8                         printf("--%s--%s--%d--\n",\
9                         __FILE__, __FUNCTI/ON__, __LINE__);\
10                        return -1;
11 struct data obj = {
12     .a = 1,
13     .b = 'w',
14     .buf = "test",
15 };
16 int main(int argc, const char *argv[])
17 {
18     int fd;
19
20     if((fd = open("test.txt", O_WRONLY|O_CREAT|O_TRUNC, 0664)) < 0){
21         errlog("open error");
22     }
23
24     if(write(fd, &obj, sizeof(struct data)) < 0){
25         errlog("write error");
26     }
27     close(fd);
28     return 0;
29 }
```

例 2-24 运行成功，写入的文件的内容如下所示。

```
linux@Master:~/1000phone$ ./a.out
linux@Master:~/1000phone$ od -c test.txt
0000000 001 \0 \0 \0   w   t   e   s   t \0 \0 \0 \0 \0 \0 \0
0000020 \0 \0 \0 \0 \0 \0 \0 \0 \0 \0 \0 \0 \0 \0 \0 \0
0000040 \0 \0 \0 \0 \0 \0 \0 \0
0000050
```

read()函数从文件描述符 fd 指代的打开文件中读取数据，并返回实际读取的字节数。若返回 0，则表示当前读写位置处于文件末尾。与标准 I/O 的操作同理，每一次的读写都会产生读写位置的偏移。

```
#include <unistd.h>
ssize_t read(int fd, void *buf, size_t count);
```

read()函数参数与 write()函数一致，只是数据的方向发生了变化。参数 buf 用于保存读取的数据，参数 count 为期望读取的字节数，实际读取的字节数只可能小于或等于 count。read()函数使用如例 2-25 所示。

例 2-25　从文件中读取结构体信息。

```
 1 #include <stdio.h>
 2 #include <sys/types.h>
 3 #include <sys/stat.h>
 4 #include <fcntl.h>
 5 #include "source.h"
 6
 7 #define errlog(errmsg) perror(errmsg);\
 8                        printf("--%s--%s--%d--\n",\
 9                        __FILE__, __FUNCTI/ON__, __LINE__);\
10                        return -1;
11 int main(int argc, const char *argv[])
12 {
13    int fd;
14    struct data obj;
15    ssize_t nbyte;
16    if((fd = open("test.txt", O_RDONLY)) < 0){
17        errlog("open error");
18    }
19
20    if((nbyte = read(fd, &obj, sizeof(struct data))) > 0){
21        printf("nbyte = %ld\n", nbyte);
22        printf("a = %d b = %c buf = %s\n", obj.a, obj.b, obj.buf);
23    }
24    close(fd);
25    return 0;
26 }
```

运行结果如下所示，读取例 2-24 程序运行时写入的文件，将结构信息读取出来。

```
linux@Master:~/1000phone$ ./a.out
nbyte = 40
a = 1 b = w buf = test
```

2.3.4　文件定位

文件打开时，会将文件偏移量设置为指向文件开始，以后每次读写将自动对其进行调整，以指向已读或已写数据后的下一字节。这一点，与标准 I/O 中的流的定位是一样的。

```
#include <sys/types.h>
#include <unistd.h>
off_t lseek(int fd, off_t offset, int whence);
```

参数 fd 指代已打开的文件，参数 whence 用来设置定位的位置，可以设置为以下 3 种模式，即 SEEK_SET、SEEK_CUR、SEEK_END，分别表示定位到文件的开始处、文件的当前位置、文件的末尾。offset 依然表示在第三个参数定位的基础上再次发生偏移。函数的返回值为当前定位的位置相对于文件开始处的偏移量。

例 2-26 实现的功能是从一个文件（源文件）中读取最后 10KB 的数据并复制到另一个文件中（目标文件）。源文件以只读的方式打开，目标文件以只写的方式打开，若目标文件不存在，可以创建并设置权限的初始值为 0664（文件所属用户可读写，文件所属组和其他用户只能读）。

例 2-26 文件数据的复制。

```
1 #include <stdio.h>
2 #include <sys/stat.h>
3 #include <fcntl.h>
4 #include <stdlib.h>
5 #include <sys/types.h>
6 #include <unistd.h>
7
8 #define BUFFER_SIZE 1024
9 #define SRC_FILE "src_file"
10 #define DEST_FILE "dest_file"
11 #define OFFSET 10240
12 #define errlog(errmsg) perror(errmsg);\
13                        printf("--%s--%s--%d--\n",\
14                        __FILE__, __FUNCTI/ON__, __LINE__);\
15                        return -1;
16 int main(int argc, const char *argv[])
17 {
18     int fds, fdd;
19     unsigned char buf[BUFFER_SIZE];
20     ssize_t read_led;
21
22     if((fds = open(SRC_FILE, O_RDONLY)) < 0){
23         errlog("open error");
24     }
25
26     if((fdd = open(DEST_FILE, O_WRONLY|O_CREAT|O_TRUNC, 0664)) < 0){
27         errlog("open error");
28     }
29
30     lseek(fds, -OFFSET, SEEK_END);
31
32     while((read_led = read(fds, buf, sizeof(buf))) > 0){
33         write(fdd, buf, read_led);
34     }
35
36     close(fds);
37     close(fdd);
38
39     return 0;
40 }
```

文件读写位置的定位确定之后，程序就可以通过定位操作完成文件数据的截取或合并等问题。接下来通过编程实现在 1.1.7 节中遗留的问题，如何生成一个空洞文件。具体实现如例 2-27 所示。

例 2-27 生成空洞文件。

```
1 #include <stdio.h>
2 #include <sys/types.h>
3 #include <sys/stat.h>
4 #include <fcntl.h>
5 #include <string.h>
6
7 #define N 32
```

```
 8 int main(int argc, const char *argv[])
 9 {
10    int fd;
11    char buf1[N] = "abcdefg";
12    char buf2[N] = "hijklmn";
13    fd = open("test.txt", O_RDWR|O_CREAT|O_TRUNC, 0664);
14
15    write(fd, buf1, strlen(buf1));
16
17    lseek(fd, 65536, SEEK_CUR);
18
19    write(fd, buf2, strlen(buf2));
20    return 0;
21 }
```

上述代码简单的展示了空洞文件的生成，通过对在文件数据末尾，进行重新读写位置的定位（代码选择偏移 65536 字节），偏移之后再写入数据，则会在中间形成没有数据的空洞。

2.3.5 文件控制操作

前面几小节介绍了关于文件的基本操作，包括实现文件打开、读写等。这一小节将讨论的是在文件共享的情况下如何操作，即多个程序同时操作一个文件时，产生的情况，这种情况有时也可称为竞态。Linux 中通常采用的方法是对文件上锁，以解决对共享资源的竞争。

文件锁包括建议性锁和强制性锁。建议性锁要求每个相关程序在访问文件之前检查是否有锁存在，并且尊重已有的锁。一般情况下，不建议使用建议性锁，因为无法保证每个程序都自动检查是否有锁。而强制性锁是由内核执行的锁，当程序对文件上锁并执行写入操作时，内核将阻止其他程序对该文件进行读写操作。采用强制性锁对性能的影响较大，每次读写操作内核都检查是否有锁存在。

在 Linux 中，实现文件上锁的函数有 lockf() 和 fcntl()，其中 lockf() 函数用于对文件施加建议性锁，而 fcntl() 函数不仅可以施加建议性锁，还可以施加强制性锁。同时，fcntl() 函数还能对文件的某一记录上锁，也就是记录锁。

记录锁又可分为读取锁和写入锁，其中读取锁又称为共享锁，多个同时执行的程序允许在文件的同一部分建立读取锁。而写入锁又称为排斥锁，在任何时刻只能有一个程序在文件的某个部分建立写入锁。显然，在文件的同一部分不能同时建立读取锁和写入锁。

fcntl() 函数具有丰富的功能，它可以对已打开的文件进行各种操作。不仅能够管理文件锁，还可以获取和设置文件相关标志位，以及复制文件描述符等。在本节中，主要介绍利用它建立记录锁的方法。在操作设备文件时，仍然离不开此函数。

```
#include <unistd.h>
#include <fcntl.h>
 int fcntl(int fd, int cmd, ... /* arg */ );
```

参数 fd 为文件描述符，参数 cmd 用来实现函数不同的功能。cmd 功能设置如表 2.10 所示。

表 2.10　　　　　　　　　　　cmd 功能设置

cmd	功能
F_DUPFD	复制一个现存的描述符
F_GETFD 或 F_SETFD	获得或设置文件描述符标记

续表

cmd	功能
F_GETFL 或 F_SETFL	获得或设置文件状态标志
F_GETOWN 或 F_SETOWN	获得或设置异步 I/O 所有权
F_GETLK、F_SETLK 或 F_SETLKW	获得或设置记录锁

其中，F_GETFL 与 F_SETFL 用来获取或设置文件状态标志，即 2.3.2 节中提到 O_APPEND、O_NONBLOCK 等标志位。如需要设置，将值传入第三个参数。

F_GETOWN 与 F_SETOWN 用来获取或设置接收 SIGIO 和 SIGURG 信号的进程 ID 或组 ID。如果 cmd 和锁操作有关，则第三个参数的类型为 struct flock*，其定义如下。

```
struct flock {
...
    short l_type;    /* Type of lock: F_RDLCK,
                        F_WRLCK, F_UNLCK */
    short l_whence;  /* How to interpret l_start:
                        SEEK_SET, SEEK_CUR, SEEK_END */
    off_t l_start;   /* Starting offset for lock */
    off_t l_len;     /* Number of bytes to lock */
    pid_t l_pid;     /* PID of process blocking our lock
                        (F_GETLK only) */
    ...
};
```

flock 结构体成员如表 2.11 所示。

表 2.11　　　　　　　　　　　　　　　flock 结构体成员

成员	含义
l_type	F_RDLCK：读取锁（共享锁）
	F_WRLCK：写入锁（排斥锁）
	F_UNLCK：解锁
l_start	加锁区域在文件中的相对偏移量（字节），与 l_whence 值一起决定加锁区域的起始位置
l_whence	SEEK_SET：加锁区域为文件的开始处
	SEEK_CUR：加锁区域为文件的当前位置
	SEEK_END：加锁区域为文件的末尾处
l_len	加锁区域的长度
l_pid	具有阻塞当前进程的锁，其持有的进程的进程号存放在 l_pid 中，仅由 F_GETLK 返回

若要加锁整个文件，可以将 l_start 设置为 0，l_whence 设置为 SEEK_SET，l_len 设置为 0。

下面给出了使用 fcntl()函数对文件加记录锁的代码。首先给 flock 结构体赋予相应的值，接着调用两次 fcntl()函数。第一次使用 F_GETLK 命令判断是否可以执行 flock 结构体所描述的锁操作：若成员 l_type 的值为 F_UNLCK，表示文件当前可以执行相应锁操作；否则成员 l_type 的值表示当前已有的锁类型，并且成员 l_pid 被设置为拥有当前文件锁的进程号。第二次用 F_SETLK 或 F_SETLKW 命令设置 flock 结构体所描述的锁操作，后者是前者的阻塞版本。使用后者时，当不能执行相应上锁、解锁操作时，程序会被阻塞，直到能够操作为止。文件记录锁的使用如例 2-28 所示。

例 2-28　设置文件锁。

```
1 /*lock_set.c*/
```

```
 2  #include <stdio.h>
 3  #include <sys/types.h>
 4  #include <sys/stat.h>
 5  #include <fcntl.h>
 6  #include <unistd.h>
 7  #include <stdlib.h>
 8
 9  int lock_set(int fd, int type){
10      struct flock old_lock, lock;
11      lock.l_whence = SEEK_SET;
12      lock.l_start = 0;
13      lock.l_len = 0;
14      lock.l_type = type;
15      lock.l_pid = -1;
16
17      fcntl(fd, F_GETLK, &lock);
18
19      if(lock.l_type != F_UNLCK){
20          if(lock.l_type == F_RDLCK){
21              printf("Read lock already set by %d\n", lock.l_pid);
22          }
23          else if(lock.l_type == F_WRLCK){
24              printf("Write lock already set by %d\n", lock.l_pid);
25          }
26      }
27
28      lock.l_type = type;
29
30      if((fcntl(fd, F_SETLKW, &lock)) < 0){
31          printf("Lock failed:type = %d\n", lock.l_type);
32          return -1;
33      }
34
35      switch(lock.l_type){
36          case F_RDLCK:
37              printf("Read lock set by %d\n", getpid());
38              break;
39          case F_WRLCK:
40              printf("Write lock set by %d\n", getpid());
41              break;
42          case F_UNLCK:
43              printf("Release lock by %d\n", getpid());
44              return 1;
45              break;
46      }
47      return 0;
48  }
```

下面的示例是文件写入锁的测试用例。这里使用例 2-29 首先创建了一个 test.txt 文件，之后调用例 2-28 中接口 lock_set 对其写入锁，最后释放写入锁，来测试写入锁实现互斥的操作，代码如下。

例 2-29 测试文件写入锁实现互斥。

```
1  #include <stdio.h>
2  #include <unistd.h>
3  #include <sys/file.h>
4  #include <sys/stat.h>
```

```
 5 #include <stdlib.h>
 6
 7 int lock_set(int fd, int type);
 8
 9 int main(int argc, const char *argv[])
10 {
11     int fd;
12
13     if((fd = open("test.txt", O_RDWR)) < 0){
14         perror("open error");
15         return -1;
16     }
17
18     lock_set(fd, F_WRLCK);
19     getchar();
20     lock_set(fd, F_UNLCK);
21     getchar();
22
23     close(fd);
24     return 0;
25 }
```

将上述两个代码一同编译，建议开启两个终端，并且在两个终端上同时运行该程序，以达到多个程序操作一个文件的目的。

终端一运行的代码如下所示。

```
linux@Master:~/1000phone$ ./test
Write lock set by 17470

Release lock by 17470
```

终端二运行的代码如下所示。

```
linux@Master:~/1000phone$ ./test
Write lock already set by 17470
Write lock set by 17471

Release lock by 17471
```

由此可见，写入锁为互斥锁，同一时刻只能有一个写入锁存在。

文件读取锁的测试如例 2-30 所示，原理与例 2-29 一样。

例 2-30 文件读取锁的测试。

```
 1 #include <stdio.h>
 2 #include <unistd.h>
 3 #include <sys/file.h>
 4 #include <sys/stat.h>
 5 #include <stdlib.h>
 6
 7 int lock_set(int fd, int type);
 8
 9 int main(int argc, const char *argv[])
10 {
```

```
11      int fd;
12
13      if((fd = open("test.txt", O_RDWR)) < 0){
14          perror("open error");
15          return -1;
16      }
17
18      lock_set(fd, F_RDLCK);
19      getchar();
20      lock_set(fd, F_UNLCK);
21      getchar();
22
23      close(fd);
24      return 0;
25  }
```

终端一的运行结果如下所示。

```
linux@Master:~/1000phone$ ./test
Read lock set by 17523

Release lock by 17523
```

终端二的运行结果如下所示。

```
linux@Master:~/1000phone$ ./test
Read lock set by 17584

Release lock by 17584
```

将此结果和写入锁的运行结果进行比较，可以看出，读取锁为共享锁，当进程 17523 已设置读取锁后，进程 17584 仍然可以设置读取锁。

2.3.6 生产者与消费者

本节主要通过代码示例，介绍生产者与消费者模式，并通过该示例进一步讲解 Linux 中文件 I/O 相关的应用开发，使读者熟练掌握 open()、read()、write()、fcntl()等函数的使用方法。

本次示例将使用文件模拟 FIFO（先进先出）结构以及生产者-消费者运行模式。需要打开两个虚拟终端，分别运行生产者程序和消费者程序。两个程序同时对同一个文件进行读写操作。因为这个文件是共享资源，所以使用文件锁机制来保证两个程序对文件的访问都是原子操作。

先启动生产者进程，它负责创建模拟 FIFO 结构的文件（其实是一个普通文件）并投入生产，即按照给定的时间间隔，向文件写入自动生成的字符（在程序中用宏定义选择使用数字还是使用英文字符）。生产周期（默认生产周期为 1s）以及要生产的资源数（要生产的资源总数为 10 个字符）通过参数传递给程序（默认生产总时间为 10s）。

后启动的消费者进程按照给定的数目进行消费。首先从文件中读取相应的数目的字符并在屏幕上显示，然后从文件中删除刚才消费过的数据。为了模拟 FIFO 结构，此时需要使用两次复制来实现文件内容的前移。每次消费的资源数通过参数传递给程序，默认值为 10 个字符。

文件读写及上锁实验流程如图 2.4 所示。

生产者的代码如例 2-31 所示，其中用到的 lock_set()函数可参见 2.3.5 节。

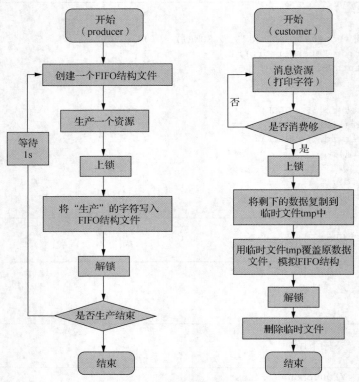

图 2.4　文件续写及上锁实验流程

例 2-31　生产者代码实现。

```
1  #include <stdio.h>
2  #include <unistd.h>
3  #include <stdlib.h>
4  #include <string.h>
5  #include <fcntl.h>
6
7  #define MAXLEN 10 /* 缓存区大小最大值 */
8  #define ALPHABET 1 /* 表示使用英文字符 */
9  #define ALPHABET_START 'a' /* 头一个字符, 可以用'A' */
10 #define COUNT_OF_ALPHABET 26 /* 字母字符的个数 */
11 #define DIGIT 2 /* 表示使用数字字符 */
12 #define DIGIT_START '0' /* 头一个字符 */
13 #define COUNT_OF_DIGIT 10 /* 数字字符的个数 */
14 #define SIGN_TYPE ALPHABET /* 本示例选用英文字符 */
15 const char *fifo_file = "./myfifo";/* 仿真 FIFO 文件名 */
16 char buf[MAXLEN];
17
18 int product(void){
19     int fd;
20     unsigned int sign_type, sign_start, sign_count, size;
21     static unsigned int counter = 0;
22
23     if((fd = open(fifo_file, O_RDWR|O_CREAT|O_APPEND, 0664)) < 0){
```

```
24          perror("open error");
25          return -1;
26      }
27
28      sign_type = SIGN_TYPE;
29
30      switch(sign_type){
31          case ALPHABET:
32              sign_start = ALPHABET_START;
33              sign_count = COUNT_OF_ALPHABET;
34              break;
35          case DIGIT:
36              sign_start = DIGIT_START;
37              sign_count = COUNT_OF_DIGIT;
38              break;
39          default:
40              return -1;
41      }
42      sprintf(buf, "%c", (sign_start + counter));
43      counter = (counter + 1) % sign_count;
44
45      lock_set(fd, F_WRLCK);
46
47      if((size = write(fd, buf, strlen(buf))) < 0){
48          perror("Producer:write error");
49          return -1;
50      }
51
52      lock_set(fd, F_UNLCK);
53
54      close(fd);
55      return 0;
56 }
57 int main(int argc, const char *argv[])
58 {
59      int time_step = 1;/*生产周期*/
60      int time_life = 10;/*需要生产的资源总数*/
61
62      if(argc > 1){/*表示生产周期可通过命令行传参设置*/
63          sscanf(argv[1], "%d", &time_step);
64      }
65
66      if(argc > 2){/*表示需要生产的资源总数可设置*/
67          sscanf(argv[2], "%d", &time_life);
68      }
69
70      while(time_life--){
71          if(product() < 0){
72              break;
73          }
74
75          sleep(time_step);
76      }
77      return 0;
78 }
```

消费者的代码如例 2-32 所示，其中用到的 lock_set()函数参见 2.3.5 节。

例 2-32　消费者代码实现。

```
 1 #include <stdio.h>
 2 #include <unistd.h>
 3 #include <stdlib.h>
 4 #include <fcntl.h>
 5
 6 #define MAX_FILE_SIZE 100*1024*1024 /* 100MB */
 7
 8 const char *fifo_file = "./myfifo"; /* 仿真 FIFO 文件名 */
 9 const char *tmp_file = "./tmp"; /* 临时文件名 */
10
11 /* 资源消费函数 */
12 int customing(const char *myfifo, int need){
13     int fd;
14     char buf;
15     int counter = 0;
16
17     if((fd = open(myfifo, O_RDONLY)) < 0){
18         perror("FunctI/On customing error");
19         return -1;
20     }
21
22     printf("EnI/Oy:");
23     lseek(fd, SEEK_SET, 0);
24     while(counter < need){
25         while((read(fd, &buf, 1) == 1) && (counter < need)){
26             fputc(buf, stdout); /* 消费就是在终端上简单显示 */
27             counter++;
28         }
29     }
30     fputs("\n", stdout);
31
32     close(fd);
33     return 0;
34 }
35 /* 功能: 从 sour_file 文件的 offset 偏移处开始
            将 count 字节数据复制到 dest_file 文件 */
36 int myfilecopy(const char *sour_file, const char *dest_file,
                       int offset, int count, int copy_mode){
37     int in_file, out_file;
38     int counter = 0;
39     char buff_unit;
40
41     if((in_file = open(sour_file, O_RDONLY|O_NONBLOCK)) < 0){
42         perror("FunctI/On myfilecopy error int source file\n");
43         return -1;
44     }
45
46     if((out_file = open(dest_file,
                       O_RDWR|O_CREAT|O_TRUNC|O_NONBLOCK, 0664)) < 0){
47         perror("FunctI/On myfilecopy error in destinatI/On file");
```

```
48          return -1;
49     }
50
51     lseek(in_file, offset, SEEK_SET);
52
53     while((read(in_file, &buff_unit, 1) == 1) && (counter < count)){
54         write(out_file, &buff_unit, 1);
55         counter++;
56     }
57
58     close(in_file);
59     close(out_file);
60     return 0;
61 }
62 /* 功能: 实现 FIFO 消费者 */
63 int custom(int need){
64     int fd;
65
66 /* 对资源进行消费, need 表示该消费的资源数目 */
67
68     customing(fifo_file, need);
69
70     if((fd = open(fifo_file, O_RDWR)) < 0){
71         perror("FunctI/On myfilecopy error in source_file");
72         return -1;
73     }
74
75     /* 为了模拟 FIFO 结构, 对整个文件内容进行平行移动 */
76     lock_set(fd, F_WRLCK);
77     myfilecopy(fifo_file, tmp_file, need, MAX_FILE_SIZE, 0);
78     myfilecopy(tmp_file, fifo_file, 0, MAX_FILE_SIZE, 0);
79     lock_set(fd, F_UNLCK);
80
81     unlink(tmp_file);
82     close(fd);
83
84     return 0;
85 }
86
87 int main(int argc, const char *argv[])
88 {
89     int customer_capacity = 10;
90
91     if(argc > 1){ /* 第一个参数指定需要消费的资源数目, 默认值为 10 */
92         sscanf(argv[1], "%d", &customer_capacity);
93     }
94
95     if(customer_capacity > 0){
96         custom(customer_capacity);
97     }
98     return 0;
99 }
```

终端一运行例 2-31 的代码, 命令行传参设置生产周期为 1s, 需要生产的资源总数为 20 个字符,运行结果如下所示。

```
linux@Master:~/1000phone$ ./producer 1 20
Write lock set by 17697
Release lock by 17697
Write lock set by 17697
Release lock by 17697
Write lock set by 17697
Release lock by 17697
…
```

终端二运行例 2-32 的代码，命令行传参设置消费的资源总数为 5 个字符，运行结果如下所示。

```
linux@Master:~/1000phone$ ./customer 5
Enioy:abcde
Write lock set by 17699
Release lock by 17699
```

在两个程序运行之后，文件中的内容如下所示。a 到 e 5 个字符已经被消费，就剩下后面 15 个字符。

```
linux@Master:~/1000phone$ od -c myfifo
0000000  f  g  h  i  j  k  l  m  n  o  p  q  r  s  t
0000017
```

2.4 本章小结

本章首先介绍了 I/O 的基本概念，以及 I/O 的两种形式：标准 I/O 与文件 I/O。重点需要理解这两种 I/O 形式区别及使用场合。接着重点介绍了标准 I/O 的函数接口使用及缓存区的问题，文件 I/O 的函数接口使用（包括文件锁），以及最后使用文件 I/O 实现的应用示例。I/O 在 Linux 应用开发中涉及很多，是学习 Linux 的基础，需要读者认真学习，熟练掌握本章内容。

2.5 习题

1. 填空题

（1）标准 I/O 是采用＿＿＿＿＿方式实现的。

（2）文件 I/O 是采用＿＿＿＿＿方式实现的。

（3）系统预定义流指针中表示标准输入的是＿＿＿＿。

（4）不操作缓存区的流指针是＿＿＿＿。

（5）标准 I/O 中产生的错误码保存在变量＿＿＿＿中 。

2. 选择题

（1）标准 I/O 中操作的缓存区的类型不包括（   ）。

    A. 全缓存   B. 不缓存   C. 行缓存   D. 高速缓存

（2）标准 I/O 中全缓存刷新的条件不包括（   ）。

    A. fflush()   B. 缓存区满   C. 程序正常退出   D. "\n"

（3）下列哪种打开文件的方式不能修改文件已有的内容（　　）。

  A．r+   B．r   C．w+   D．a+

（4）以读写的方式打开一个已经存在的标准 I/O 流时应指定哪个 mode 参数（　　）。

  A．r   B．w+   C．r+   D．a+

（5）用 open()函数创建新文件时，表示若该文件存在，则返回错误信息的参数是（　　）。

  A．O_EXCL   B．O_TRUNC   C．O_CREAT   D．O_APPEND

3．思考题

（1）简述标准 I/O 和文件 I/O 的区别。

（2）简述标准 I/O 中缓存区的概念。

4．编程题

编写代码实现文件的复制，将原文件 sour_file 中的后半部分数据复制到新文件 dest_file 中，原文件中的数据可自定义。

第3章　进程

本章学习目标

- 了解进程的概念
- 掌握进程的相关属性信息
- 掌握进程的创建及进程的回收方法
- 掌握进程的内存、调度、控制、资源使用方法

本章将介绍 Linux 中相对重要的内容——进程，并对进程的属性进行探究，包括进程的结构、状态、类型、控制、调度、内存等问题。尤其是调度、内存问题，这是本章的难点。读者应掌握进程的使用方法，熟悉函数接口，能够完成关于进程的编程，实现功能需求。

3.1　进程的基本概念

3.1.1　多任务机制

进程的基本概念

多任务处理是指用户可以在同一时间内运行多个应用程序，每个正在执行的应用程序被称为一个任务。Linux 是一个支持多任务的操作系统，比起单任务系统它的功能增强了许多。

多任务操作系统使用某种调度策略支持多个任务并发执行。事实上,(单核)处理器在某一时刻只能执行一个任务。每个任务创建时被分配时间片(几十到上百毫秒)，任务执行 (占用 CPU) 时，时间片递减。操作系统会在当前任务的时间片用完时调度执行其他任务。由于任务会频繁地切换执行，因此给用户多个任务同时运行的感觉。多任务操作系统中通常有 3 个基本概念：任务、进程和线程。

任务指的是一个逻辑概念，指由一个软件完成的活动，或者是为实现某个目的而进行的一系列操作。通常一个任务是一个程序的一次运行，一个任务包含一个或多个完成独立功能的子任务，子任务是进程或线程。例如，一个杀毒软件的一次运行是一个任务，目的是保护计算机系统不受各种病毒的侵害。这个任务包含多个独立功能的子任务 (进程或线程)，包括实时监控功能、定时查杀功能、防火墙功能以及用户交互功能等。任务、进程和线程之间的关系如图 3.1 所示。同时，它们也是后续章节的重点内容。

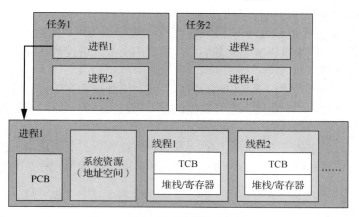

图 3.1　任务、进程和线程之间的关系

3.1.2　进程与程序

进程是指一个具有独立功能的程序在某个数据集合上的一次动态执行过程，它是操作系统进行资源分配和调度的基本单元。一次任务的运行可以发激活多个进程，这些进程相互合作来完成该任务的一个最终目标。本节将阐述进程的定义，并澄清其与程序之间的区别。

程序是包含了一系列信息的文件，这些信息描述了程序在运行时如何创建一个进程，包括如下内容。

（1）二进制格式标识：每个程序文件都包含用于描述可执行文件格式的元信息。内核利用此信息来解释文件中的其他信息。现在，大多数 Linux 采用可执行连接格式（Executable and Linkable Format，ELF）。

（2）机器语言指令：对程序进行编码。

（3）程序入口地址：标识程序开始执行时的起始指令位置。

（4）数据：程序文件包含的变量初始值和程序使用的字面常量。

（5）符号表及重定位表：描述程序中函数和变量的位置及名称。这些表有多种用途，其中包括调试和运行时的符号解析（动态链接）。

（6）共享库和动态链接信息：程序文件所包含的一些字段，列出了程序运行时需要使用的共享库，以及加载共享库的动态链接器的路径名。

（7）其他信息：程序文件还包含许多其他信息，用以描述如何创建进程。

进程是程序动态执行的过程，具有并发性、动态性、交互性和独立性等主要特性。

（1）并发性是指系统中多个进程可以同时并发执行，相互之间不受干扰。

（2）动态性是指进程都有完整的生命周期，而且在进程的生命周期内，进程的状态是不断变化的，而且进程具有动态的地址空间（包括代码、数据和进程控制块等）。

（3）交互性是指进程在执行过程中可能会与其他进程发生直接和间接的通信，如进程同步和进程互斥等，需要为此添加一定的进程处理机制。

（4）独立性是指进程是一个相对完整的资源分配和调度的基本单位，各个进程的地址空间是相互独立的，因此需要引入一些通信机制才能实现进程之间的通信。

由此可知，进程和程序是有本质区别的。程序是一段静态的代码，是保存在非易失性存储器上的指令和数据的有序集合，没有任何执行的概念；而进程是一个动态的概念，它是程序的一次执行过程，包括了动态创建、调度、执行和消亡的整个过程，它是程序执行和资源管理的最小单位。可以用一个程序来创建许多进程。或者反过来说，许多进程运行的可以是同一程序。

Linux 系统中主要包括下面几种类型的进程。

（1）交互式进程。交互式进程经常与用户进行交互，需要等待用户的输入（键盘和鼠标操作等）。当接收用户的输入之后，这类进程能够立刻响应。典型的交互式进程有 Shell 命令进程、文本编辑器和图形应用程序运行等。

（2）批处理进程。批处理进程不必与用户进行交互，因此通常在后台运行。由于这类进程通常不必很快地响应，因此往往不会优先调度。典型的批处理进程是编译器的编译操作、数据库搜索引擎等。

（3）守护进程。守护进程一直在后台运行，和任何终端都不关联。通常系统启动时开始执行，系统关闭时才结束。很多系统进程（各种服务）都是以守护进程的形式存在的。

3.1.3　进程的状态

内核将所有进程存放在双向循环链表（进程链表）中，链表的节点都是 task_struct 结构体，称为进程控制块的结构。该结构包含了与一个进程相关的所有信息，如进程的状态、进程的基本信息、进程标识符、内存相关信息、父进程相关信息、与进程相关的终端信息、当前工作目录、打开的文件信息、所接收的信号信息等。

下面将详细阐述 task_struct 结构体中最为重要的两个域：state（进程状态）和 pid（进程标识符）。

1. 进程状态

Linux 中的进程有以下几种主要状态。

（1）运行态（TASK_RUNNING）：进程当前正在运行，或者正在运行队列中等待调度。

（2）可中断的睡眠态（TASK_INTERRUPTIBLE）：进程处于阻塞（睡眠）状态，正在等待某些事件发生或能够占用某些资源。处在这种状态下的进程可以被信号中断。接收信号或被显式地唤醒呼叫（如调用 wake_up 系列宏 wake_up、wake_up_interruptible 等）唤醒之后，进程将转变为 TASK_RUNNING 状态。

（3）不可中断的睡眠态（TASK_UNINTERRUPTIBLE）：此进程状态类似于可中断的睡眠态（TASK_INTERRUPTIBLE），只是它不会处理信号，把信号传递到这种状态下的进程不能改变其状态。只有在它所等待的事件发生时，进程才被显式地唤醒呼叫唤醒。

（4）停止态（TASK_STOPPED）：进程的执行被暂停。当进程收到 SIGSTOP、SIGTSTP、SIGTTIN、SIGTTOU 等信号，就会进入暂停状态。

（5）僵尸态（EXIT_ZOMBIE）：子进程运行结束，父进程未退出，并且未使用 wait() 函数族（如使用 waitpid() 函数）等系统调用来回收子进程的资源。处在该状态下的子进程已经放弃了几乎所有的内存空间，没有任何可执行代码，也不能被调度，仅仅在进程列表中保留一个位置，记载该进程的退出状态等信息供其父进程收集。

（6）消亡态（EXIT_DEAD）：进程退出，不占用任何资源，更不会被调度，该状态不可见。

进程状态转换关系如图 3.2 所示。

2. 进程标识符

Linux 内核通过唯一的进程标识符（进程的身份证号）PID（Process ID）来标识每个进程。PID 存放在 task_struct 结构体的 pid 字段中。

当系统启动后，内核通常作为某一个进程的代表。一个指向 task_struct 结构体的宏 current 用来记录正在运行的进程。current 经常作为进程描述符结构指针的形式出现在内核代码中，例如，current->pid 表示处理器正在执行进程的 PID。当系统需要查看所有的进程时，则调用 for_each_process() 宏，这将比系统搜索数组的速度要快得多。

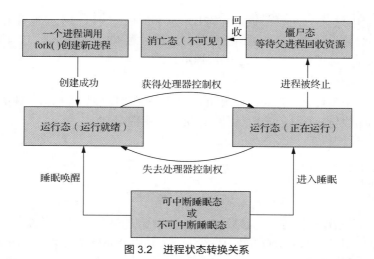

图 3.2　进程状态转换关系

在 Linux 中获得当前进程的进程号（PID）和父进程号（PPID）的系统调用函数分别为 getpid()和 getppid()。

3.1.4　进程组与会话组

Linux 系统中，进程是以组的形式（进程之间的层次关系）进行管理的，如进程组和会话组，进程组是一组相关进程的集合，会话组是一组相关进程组或进程的集合。

进程组 ID 的类型与进程 ID 一样。一个进程组有一个进程组首进程，也可称之为该进程组的组长，其进程 ID 为该进程组的 ID。一个会话组有一个会话组首进程，也可称之为会话组组长。其进程 ID 为该会话组的 ID，进程的会话成员关系是由会话组 ID（SID）确定的。

图 3.3 所示为会话组、进程组与进程的关系。其中 PID 为进程 ID，PPID 为父进程（该进程的父亲进程）的 ID，PGID（Process Group ID）为进程组 ID，SID（Session ID）为会话组 ID。

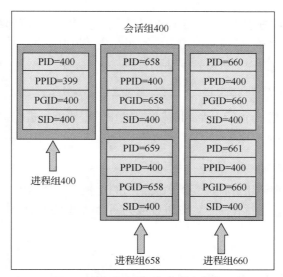

图 3.3　会话组、进程组与进程的关系

图 3.3 中会话组的 ID 为 400，会话组中存在三个进程组，组 ID 分别为 400、658、660。其中进

程组 ID 为 400 的组中只有一个进程，该进程的 ID 为 400。由此可以很明显地看出，进程号为 400 的进程既是进程组的组长，同样也是会话组的组长。进程号为 400 的进程同时也是整个会话组中其他进程的父进程。进程与父进程不一定在同一进程组。

1. 进程组

每个进程都有一个用数字表示的进程组 ID，表示该进程所属的进程组。获取一个进程组的 ID 可以通过 getpgrp()函数与 getpgid()函数获得一个进程的进程组 ID。

```
#include <unistd.h>
pid_t getpgid(pid_t pid);
pid_t getpgrp(void);                    /* POSIX.1 version */
pid_t getpgrp(pid_t pid);               /* BSD version */
```

其中，getpgid()函数返回进程号为参数 pid 的进程所属的进程组 ID，如果参数 pid 为 0，则返回调用进程所属的进程组 ID。getpgrp()函数有两个版本：其中 POSIX 标准的 getpgrp()函数用于返回调用进程所属的进程组 ID，BSD 版本的 getpgrp()函数则返回进程号为参数 pid 的进程所属的进程组 ID。

下面三个函数可以用来设置（修改）进程组 ID。

```
#include <unistd.h>
int setpgid(pid_t pid, pid_t pgid);
int setpgrp(void);                       /* System V version */
int setpgrp(pid_t pid, pid_t pgid);    /* BSD version */
```

其中，setpgid()函数将进程号为参数 pid 的进程所属的进程组 ID 修改为参数 pgid 所表示的值。如果 pid 的值设置为 0，那么调用进程的进程组 ID 就会被修改。如果 pgid 的值设置为 0，那么进程号为 pid 的进程所属的进程组的 ID 会被设置成 pid（进程号为参数 pid 的进程成为组长）。

System V 版本的 setpgrp()函数用于修改调用进程所属进程组的 ID 为调用进程的 ID（调用进程称为组长）。

BSD 版本的 setpgrp()函数与 setpgid()函数功能一致。

2. 会话组

会话组是一组进程组或进程的集合。getsid()函数用于获得进程号为参数 pid 的进程所属的会话组的组 ID。如果参数 pid 为 0，则返回调用进程所属的会话组 ID。

```
#include <unistd.h>
pid_t getsid(pid_t pid);
```

使用 setsid()函数会创建一个新会话，其前提是调用进程不能是进程组组长。

```
#include <unistd.h>
pid_t setsid(void);
```

调用该函数成功后，该调用进程成为新的会话组的组长，在会话组中创建新的进程组并担任组长，同时脱离终端的控制，运行在后台。该进程成为新会话组和进程组中唯一的进程。

3.1.5 进程的优先级

Linux 系统中，进程得以执行，必须获得 CPU 的控制权，即进程必须得到 CPU 的处理。然而一个进程往往并不能一直获得 CPU 的"青睐"。如果一个进程一直响应任务不退出，并一直占有 CPU 的控制权，这将是一件很"可怕"的事情。因此，Linux 系统通常采用一些调度策略来实现 CPU 控制权的合理分配。

　　Linux 和大多数其他 UNIX 实现一样，调度进程使用 CPU 的默认模型是循环时间共享算法。在这种模型下，每个进程轮流使用 CPU 一段时间，这段时间被称为时间片。循环时间共享算法满足了交互式多任务系统两个重要需求。

　　（1）公平性：每个进程都有机会用到 CPU。

　　（2）响应性：一个进程在使用 CPU 之前无须等待太长时间。

　　在循环时间共享算法中，进程无法直接控制何时使用 CPU 以及使用 CPU 的时间。在默认情况下，每个进程轮流使用 CPU 直至时间片被用光或自己自动放弃 CPU（如进程睡眠）。如果所有进程都试图尽可能多地使用 CPU，那么它们使用 CPU 的时间差不多是相等的。

　　进程的特性 nice 值允许进程间接地影响内核的调度算法。每个进程都有一个 nice 值，其取值范围为-20（高优先级）～19（低优先级），默认值为 0。在传统的 UNIX 实现中，只有特权进程才能够赋给自己（或其他进程）一个负（高）优先级。非特权进程只能降低自己的优先级，即赋一个大于默认值 0 的 nice 值。这样做之后它们就对其他进程"友好（nice）"了，这个特性的名字也由此而来。

　　nice 值是一个权重因素，它导致内核调度器倾向于调度拥有更高优先级的进程。给一个进程赋一个低优先级（高 nice 值），并不会导致它完全无法用到 CPU，但会导致它使用 CPU 的时间变少。nice 值对进程调度的影响程度则依据 Linux 内核版本的不同而不同。

　　getpriority()函数和 setpriority()函数允许一个进程获取和修改自身或其他进程的 nice 值。

```
#include <sys/time.h>
#include <sys/resource.h>
int getpriority(int which, int who);
int setpriority(int which, int who, int prio);
```

　　参数 which 和 who，用于标识需要被读取或修改优先级的进程。which 参数需要结合 who 参数来确定需要被读取或修改 nice 值的进程。具体参数如表 3.1 所示。

表 3.1　　　　　　　　　　　　　　参数 which 与 who 的功能

which 参数	who 参数	操作的进程对象
PRIO_PROCESS	who（非 0）	进程号为 who 的进程
	0	调用进程
PRIO_PGRP	who（非 0）	进程组 ID 为 who 的进程组中的所有进程
	0	调用进程所属的进程组中的所有进程
PRIO_USER	who（非 0）	所有用户 ID 为 who 的进程
	0	与调用进程相同用户 ID 的所有进程

　　getpriority()函数返回由 which 和 who 指定的进程的 nice 值。如果有多个进程符合指定的标准（当 which 为 PRIO_PGRP 和 PRIO_USER 时会出现这种情况），那么将会返回优先级最高的进程 nice 值。

　　setpriority()函数会将有 which 和 who 指定的进程 nice 值设置为参数指定的值 prio。如果将 nice 值设置为一个超出允许范围的值（-20～+19）时会直接将 nice 值设置为边界值。

3.1.6　进程的调度策略

　　上一节介绍了进程时间片的问题，以及影响时间片的 nice 值。其中涉及一个相对重要的概念，即进程的调度策略。在多进程的并发的环境中，从理论上来说，虽然有多个进程在同时执行，但在

61

单个 CPU 下，实际上任意时刻只能有一个进程处于执行状态，而其他进程则处于非执行状态。因此，如何确定在任意时刻由哪个进程执行，则属于进程调度策略的问题。进程的调度策略是操作系统进程管理的一个重要组成部分。其任务是选择下一个将要运行的进程。下面将简单介绍两种进程的调度策略。

1. SCHED_RR 策略

在 SCHED_RR 策略中，优先级相同的进程以循环时间分享的方式执行。进程每次使用 CPU 的时间为一个固定长度的时间片。一旦被调度执行之后，使用 SCHED_RR 策略的进程满足下列条件中的一个会放弃 CPU 的控制，否则会保持对 CPU 的控制。

（1）时间片结束。

（2）自愿放弃 CPU，如执行阻塞式的系统调用。

（3）进程终止。

（4）被一个优先级更高的进程抢占。

在前两种情况中，进程放弃 CPU 之后，将会被放置在与其优先级级别对应的队列的队尾。在最后一种情况中，当优先级更高的进程执行结束之后，被抢占的进程会继续执行直到其时间片的剩余部分被消耗完（被抢占的进程仍然位于与其优先级级别对应的队列的队头）。

2. SCHED_FIFO 策略

SCHED_FIFO 策略（先入先出）与 SCHED_RR 策略类似。它们之间最主要的差别在于 SCHED_FIFO 策略中不存在时间片，如果一个 SCHED_FIFO 进程获得了 CPU 的控制权之后，它就会一直执行直到下面某个条件满足。

（1）自愿放弃 CPU（与 SCHED_RR 策略描述的一样）。

（2）进程终止。

（3）被一个优先级更高的进程抢占。

在第一种情况中，进程会被放置在与其优先级级别对应的队列的队尾。在最后一种情况中，当高优先级进程执行结束后，被抢占的进程会继续执行。

在上述的 SCHED_RR 策略和 SCHED_FIFO 策略中，被抢占的原因可能有以下几种。

（1）之前被阻塞的高优先级进程解除阻塞了。

（2）另一个进程的优先级被提到了一个比当前运行进程的优先级高的级别。

（3）当前运行的进程优先级被降低到低于其他可运行的进程的优先级。

3.1.7　进程的虚拟内存

3.1.3 节中，讨论了记录进程属性信息的 task_struct 结构体，其中包含进程使用的内存信息。在 32 位的操作系统中，当进程创建的时候（程序运行时），系统会为每一个进程分配大小为 4GB 的虚拟内存空间，用于存储进程属性信息。本节将着重介绍虚拟内存空间的问题。因为对虚拟内存的理解将有助于后续对诸如 fork()系统调用、共享内存和映射文件之类主题的阐述。

C 语言中的变量，通常使用&运算符来获得其地址，那么，这个地址就是虚拟地址。虚拟地址，就是指这个地址是虚拟的。虚拟地址机制不是必须的，在简单的单片机中，编写的代码编译时都需要指定物理 RAM 空间分布，不会有虚拟地址的概念，地址就是指在 RAM 中的实际物理地址。

那么，为何需要虚拟地址空间机制呢？首先程序代码和数据必须驻留在内存中才能得以运行，然而系统内存大小是有限的，有时可能不能容纳一个完整程序的所有代码和数据，更何况在多任务系统中，可能同时要打开子处理程序、浏览器等多种任务，想让内存驻留所有的这些程序显然不太可能。因此，首先能想到的是将程序分割成小份，只让当前系统运行它所有需要的那部分留在内存，其他部分都留在硬盘。当系统处理完当前任务片段后，再从外存中调入下一个待运行的任务片段。老式系统就是这样处理大任务的，而且这个工作是由开发者自行完成。然而随着程序越来越丰富，由于程序的行为几乎无法准确预测，因此很难再靠预见性来静态分配固定大小的内存，然后再机械地轮换程序片进入内存执行。系统必须采取一种能按需分配的新技术。

这种按需分配的技术就是虚拟内存机制。之所以称之为虚拟内存，说明内存只是逻辑上存在的，并非真实的物理内存，而且进程的分配的虚拟内存空间可能比实际使用物理内存要大很多。程序最终的执行，也是由 CPU 操作物理内存完成的。因此，虚拟内存需要与实际的物理内存建立起一定的联系，从而对于进程来说，保证访问的虚拟内存空间是有意义的，而不是访问了一个假设的地址值。

物理内存与虚拟内存建立联系通过地址映射得来。所谓映射，就是一个地址转换的过程，通俗地讲，就是让虚拟地址与物理地址建立一一对应的关系。一旦这种关系建立，进程只需操作虚拟地址即可，然后通过查找这一虚拟地址与实际物理地址建立的关系，即可实现对实际物理地址的使用。当进程退出不需要内存资源释放时，将这一对应关系断开即可，此时虚拟地址就毫无意义，因为它没有和任何物理地址有关系。

如同生活中的信用卡。用户就是一个进程，每个用户都有办理信用卡的权利，即每个进程都有属于自己的虚拟内存空间。那么在用户使用这些资金时，必须需要与银行签订借贷服务协议，因为卡中的资金不属于用户，而属于银行。对于用户来说，用户只具有分配使用金额的权利。借贷服务协议就是建立映射的过程，通过建立关系，用户即可享受资金带来的生活服务。用户根据需要选择使用的额度，即进程按需得到一块实际的物理内存空间，并与之建立关系。当用户不需要使用服务时，需要将资金归还，注销信用卡，即断开映射关系。此时信用卡对于用户来说，信用卡只是空有额度，但不具备消费功能。此时，对于进程来说，虚拟的内存地址成为一个单纯的地址值，不能访问。

进程的虚拟内存与物理内存的关系如图 3.4 所示。

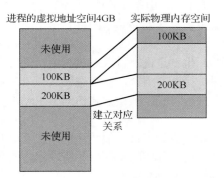

图 3.4　进程的虚拟内存与物理内存的关系

正如图 3.4 所示，系统虽然为每一个进程分配了 4GB 的虚拟内存空间，但实际情况是进程按照当前运行对内存的需求，通过与实际的物理内存建立映射关系，获取分配的内存资源。在这一过程中，所需的地址范围在其生命周期中可以发生变化。同时，虚拟内存使得进程认为它拥有连续可用的内存（一段连续完整的内存）；但实际上，它通常是映射的多个不连续的物理内存分段得来的。

3.1.8　虚拟内存管理

上一节中介绍了虚拟内存空间的概念。正如之前所述，通过地址转换，将物理地址与虚拟地址建立关系，进程通过操作虚拟地址，而得到与之建立关系的实际物理地址的使用。这种地址关系的建立，是通过页映射表实现的。

  虚拟内存的规划之一是将每个程序使用的内存切割成小型的、固定大小的"页"单元（一般页面的大小为 4096 字节）。相应地，将 RAM 划分成一系列与虚拟页尺寸相同的页帧。内核需要为每一个进程维护一张页映射表。该页映射表中的每个条目指出一个虚拟"页"在 RAM 中的所在位置，在进程虚拟地址空间中，并非所有的地址范围都需要页表条目。由于可能存在大段的虚拟地址空间并未投入使用，故而也没有必要为其维护相应的页表条目。

  虚拟"页"与页帧的关系如图 3.5 所示。

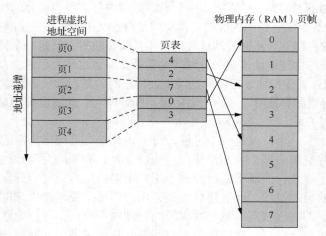

图 3.5 虚拟"页"与页帧的关系

  虚拟内存管理使进程的虚拟地址空间与 RAM 物理地址空间隔离开来，这带来许多优点。

  （1）进程与进程、进程与内核相互隔离，一个进程不能读取或修改另一个进程或内核的内存。这是因为每个进程的页表条目指向 RAM 中截然不同的物理页面集合。

  （2）适当情况下，两个或者更多进程能够共享内存。这是因为内核可以使不同进程的页表条目指向相同的 RAM 页。

  （3）便于实现内存保护机制：也就是说，可以对页表条目进行标记，以表示相关页面内容是可读、可写、可执行抑或是这些保护措施的组合。多个进程共享 RAM 页时，允许每个进程对内存采取不同的保护措施。例如，一个进程可能以只读方式访问某 RAM 页，而另一个进程则以读写方式访问该页。

  （4）程序员和编译器、链接器之类的工具无须关注程序在 RAM 中的物理布局。

  （5）因为需要驻留在内存中的仅是程序的一部分，所以程序的加载和运行都很快。而且，一个进程所占用的虚拟内存大小能够超出 RAM 容量。

3.1.9 进程的内存布局

  根据前两小节的描述，读者应该知道的是，对于进程而言，Linux 操作系统采用的是虚拟内存管理技术，这使得进程都拥有了独立的虚拟内存空间。该空间的大小为 4GB 的线性虚拟空间，进程只需关注自己可以访问的虚拟地址，无须知道物理地址的映射情况。利用这种虚拟地址不但更安全（用户不能直接访问物理内存），而且用户程序可以使用比实际物理内存更大的地址空间。

  4GB 的进程地址空间会被分成两个部分——用户空间与内核空间。用户地址空间是 0～3GB（0xC0000000），内核地址空间占据 3～4GB。通常情况下，用户进程只能访问用户空间的虚拟地址，不能访问内核空间虚拟地址。只有用户进程使用系统调用（代表用户进程在内核态执行）时才可以访问到内核空间。当进程切换时，用户空间就会跟发生变化；而内核空间是由内核负责映射的，是固定的，它并不会跟着进程改变。内核空间地址有自己对应的页表，用户进程各自有不同的页表。每个进程的用户空间都是完全独立、互不相干的。

　　进程的资源数据在虚拟内存上的分布如图 3.6 所示，注意进程在虚拟空间上的存储的数据不是按地址固定，其大小也不固定，进程很有可能使用了其中一小部分。

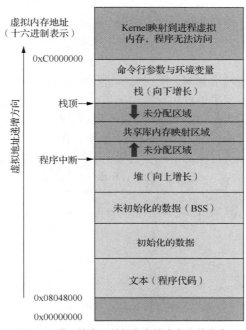

图 3.6　进程的资源数据在虚拟内存上的分布

　　如图 3.6 所示，用户空间包括以下几个功能区域（通常也称为"段（segment）"）：

　　（1）程序代码段：具有只读属性，包含程序代码（.init 和 .text）和只读数据（.rodata）。

　　（2）数据段：存放的是全局变量和静态变量。其中初始化数据段（.data）存放显示初始化的全局变量和静态变量；未初始化数据段，此段通常也被称为 BSS 段（.bss），存放未进行显示初始化的全局变量和静态变量。

　　（3）栈：由系统自动分配释放，存放函数的参数值、局部变量的值、返回地址等。

　　（4）堆：存放动态分配的数据，一般由程序动态分配和释放，若程序不释放，程序结束时可能由操作系统回收。例如，使用 malloc() 函数申请空间。

　　（5）共享库的内存映射区域：这是 Linux 动态链接器和其他共享库代码的映射区域。

3.2　进程编程

进程编程

3.2.1　进程的创建

　　fork() 函数用于在已有的进程中再创建一个新的进程。这个被创建的新进程被视为子进程，而调用进程成为其父进程。

```
#include <unistd.h>
pid_t fork(void);
```

　　Linux 官方手册解释了 fork()函数创建新进程的方式，子进程被创建是通过对父进程进行复制得来的，即子进程是父进程的复制品。在上一节中，已经介绍了，进程都会有属于自己的虚拟地址空间，用以保存进程的各种信息（详见 3.1.9 节）。因此，子进程对父进程的复制，实质上来讲，是复制了父进程的整个地址空间。其中包括了进程的上下文、代码段、进程堆栈、内存信息、文件描述符、信号处理函数等；而子进程所独有的只有它的进程号、资源使用、计时器等。

　　需要读者注意的是，子进程虽然复制了父进程的所使用的地址空间，但子进程创建成功之后，子进程所访问的虚拟地址空间一定是属于自己的，而非与父进程共享此空间。其本质是父子进程映射到不同物理地址空间。

　　因为子进程是对父进程的精准复制，所以父子进程的程序代码段是一样的。因此，需要某一种方式来区分父子进程。否则，父子进程执行的代码是一致的，创建子进程没有任何意义。

　　那么区分父子进程，保证的父子执行的代码段不相同，是通过 fork()函数返回值来判定的。Linux 官方手册对函数的返回值解释为：子进程通过对父进程的精准复制产生，fork()函数如果执行失败，父进程得到返回值为-1；如果执行成功，在子进程中得到一个值为 0，在父进程中得到一个值为子进程的 ID（一定大于 0 的整数）。一定注意的是，fork()函数不是在父进程中得到两个返回值，而是父子进程分别得到 fork()函数返回的一个值。

　　关于父子进程的区分，可以通过一个简单的示例进行解释，代码如例 3-1 所示。

　　例 3-1　创建子进程。

```
1 #include <stdio.h>
2 #include <unistd.h>
3 #include <sys/types.h>
4
5 int main(int argc, const char *argv[])
6 {
7     pid_t pid;
8
9     pid = fork();
10
11    if(pid < 0){
12        perror("fork error");
13        return -1;
14    }
15    else if(pid == 0){
16        /*child 子进程执行代码区*/
17        printf("The child process\n");
18    }
19    else{
20        /*parent 父进程执行代码区*/
21        printf("The parent process\n");
22    }
23    return 0;
24 }
```

上述代码是典型的创建子进程的框架代码，运行结果如下。

```
linux@Master:~/1000phone$ ./a.out
The parent process
The child process
```

根据运行结果可以看出，两个输出打印函数 printf()均有打印。注意一个函数不可能在一个进程中返回两个值，因此两句输出打印不是出自于一个进程。根据之前的描述，创建子进程成功，则子进程获得一个返回值为 0，父进程获得返回值为子进程的 ID（大于 0）。因此上述代码应该被这样解读。

（1）程序在执行 fork() 函数时，开始创建子进程，子进程开始对父进程进行复制。

（2）在变量 pid 接收 fork() 函数的返回值之前，子进程创建结束。

（3）由于子进程几乎复制了父进程的使用地址空间（包括栈区），因此父子进程都有局部变量 pid，子进程的 pid 接收的返回值为 0，而在父进程的 pid 接收的返回值是子进程的 ID。

（4）由于父子进程的变量 pid 接收的值不同，因此，根据代码的分支判断，可以看出父子进程虽然代码相同，但是执行的内容却不同。

（5）父进程执行的代码是判断 pid 大于 0 的部分，以及 fork() 函数、fork() 函数之前所有的执行代码，称为父进程的执行代码区。子进程执行的代码是判断 pid 等于 0 的部分，称为子进程的执行代码区。注意，子进程不执行 fork() 函数以及 fork() 函数以上所有的执行代码，否则子进程会被无限创建。

为了更加明显可以理解代码的框架，可以输出进程的 ID 来查看。获得进程的 ID 使用 getpid() 函数和 getppid() 函数。

```
#include <sys/types.h>
#include <unistd.h>
 pid_t getpid(void);
 pid_t getppid(void);
```

getpid() 函数用于获得调用（自身）进程的 ID。

getppid() 函数用于获得调用进程的父进程的 ID。

对例 3-1 进行修改，如例 3-2 所示。父子进程最后都执行 while 死循环不退出，父进程打印自己的 ID，子进程打印自己的 ID 及父进程的 ID。

例 3-2　获取父子进程的 ID。

```
1  #include <stdio.h>
2  #include <unistd.h>
3  #include <sys/types.h>
4
5  int main(int argc, const char *argv[])
6  {
7      pid_t pid;
8
9      pid = fork();
10
11     if(pid < 0){
12         perror("fork error");
13         return -1;
14     }
15     else if(pid == 0){
16         /*child*/
17         printf("The child process, id = %d parent id = %d\n",
18                 getpid(), getppid());
19         while(1);
20     }
21     else{
22         /*parent*/
23         printf("The parent process, id = %d\n", getpid());
```

```
24        while(1);
25    }
26    return 0;
27 }
```

例 3-2 运行结果如下所示。

```
linux@Master:~/1000phone$ ./a.out
The parent process, id = 4123
The child process, id = 4124 parent id = 4123
```

由此可以看出，在子进程的执行代码区中打印出的父进程 ID 为 4123，与父进程的执行代码区打印自身的 ID 是一样的，同为 4123。

通过终端输入 ps axj 也可查看当前系统中的进程信息。

```
PPID   PID  PGID   SID TTY      TPGID STAT   UID   TIME COMMAND
2602  4123  4123  2602 pts/1     4123 R+     1000  2:22 ./a.out
4123  4124  4123  2602 pts/1     4123 R+     1000  2:22 ./a.out
```

说明：PPID（process parent ID）：父进程 ID；PID(process ID)：进程 ID；PGID（process group ID）：进程组 ID；SID(session ID)：会话组 ID。

3.2.2　exec 函数族

3.2.1 节介绍了 fork()函数用于创建一个新的进程，新进程被称为子进程。该子进程几乎复制了父进程的全部内容。通过在子进程执行代码区，添加任务代码，可以让子进程完成其他的任务。而在 Linux 中，有另外一种函数接口，提供了在一个进程中执行另一个进程的方法，可以将其称之为 exec 函数族。它可以根据指定的文件名或目录名找到可执行文件，并用它来取代当前进程的数据段、代码段和堆栈段。在执行完之后，当前进程除进程号外，其他内容都被替换了。这里的可执行文件既可以是二进制文件，也可以是 Linux 下任何可执行的脚本文件。

在 Linux 中使用 exec 函数族主要有两种情况。

（1）当进程不能在系统中发挥更多的作用时，就可以调用 exec 函数族中的任一一个函数取代当前进程完成后续的工作。

（2）如果一个进程想执行另一个程序，那么它可以调用 fork()函数新建一个进程，然后调用 exec 函数族中的任意一个函数，这样看起来就像通过执行应用程序而产生一个新进程（这种情况非常普遍）。

exec 函数族原型如下。

```
#include <unistd.h>
extern char **environ;
int execl(const char *path, const char *arg, ...);
int execlp(const char *file, const char *arg, ...);
int execle(const char *path, const char *arg,
            ..., char * const envp[]);
int execv(const char *path, char *const argv[]);
int execvp(const char *file, char *const argv[]);
int execvpe(const char *file, char *const argv[],
            char *const envp[]);
```

这 6 个函数在函数名和使用语法的规则上都有细微的区别，参数区别如表 3.2 所示。

表 3.2   exec 函数族参数对比

函数	第一个参数	第二个参数	第三个参数	第四个参数
execl	path 路径名	*arg	…附加参数	\
execlp	file 文件名	*arg	…附加参数	\
execle	path 路径名	*arg	…附加参数	*envp[]
execv	path 路径名	*argv[]	\	\
execvp	file 文件名	*argv[]	\	\
execvpe	file 文件名	*argv[]	\	*envp[]

函数第一个参数有两种传参方式：第一种为路径名，即指定文件名时，需要指定文件名所在路径；第二种为文件名，即只需要指定要执行的二进制文件名或 Linux 下可执行的脚本文件文件名。前三个函数的第二个与第三个参数用来进行列举式传参，都可以传入需要的字符串；后三个函数将第二个参数和第三个参数合并将所有参数通过一个指针数组进行传递。第四个参数用来指定当前进程所使用的环境变量。

下面将通过示例，展示 exec 函数族的使用，如例 3-3 所示。

例 3-3   execl()函数测试。

```
 1 #include <stdio.h>
 2 #include <unistd.h>
 3
 4 int main(int argc, const char *argv[])
 5 {
 6    if(execl("/bin/ls", "ls", "./file",NULL) < 0){
 7        perror("execl error");
 8        return -1;
 9    }
10    return 0;
11 }
```

如例 3-3 所示，第一个参数指定可执行文件的路径名；第二个参数为列举式传参，本次传入两个字符串 "ls"、"./file"，其中 "./file 为当前目录下的 file 目录"；第三个附加参数传递为 NULL。运行结果如下。

```
linux@Master:~/1000phone$ ./a.out
block  char  fifo  stdio.h  test  test.txt
linux@Master:~/1000phone$ ls file
block  char  fifo  stdio.h  test  test.txt
```

由此可以看出，此时运行 a.out 产生新进程为 "ls"，并查看 file 目录下所有的文件。功能与 Shell 命令 "ls + 目录名" 一样。如果代码将 "./file" 参数去掉，则此时新进程将查看当前目录下所有的文件；也可添加参数 "-l"，查看更详细的内容。具体如例 3-4 所示。

例 3-4   execl ()函数测试。

```
 1 #include <stdio.h>
 2 #include <unistd.h>
 3
 4 int main(int argc, const char *argv[])
 5 {
 6    if(execl("/bin/ls", "ls", "-l", "./file",NULL) < 0){
 7        perror("execl error");
```

```
 8        return -1;
 9    }
10    return 0;
11 }
```

运行结果如下。可以看出第二个参数 char *arg 并非只用于接收一个字符串。

```
linux@Master:~/1000phone$ ./a.out
总用量 4
brw-r--r-- 1 root  root  500, 1  3月 29 14:44 block
crw-r--r-- 1 root  root  500, 0  3月 29 14:44 char
prw-rw-r-- 1 linux linux    0  3月 29 14:39 fifo
lrwxrwxrwx 1 linux linux   20  3月 29 14:42 stdio.h -> /usr/include/stdio.h
drwxrwxr-x 2 linux linux  4096  3月 29 14:50 test
-rw-rw-r-- 1 linux linux    0  3月 29 14:50 test.txt
```

下面通过 execv()函数，展示何为列举式传参，同样也可以将刚才的代码，采用指针数组的形式进行传参，具体如例 3-5 所示。

例 3-5   execv()函数测试。

```
 1 #include <stdio.h>
 2 #include <unistd.h>
 3
 4 int main(int argc, const char *argv[])
 5 {
 6     char *array[4] = {"ls", "-l", "./file", NULL};
 7     if(execv("/bin/ls", array) < 0){
 8         perror("execl error");
 9         return -1;
10     }
11     return 0;
12 }
```

可以看出将刚才的列举参数，一并放入到指针数组中即可。运行结果与例 3-4 一致。运行结果如下。

```
linux@Master:~/1000phone$ ./a.out
总用量 4
brw-r--r-- 1 root  root  500, 1  3月 29 14:44 block
crw-r--r-- 1 root  root  500, 0  3月 29 14:44 char
prw-rw-r-- 1 linux linux    0  3月 29 14:39 fifo
lrwxrwxrwx 1 linux linux   20  3月 29 14:42 stdio.h -> /usr/include/stdio.h
drwxrwxr-x 2 linux linux  4096  3月 29 14:50 test
-rw-rw-r-- 1 linux linux    0  3月 29 14:50 test.txt
```

3.2.3 vfork()函数

在 3.2.1 节中，fork()函数会对父进程的程序文本段、数据段、堆栈区进行严格的复制。不过，如果真的简单地将父进程虚拟内存页复制到新的子进程，就会很浪费时间，因为它需要完成很多事情：为子进程的页表分配页、为子进程的页分配页、初始化子进程的页表、把父进程的页复制到子进程对应的页中。另外一个原因是：fork()函数之后经常会立刻执行 exec 函数，这就会使用新程序替换进程的代码段，并重新初始化其数据段、堆栈区。这将导致之前对父进程地址空间的复制变成无用功。

针对这种情况，Linux 采用写时复制技术来处理。写时复制技术是一种可以推迟甚至避免复制数据的技术。内核此时并不是复制整个进程空间。而是让父进程与子进程共享同一副本。即使用相同的物理内存空间，子进程的程序文本段、数据段、堆栈区都指向父进程的物理内存空间。也就是说，二者的虚拟内存空间不同，但其对应的物理内存空间是同一个，并且这些分段的页被标记为只读。当父子进程中有更改相应段的行为发生时，再为子进程相应的段分配物理内存空间。这种技术使得对地址空间中的页的复制被推迟到实际发生写入的时候。

类似于 fork()函数，Linux 也提供了 vfork()函数为调用进程创建一个新的子进程，以便为程序提供尽可能快的 fork()功能。

```
#include <sys/types.h>
#include <unistd.h>
 pid_t vfork(void);
```

vfork()函数与 fork()函数不同的是，vfork()函数不采用写时复制技术。无须为子进程复制虚拟内存页或页表，直到其子进程调用 exec()函数或_exit()函数之前。在此之前，子进程共享父进程的内存，即子进程的操作是在父进程的内存段上进行的。在子进程调用 exec()函数或_exit()函数之前，将暂停执行父进程。系统将先保证子进程先于父进程获得调度以使用 CPU，而 fork()函数则无法保证这一点，父子进程都有可能率先获得调度。鉴于以上两点，子进程在对数据段、堆或栈的任何改变将在父进程恢复执行时为其所见，因此对子进程的操作需要谨慎，不然可能会因为资源共享的问题，造成对父进程的影响。

3.2.4　exit()函数和_exit()函数

exit()函数和_exit()函数都是用来终止进程的。当程序执行到 exit()函数或_exit()函数时，进程会无条件地停止剩下的所有操作，清除各种数据结构，并终止本进程的运行。但是，这两个函数仍然有一些本质的区别，如图 3.7 所示。

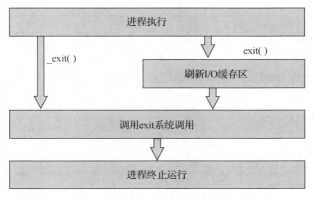

图 3.7　exit()函数和_exit()函数

从图 3.7 中可以看出，_exit()函数的作用是直接使进程停止运行，清除其使用的内存空间，并清除其在内核中的各种数据结构；exit()函数则在这些基础上做了一些包装，在执行退出之前加了若干道工序。exit()函数与_exit()函数最大的区别就在于 exit()函数在终止当前进程之前要检查该进程打开了哪些文件，并把文件缓存区中的内容写回文件，即图 3.7 中的"刷新 I/O 缓存区"。

在 Linux 的标准函数库中，有一种被称为"缓存 I/O（buffered I/O）"操作，其特征就是对应每一个打开的文件，在内存中都有一片缓存区。

每次读文件时，会连续读出若干条记录，这样在下次读文件时就可以直接从内存的缓存区中读取；同样，每次写文件的时候，也仅仅是写入内存中的缓存区，等满足了一定的条件（如缓存区满）时，再将缓存区中的内容一次性写入文件。

这种技术大大增加了文件读写的速度，但也给编程带来了一些麻烦。比如有些数据，认为已经被写入文件了，实际上因为没有满足特定的条件，它们还只是被保存在缓存区中，这时用_exit()函数直接将进程关闭，缓存区中的数据就会丢失。因此，若想保证数据的完整性，最好使用 exit()函数。

```
#include <stdlib.h>
 void exit(int status);
#include <unistd.h>
 void _exit(int status);
```

下面将使用一个简单的示例，展示两个函数的区别，具体如例 3-6 所示。

例 3-6　_exit()函数测试。

```
 1 #include <stdio.h>
 2 #include <stdlib.h>
 3 #include <unistd.h>
 4
 5 int main(int argc, const char *argv[])
 6 {
 7     printf("exit before...");
 8     _exit(0);
 9     printf("exit after...");
10     return 0;
11 }
```

运行结果如下，可以看出 printf()作为标准输出函数，在没有换行符刷新时，执行输出打印，然后调用_exit()函数，将程序退出，但输出却没有任何显示，说明字符串被输出到缓存区中，没有打印到终端上。

```
linux@Master:~/1000phone$ ./a.out
linux@Master:~/1000phone$
```

如果将_exit()函数换成 exit()函数，则结果完全不同，具体如例 3-7 所示。

例 3-7　exit()函数测试。

```
 1 #include <stdio.h>
 2 #include <stdlib.h>
 3 #include <unistd.h>
 4
 5 int main(int argc, const char *argv[])
 6 {
 7     printf("exit before...");
 8     exit(0);
 9     printf("exit after...");
10     return 0;
11 }
```

运行结果如下，可以看出打印出"exit before..."字符串，说明 exit()函数在退出时，刷新了所操作的缓存区。

```
linux@Master:~/1000phone$ ./a.out
exit before...linux@Master:~/1000phone$
```

两个代码都没有输出"exit after..."，说明这两个函数都具有主动调用将进程退出的功能。

3.2.5 孤儿进程与僵尸进程

父进程与子进程的生命周期一般是不相同的，父子进程互有长短，这就引出了两个问题：孤儿进程与僵尸进程的产生。

1. 孤儿进程

什么是孤儿进程？孤儿进程是如何形成的呢？下面将通过代码示例，来展示如何产生孤儿进程，具体如例 3-8 所示。

例 3-8 孤儿进程的产生。

```
1  #include <stdio.h>
2  #include <unistd.h>
3  #include <sys/types.h>
4
5  int main(int argc, const char *argv[])
6  {
7     pid_t pid;
8
9     pid = fork();
10
11    if(pid < 0){
12       perror("fork error");
13       return -1;
14    }
15    else if(pid == 0){
16       /*child*/
17       printf("The child process, id = %d parent id = %d\n",
18              getpid(), getppid());
19       while(1);
20    }
21    else{
22       /*parent*/
23       printf("The parent process, id = %d\n", getpid());
24    }
25    return 0;
26 }
```

正如例 3-8 所示，父进程的执行区中，执行输出自身 ID，之后代码执行完成直接退出。子进程的执行区中，可以看到除执行输出外，使用死循环不让子进程退出。代码运行结果如下。

```
linux@Master:~/1000phone$ ./a.out
The parent process, id = 8268
The child process, id = 8269 parent id = 1
```

由运行结果可以看出，父进程的 ID 是 8268，子进程的 ID 为 8269，但是需要注意的是在子进程的执行代码区输出的父进程的 ID 是 1，而非 8268。此时在终端输入 ps axj 查看当前系统中的进程信息如下。

```
linux@Master:~/1000phone$ ps axj
 PPID   PID  PGID   SID TTY      TPGID STAT   UID   TIME COMMAND
    1  8269  8268  7705 pts/2     8286 R     1000   3:15 ./a.out
```

此时子进程由于执行 while 死循环并没有退出，此时处于运行态（R），唯一需要关注的是其父进程 ID 为 1。ID 为 1 的进程是 init 进程，是 Linux 系统在应用空间上运行的第一个进程，具体信息如下所示。

```
linux@Master:~/1000phone$ ps axj
 PPID   PID  PGID   SID TTY      TPGID STAT   UID   TIME COMMAND
    0     1     1     1 ?           -1 Ss       0   0:02 /sbin/init
```

通过上述代码可以看出，父进程退出，子进程不退出，此时 init 进程成为其父进程。这时，此子进程就是一个孤儿进程。在这里需要说明一点的是，进程在退出时，通常由该进程的父进程对其资源进行回收及释放资源。如果该进程的父进程提前退出，那么此时该进程将失去了"父亲"，则成为了"孤儿"。因此系统默认 init 进程成为孤儿进程的"父亲"，以便于在以后对其资源进行回收。

2. 僵尸进程

僵尸进程其实是进程的一种状态，即僵尸态。在 3.1.3 节中，介绍了僵尸进程的形成。进程的僵尸态与死亡态很接近。唯一不同的是，死亡进程，即进程退出，释放所有资源；而僵尸进程，即进程退出但没有释放资源。因此在实际的编程过程中，应尽量关注这一点，避免产生僵尸态的进程，因为僵尸进程不执行任何任务，但却占有系统资源。如果僵尸进程太多，就会导致系统浪费。下面将通过一个示例，展示僵尸进程的产生，具体如例 3-9 所示。

例 3-9　僵尸进程的产生。

```
 1 #include <stdio.h>
 2 #include <unistd.h>
 3 #include <sys/types.h>
 4
 5 int main(int argc, const char *argv[])
 6 {
 7     pid_t pid;
 8
 9     pid = fork();
10
11     if(pid < 0){
12         perror("fork error");
13         return -1;
14     }
15     else if(pid == 0){
16         /*child*/
17         printf("The child process, id = %d parent id = %d\n",
18                 getpid(), getppid());
19     }
20     else{
21         /*parent*/
22         printf("The parent process, id = %d\n", getpid());
23         while(1);
```

```
24      }
25      return 0;
26 }
```

如例 3-9 所示，如果父进程不退出子进程退出，此时父进程不会主动回收子进程的资源，子进程成为僵尸进程。运行结果如下。

```
linux@Master:~/1000phone$ ./a.out
The parent process, id = 8598
The child process, id = 8599 parent id = 8598
```

通过终端输入 ps axj 即可查看父子进程的信息，父进程 ID 为 8598，子进程 ID 为 8599。子进程的状态（STAT）为 Z+，Z 表示僵尸态。

```
linux@Master:~/1000phone$ ps axj
 PPID    PID  PGID   SID TTY       TPGID STAT  UID   TIME COMMAND
 7705   8598  8598  7705 pts/2      8598 R+    1000  1:19 ./a.out
 8598   8599  8598  7705 pts/2      8598 Z+    1000  0:00 [a.out] <defunct>
```

通过上述代码，可以明显地看出僵尸进程的产生，往往是因为父进程没有对子进程的资源进行回收处理。因此为了避免这样的结果出现，程序需要在子进程选择退出时，由父进程进行资源的回收处理。

3.2.6　wait()函数和 waitpid()函数

3.2.5 节介绍了僵尸进程的产生，进程的僵尸态与死亡态区别在于是否回收资源，在 Linux 系统中应该避免僵尸进程的产生。上一节通过一个示例说明，产生僵尸进程的原因是子进程在退出时，其父进程没有退出，这时父进程并不会主动回收其资源，那么该进程则会成为僵尸进程。

同时，在 3.2.1 节中，创建子进程的示例代码中，可以看出当父子进程没有做任何延时或循环不退出时，则不会产生僵尸进程。这说明了两种可能性：一种是如果子进程先退出，父进程后退出，那么退出的父进程会将子进程的资源回收，那么不会产生僵尸进程；另一种是父进程先退出，子进程成为孤儿进程，孤儿进程退出，资源将会被 init 进程回收。

这个时候通常处理僵尸进程，不能寄希望于将其父进程也退出，这可能会导致父进程不能拥有自由的生命周期。在 Linux 中，通常可以选择 wait()函数及 waitpid()函数用来完成对僵尸进程的资源的回收。

1．wait()函数

```
#include <sys/types.h>
#include <sys/wait.h>
pid_t wait(int *status);
```

wait()函数被用来执行等待，直到其子进程终止。也就是说 wait()函数可用于使父进程阻塞，等待子进程退出，一旦子进程退出，则 wait()函数立即返回，并获得子进程的退出时的状态值，并回收子进程的使用的各种资源，以避免子进程成为僵尸进程。

下面将使用示例展示 wait()函数的使用，具体如例 3-10 所示。

例 3-10　阻塞回收进程资源。

```
1 #include <stdio.h>
2 #include <unistd.h>
```

```
 3 #include <sys/types.h>
 4 #include <sys/stat.h>
 5
 6 int main(int argc, const char *argv[])
 7 {
 8     pid_t pid;
 9     int i = 3;
10
11     pid = fork();
12
13     if(pid < 0){
14         perror("fork error");
15         return -1;
16     }
17     else if(pid == 0){
18         /*child*/
19         printf("The child process, id = %d parent id = %d\n",
20                 getpid(), getppid());
21         while(i > 0){
22             sleep(1);
23             printf("child...\n");
24             i--;
25         }
26     }
27     else{
28         /*parent*/
29         int status;
30         wait(&status);
31         printf("The parent process, id = %d\n", getpid());
32         while(1);
33     }
34     return 0;
35 }
```

其运行结果如下，可以看出父进程使用wait()函数执行等到子进程执行 3 秒之后退出，此时 wait()函数立刻返回，返回值为子进程的 ID，变为非阻塞，并立即回收子进程的资源。

```
linux@Master:~/1000phone$ ./a.out
The child process, id = 12123 parent id = 12122
child...
child...
child...
The parent process, id = 12122
```

通过终端输入 ps axj，可以明显看到，僵尸进程并没有产生，而父进程也并没有退出。

```
linux@Master:~/1000phone$ ps axj
PPID  PID PGID  SID TTY     TPGID STAT  UID  TIME COMMAND
7705 12122 12122  7705 pts/2    12122 R+    1000  0:03 ./a.out
```

2. waitpid()函数

wait()函数使用存在诸多限制，而设计 waitpid()函数则可以突破这种限制。

如果父进程已经创建了多个子进程，使用 wait()函数将无法等到某个特定的子进程的完成，只能按顺序等待下一个子进程的终止。

如果子进程没有退出，则 wait() 函数总是保持阻塞。故此，使用 wait() 函数只能发现那些已经终止的子进程，而 waitpid() 函数则突破了这种限制。

```
#include <sys/types.h>
#include <sys/wait.h>
 pid_t waitpid(pid_t pid, int *status, int options);
```

waitpid() 函数被用来关注子进程的状态是否发生变化。这些状态的变化包括子进程终止、子进程被一个信号停止、子进程被一个信号恢复。如果子进程的状态变化为子进程退出，那么 waitpid() 函数可以对子进程的资源进行回收，让子进程的资源得以释放。

waitpid() 函数的参数及返回值相对于 wait() 函数则比较复杂，具体如表 3.3 所示。

表 3.3　　　　　　　　　　　　　　　　waitpid() 函数参数

参数	含义
pid	<-1，用于等待进程组中的任意一个子进程（该进程组 ID 等于 pid 的绝对值）
	-1，用于等待调用进程的任意一个子进程
	0，用于等待进程组中的任意一个子进程（该进程组 ID 等于调用进程的 ID），即调用进程是该进程组的组长
	>0，用于等待子进程 ID 等于 pid 的子进程
status	同 wait() 函数功能一致，用于接收子进程退出时的状态值
options	0，同 wait() 函数功能一致，使函数阻塞，等待子进程状态发生改变
	WNOHANG，执行非阻塞，即如果子进程没有退出，函数本身不阻塞，直接获得返回值为 0，此时子进程资源不会被回收。如果此时子进程已经退出，函数同样不阻塞，立刻返回，返回值为子进程的 ID，并回收其资源

前面介绍 wait() 函数时已经展示阻塞等待的情况，下面将展示 waitpid() 函数使用非阻塞的情况。代码的设计思路如图 3.8 所示。

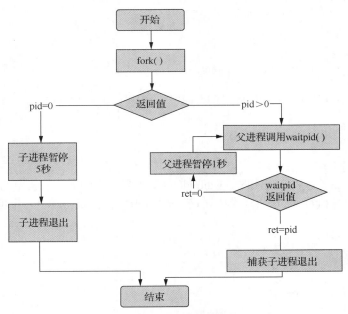

图 3.8　waitpid() 函数流程

该程序的代码具体如例 3-11 所示。

例 3-11　非阻塞回收进程资源。

```
 1 #include <stdio.h>
 2 #include <unistd.h>
 3 #include <sys/types.h>
 4 #include <sys/stat.h>
 5 #include <stdlib.h>
 6
 7 int main(int argc, const char *argv[])
 8 {
 9     pid_t pid;
10
11     pid = fork();
12
13     if(pid < 0){
14         perror("fork error");
15         return -1;
16     }
17     else if(pid == 0){
18         /*child*/
19         printf("The child process, id = %d parent id = %d\n",
20                 getpid(), getppid());
21         sleep(5);
22         exit(0);
23     }
24     else{
25         /*parent*/
26         int status;
27         pid_t ret;
28
29         while((ret = waitpid(pid, &status, WNOHANG)) == 0){
30             sleep(1);
31             printf("child has not been exited\n");
32         }
33
34         if(ret == pid){
35             printf("child has been recycled\n");
36         }
37         printf("The parent process, id = %d\n", getpid());
38         exit(0);
39     }
40     return 0;
41 }
```

运行结果如下。当子进程未退出时，waitpid()函数不阻塞立即返回，获得的返回值为 0。5 秒之后，子进程退出，此时执行 waitpid()函数，捕获子进程退出，并获得其 ID，回收子进程的资源。

```
linux@Master:~/1000phone$ ./a.out
The child process, id = 13467 parent id = 13466
child has not been exited
child has not been exited
child has not been exited
child has not been exited
child has not been exited
child has been recycled
The parent process, id = 13466
```

3.2.7　Linux 守护进程

Linux 守护进程又被称为 Daemon 进程，为 Linux 的后台服务进程（独立于控制终端）。该进程通常周期性地执行某种任务或等待处理某些发生的事件。其生命周期较长，通常在系统启动时开始执行，在系统关闭时终止。Linux 中很多系统服务都是通过守护进程实现的。

在 Linux 中，每一个从终端开始运行的进程都会依附于一个终端（系统与用户进行交互的界面），这个终端为进程的控制终端。当控制终端关闭时，这些进程就会自动结束，但守护进程不受终端关闭的影响。

如何将一个进程变成一个守护进程，只需要遵循一些特定的流程，下面通过 5 个步骤来讲解。

1.　创建子进程（子进程不退出，父进程退出）

很明显，由于父进程先于子进程退出，造成子进程成为孤儿进程。此时子进程的父进程变成 init 进程。

2.　在子进程中创建新会话

这个步骤在 3.1.4 节中已经有所介绍，使用的函数是 setsid()。该函数将会创建一个新会话，并使进程担任该会话组的组长。同时，在会话组中创建新的进程组，该进程依然也是进程组的组长。该进程成为新会话组和进程组中唯一的进程。最后使该进程脱离终端的控制，运行在后台。

之所以需要这样处理，是因为子进程在被创建时，复制了父进程的会话、进程组和终端控制等。虽然父进程退出，但原先的会话、进程组和控制终端等并没有改变。因此，子进程并没有实现真正意义上的独立。

3.　改变当前的工作目录

使用 fork()函数创建的子进程继承了父进程的当前工作目录。系统通常的做法是让根目录成为守护进程的当前工作目录。改变工作目录的函数是 chdir()。

```
#include <unistd.h>
int chdir(const char *path);
```

4.　重设文件权限掩码

文件权限掩码的作用是屏蔽文件权限中的对应位。在 2.3.2 节中有涉及该问题。文件被创建后，其用户操作权限 mode，将会被执行 mode&~umask(umask 为文件权限掩码，通常用八进制数表示)。例如，文件的权限为 0666，umask 值为 0002，那么将 umask 取反，再与文件权限相与，则文件权限值变为 0664。由于创建的子进程继承了父进程的文件权限掩码，这给子进程（守护进程）操作文件带来一定影响。因此，通常把文件权限掩码设置为 0，这样可以增强守护进程的灵活性。此时，文件权限掩码取反全为 1，与任何文件权限相与，都可保持文件最原始的状态值。

使用函数 umask()，改变文件权限掩码，参数即为要修改的掩码值。

```
#include <sys/types.h>
#include <sys/stat.h>
 mode_t umask(mode_t mask);
```

5.　关闭文件描述符

新创建的子进程会从父进程继承一些已经打开的文件描述符。这些描述符可能永远不会被守护进程访问，但它们却占有一定的资源。特别需要注意的是，守护进程脱离了终端的控制，所以与终端相关的标准输入、输出、错误输出的文件描述符 0、1、2，已经没有了任何价值，应当关闭。具体如下所示。

```
int num;
num = getdtablesize();    /*获取当前进程文件描述符表大小*/
for( i = 0; i < num; i++) {
    close( i);
}
```

其中，getdtablesize()函数的功能为获取文件描述符表的大小，也可以理解为获取进程打开的文件描述符的最大数量。

通过以上 5 步，可以实现创建守护进程，其流程如图 3.9 所示。

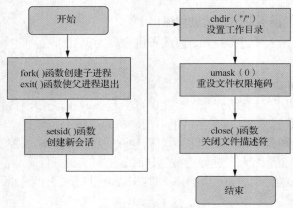

图 3.9　守护进程创建

守护进程的代码具体如示例 3-12 所示，守护进程每隔 3 秒向日志文件"/tmp/daemon.log"中写入字符串。

例 3-12　创建守护进程。

```
1  #include <stdio.h>
2  #include <stdlib.h>
3  #include <string.h>
4  #include <fcntl.h>
5  #include <sys/types.h>
6  #include <unistd.h>
7  #include <sys/wait.h>
8  #include <sys/stat.h>
9
10 int main(int argc, const char *argv[])
11 {
12     pid_t pid;
13     int i, fd;
14     char *buf = "This is a Daemon\n";
15
16     pid = fork(); /*第一步*/
17     if(pid < 0){
18         printf("fork error\n");
19         return -1;
20     }
21     else if(pid > 0){
22         exit(0); /*父进程退出*/
23     }
```

```
24      else{
25          setsid();  /*第二步*/
26          chdir("/tmp");  /*第三步*/
27          umask(0);  /*第四步*/
28          for(i = 0; i < getdtablesize(); i++){  /*第五步*/
29              close(i);
30          }
31
32          /*守护进程创建完成，以下开始为进入守护进程的工作，仅作示例展示*/
33          if((fd = open("daemon.log", O_CREAT|O_WRONLY|O_TRUNC, 0600)) < 0){
34              perror("open error");
35              return -1;
36          }
37          while(1){
38              write(fd, buf, strlen(buf));
39              sleep(3);
40          }
41          close(fd);
42      }
43      return 0;
44  }
```

运行结果如下，可以通过 cat /tmp/daemon.log 查看向日志文件中写入的内容。

```
linux@Master:~/1000phone$ cat /tmp/daemon.log
This is a Daemon
This is a Daemon
This is a Daemon
...
```

终端输入 ps axj，可以查看守护进程信息如下，可以看出进程的 ID 与组 ID、会话组 ID 保持一致，说明当前守护进程为组长。其父进程为 init 进程（ID 为 1），TTY 选项为 "？"，表示其为后台进程。

```
linux@Master:~/1000phone$ ps axj
PPID   PID  PGID   SID TTY      TPGID STAT   UID   TIME COMMAND
1    16285 16285 16285 ?          -1 Ss     1000   0:00 ./a.out
```

3.2.8 系统日志

我们知道守护进程完全脱离控制终端，即守护进程不能将错误信息直接输出到控制终端上。例如，printf()打印不能显示到终端。因此，该如何通过输出信息对守护进程进行程序调试是一个问题。本节将介绍使用 syslog 服务，将程序的出错信息输入系统日志，从而可以直观地看到程序的问题所在。在不同的 Linux 发行版本中，系统日志文件路径可能有所不同。例如，可能是 "/var/log/syslog"。

syslog 是 Linux 的系统日志管理服务，通过守护进程 syslogd 来维护。该守护进程在启动时会读取配置文件 "/etc/syslog.conf"。该文件决定了不同类型的消息发送到何处。例如，紧急消息可被送到系统管理员并在控制台上显示，而警告信息则可被记录到一个文件中。系统日志文件只能由管理员用户查看。

该机制提供了 3 个 syslog 相关函数，openlog()函数用于打开系统日志服务的一个连接；syslog()

函数用于向日志文件中写入消息，并可以规定消息的优先级、消息输出格式等；closelog()函数用于关闭系统日志服务的连接。

```
#include <syslog.h>
void openlog(const char *ident, int option, int facility);
void syslog(int priority, const char *format, ...);
void closelog(void);
```

openlog()函数中，参数 ident 表示要向每个消息加入的字符串，通常为程序的名称；参数 option 用来指定 openlog()函数如何控制消息的标志；参数 facility 用来指定程序发送的消息类型。

openlog()函数参数配置如表 3.4 所示。

表 3.4 openlog()函数参数配置

函数参数	具体参数选项	表示含义
option	LOG_CONS	如果消息无法发送到系统日志，则直接输出到系统控制终端
	LOG_NDELAY	立即打开系统日志服务的连接（通常，直接发送第一条消息时才打开连接）
	LOG_PERROR	将消息同时发送到 stderr
	LOG_PID	在每条消息中包含进程的 PID
facility	LOG_AUTHPRIV	安全/授权消息
	LOG_CRON	时间守护进程
	LOG_DAEMON	其他系统守护进程
	LOG_KERN	内核信息
	LOG_LOCAL0～7	保留供本地使用
	LOG_LPR	行打印机子系统
	LOG_MAIL	邮件子系统
	LOG_NEWS	新闻子系统
	LOG_SYSLOG	syslogd 内部产生的信息
	LOG_USER	一般使用者等级信息
	LOG_UUCP	UUCP 子系统

syslog()函数中，参数 priority 用来指定消息的等级。参数 format 等同于 printf()函数，即格式化输出。具体参数配置如表 3.5 所示。

表 3.5 syslog()函数参数配置

函数参数	具体参数选项	表示含义
priority	LOG_EMERG	系统无法使用
	LOG_ALERT	需要立即采取措施
	LOG_CRIT	有重要情况发生
	LOG_ERR	有错误发生
	LOG_WARNING	有警告发生
	LOG_NOTICE	正常情况，但也有重要情况
	LOG_INFO	信息消息
	LOG_DEBUG	调试信息

下面将 3.2.7 节中的示例程序用 syslog 服务进行重写，从而选择将程序出错的调试信息输入系统日志文件，便于追踪错误。具体如例 3-13 所示。

例 3-13 系统日志。

```
1 #include <stdio.h>
2 #include <stdlib.h>
3 #include <string.h>
```

```
 4 #include <fcntl.h>
 5 #include <sys/types.h>
 6 #include <unistd.h>
 7 #include <sys/wait.h>
 8 #include <sys/stat.h>
 9 #include <syslog.h>
10
11 int main(int argc, const char *argv[])
12 {
13     pid_t pid, sid;
14     int i, fd;
15     char *buf = "This is a Daemon\n";
16
17     pid = fork();
18     if(pid < 0){
19         printf("fork error\n");
20         return -1;
21     }
22     else if(pid > 0){
23         exit(0);
24     }
25     else{
26         openlog("daemon_syslog", LOG_PID, LOG_DAEMON);
27         if((sid = setsid()) < 0){
28             syslog(LOG_ERR, "%s\n", "setsid");
29             exit(1);
30         }
31         if((sid = chdir("/")) < 0){
32             syslog(LOG_ERR, "%s\n", "chdir");
33             exit(1);
34         }
35         umask(0);
36         for(i = 0; i < getdtablesize(); i++){
37             close(i);
38         }
39
40         if((fd = open("/tmp/daemon.log",
41                       O_CREAT|O_WRONLY|O_TRUNC, 0600)) < 0){
42             syslog(LOG_ERR, "open");
43             exit(1);
44         }
45
46         syslog(LOG_INFO, "%s\n", "open daemon.log");
47
48         while(1){
49             write(fd, buf, strlen(buf));
50             sleep(5);
51         }
52         close(fd);
53         closelog();
54     }
55     return 0;
56 }
```

如上述代码所示，首先建立系统日志连接，之后在函数操作时，采用 syslog() 判断错误。在打开日志文件之后，进行提示（第 46 行），如果成功，则信息会被输入 "/var/log/syslog"。执行代码，在 "/var/log/syslog" 查看。

```
10 Apr 22 14:30:28 Master daemon_syslog[4670]: open daemon.log
```

在/tmp/daemon.log 中可查看写入的字符串，如下所示。

```
1 This is a Daemon
2 This is a Daemon
```

3.3　本章小结

　　Linux 是一个支持多任务的操作系统。本章主要介绍了关于任务、进程、线程的基本概念以及它们之间的关系。对进程的属性信息进行了重点讲解，包括进程与程序的区别、进程的状态、进程与组的关系、进程的优先级、调度策略以及进程的虚拟内存与布局。这些属于 Linux 系统编程的基本内容，因此，希望读者理解并重点掌握。

　　本章还具体介绍了进程编程，包括创建与退出、exec 函数族、僵尸进程与处理、守护进程，并通过一些示例进行了实验。需要读者理解其中原理，熟练掌握编程并认真练习。

3.4　习题

　　1.　填空题

　　（1）Linux 系统是一个支持＿＿＿＿的操作系统。

　　（2）Linux 现在采用的二进制格式标识为＿＿＿＿。

　　（3）每个进程都有相互独立的＿＿＿＿。

　　（4）创建新会话的函数是＿＿＿＿。

　　（5）可以用于表示进程优先级的是＿＿＿＿。

　　2.　选择题

　　（1）以下哪一种状态不是进程的状态（　　　）。

　　　　A．死亡态　　　　　B．分离态　　　　　C．僵尸态　　　　　D．睡眠态

　　（2）下列不是进程的组成部分的是（　　　）。

　　　　A．程序文本段　　　B．elf 段　　　　　C．数据段　　　　　D．堆栈区

　　（3）以下哪种不是进程的类型（　　　）。

　　　　A．批处理进程　　　B．交互进程　　　　C．守护进程　　　　D．管理进程

　　（4）以下哪种用法可以等待接收进程号为 pid 的子进程退出状态（　　　）。

　　　　A．waitpid(pid, &status, 0)　　　　　　　B．waitpid(pid, &status, WNOHANG)

　　　　C．waitpid(-1, &status, 0)　　　　　　　 D．waitpid(-1, &status, WNOHANG)

　　（5）Linux 守护进程的创建不包括以下哪个步骤（　　　）。

　　　　A．umask()　　　　B．setsid()　　　　　C．chdir()　　　　　D．open(fd)

　　3.　思考题

　　（1）简述虚拟内存与物理内存的区别。

　　（2）简述 fork()函数与 vfork()函数的区别。

　　4.　编程题

　　编写代码实现创建子进程，在子进程中启动脚本文件 "ps"，实现查看当前系统中的进程信息（查看进程信息命令为 ps axj 或 ps aux）。

第4章　多线程

本章学习目标
- 了解进程与线程的关系、线程的概念
- 掌握多线程编程的操作方法
- 掌握线程的通信、同步互斥机制
- 掌握基本的线程池编程方法

为了进一步减少处理器的空转时间、支持多处理器以及减少系统的开销，进程演化过程中出现了另一个概念——线程。它是进程内独立的运行线路，是内核调度的最小单元，也可以称为轻量级进程。多线程编程由于其高效性和可操作性，在应用开发中使用非常广泛。本章将从线程的基本概念开始，介绍围绕多线程编程的诸多知识点，从而帮助读者更加深入地了解系统编程的核心内容。

4.1　线程基本编程

4.1.1　线程的基本概念

线程基本编程

线程是应用程序并发执行多种任务的一种机制。在一个进程中可以创建多个线程执行多个任务。每个进程都可以创建多个线程，创建的多个线程共享进程的地址空间，即线程被创建在进程所使用的地址空间上。上一章介绍了创建子进程的原理，创建子进程是通过复制父进程的地址空间得来的，父子进程只关注自己的地址空间（映射不同的物理地址空间）。因此进程与进程之间是独立的，每个进程都只需要操作属于自己的地址空间即可。而线程则不一样，创建线程无须对地址空间进行复制，同一个进程创建的线程共享进程的地址空间，因此创建线程比创建子进程要快得多。

如图 4.1 所示，一个进程可以包含多个线程。因此，同一个程序中的所有线程均会执行相同的程序，且共享进程的内存段，包括数据段、堆区。值得注意的是，进程的栈区对线程是不共享的，每个线程都拥有属于自己的栈区，用于存放函数的参数值、局部变量的值、返回地址等。

同一个进程中的多个线程可以并发执行。在多处理器环境下，多个线程可以同时并行。如果一个线程因等待 I/O 操作而遭阻塞，那么其他线程依然可以继续运行。同时，同一个进程创建的线程之间进行通信相对于进程之间来说，要方便、快速地多。原因在于线程之间是共享进程的数据段的，因此，线程间通信是通过操作共享的数据段实现的。而进程则不同，每个进程所操作的地址空间是独立的，因此进程之间如果需要进行数据的传递则需要引入进程间的通信机制来实现。

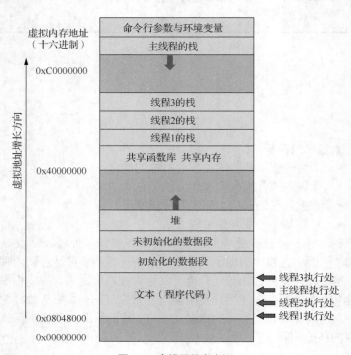

图 4.1　多线程共享空间

虽然线程间的通信不用考虑相对复杂的通信机制，但也有其比较棘手的问题有待解决。如果多个线程并发（同时）访问共享的进程数据段，而不按照一定的规则或顺序，则会造成共享资源的不确定，这种情况称为竞态。例如，线程 1 对全局变量 a 进行了赋值，而线程 2 则需要读取全局变量 a 的值，如果此时刚要进行读取，线程 3 却对变量 a 进行了重新赋值，那么，此时读取的结果将出现差异。

因此针对多线程编程通信的问题，Linux 中提供了很多同步互斥机制，从而保证在某一个线程在操作共享资源时，不会被其他线程打扰。即一个时刻，只能有一个线程在对共享资源进行访问。

4.1.2　线程的创建

函数 pthread_create()函数用于在一个进程中创建一个线程。

```
#include <pthread.h>
int pthread_create(pthread_t *thread, const pthread_attr_t *attr,
                   void *(*start_routine) (void *), void *arg);
```

函数参数 thread 表示新创建的线程的标识符，或者称为线程的 ID。参数 attr 指向一个 pthread_attr_t 类型的结构体，用以指定新创建的线程的属性（如线程栈的位置和大小、线程调度策略和优先级以及线程的状态），如果 attr 被设置为 NULL，则线程将采用默认的属性。参数 start_routine 则是该函数的重点关注对象，通过函数原型可以看出，该参数为函数指针，因此该参数只需传入函数名即可。需要注意的是，传入的函数名并不等同于一般的程序中在主函数中调用子函数。它是线程的执行函数，通俗地说，线程执行的任务将封装在此函数中。参数 arg 作为仅有的参数，用于向第三个参数 start_routine 所指向的函数中传参。

pthread_create() 函数的参数 thread，其类型为 pthread_t 本质上是一个经强制转化的无符号长整型的指针。一个线程可以通过 pthread_self() 来获取自己的 ID。

```
#include <pthread.h>
pthread_t pthread_self(void);
```

4.1.3　线程终止与回收

线程退出的方式有很多，以下几种情况都会导致线程的退出。

（1）线程的执行函数执行 return 语句并返回指定值。

（2）线程调用 pthread_exit() 函数。

（3）调用 pthread_cancel() 函数取消线程。

（4）任意线程调用 exit() 函数，或者 main() 函数中执行了 return 语句，都会造成进程中的所有线程立即终止。

pthread_exit() 函数将终止调用线程，且参数可被其他线程调用 pthread_join() 函数来获取。参数 retval 指定了线程的返回值。如果一个线程调用了 pthread_exit() 函数，但其他线程仍然继续执行。

```
#include <pthread.h>
void pthread_exit(void *retval);
```

pthread_join() 函数用于等待指定 thread 标识的线程终止。如果线程终止，则 pthread_join() 函数会立即返回。参数 retval 如果为非空指针，那么此时参数将会保存标识符为参数 thread 的线程退出时的返回值，即 pthread_exit() 函数中指定的参数。

```
#include <pthread.h>
int pthread_join(pthread_t thread, void **retval);
```

若线程并未进行分离，则必须使用 pthread_join() 函数来进行回收资源。如果未能进行，那么线程终止时将产生与僵尸进程类似的僵尸线程。如果僵尸线程积累过多，不仅浪费资源，而且可能无法继续创建新的线程。

4.1.4　线程编程

通过阅读前两节的函数介绍，读者可以完成基本的线程编程，并通过线程完成一些任务。本节将通过代码展示创建新线程与封装子函数的区别，以便于更好地理解线程机制。具体如例 4-1 所示。

例 4-1　多线程创建。

```
 1 #include <stdio.h>
 2 #include <pthread.h>
 3
 4 #define errlog(errmsg) do{perror(errmsg);\
 5                     printf("--%s--%s--%d--\n",\
 6                         __FILE__, __FUNCTION__, __LINE__);\
 7                     return -1;\
 8                     }while(0)
 9 void *thread1_handler(void *arg){
10     int count = *((int *)arg);
```

```
11
12    while(count > 0){
13        printf("thread1...\n");
14        sleep(1);
15        count--;
16    }
17    pthread_exit("thread1...exit");
18 }
19 void *thread2_handler(void *arg){
20    int count = *((int *)arg);
21
22    while(count > 0){
23        printf("thread2...\n");
24        sleep(1);
25        count--;
26    }
27    pthread_exit("thread2...exit");
28 }
29
30 int main(int argc, const char *argv[])
31 {
32    pthread_t thread1, thread2;
33    int arg1 = 2;
34    int arg2 = 5;
35    void *retval;
36    if(pthread_create(&thread1, NULL,
37            thread1_handler, (void *)&arg1) != 0){
38        errlog("pthread_create1 error");
39    }
40
41    if(pthread_create(&thread2, NULL,
42            thread2_handler, (void *)&arg2) != 0){
43        errlog("pthread_create2 error");
44    }
45
46    pthread_join(thread1, &retval);
47    printf("%s\n", (char *)retval);
48
49    pthread_join(thread2, &retval);
50    printf("%s\n", (char *)retval);
51    return 0;
52 }
```

在上述代码中，thread1_handler、thread2_handler 分别为两个线程的执行代码，当两个线程任务执行结束之后，进行资源回收，并得到线程退出时的状态值并输出显示。运行结果如下。

```
linux@Master:~/1000phone$ ./a.out
thread2...
thread1...
thread2...
thread1...
thread2...
thread1...exit
thread2...
thread2...
thread2...exit
```

由运行结果可以看出，两个线程分别向终端输出是并发执行的，注意输出先后是不固定的，只是在本次运行时，thread2 先输出。同时，也可以看出线程执行函数与封装子函数的区别。如果将线程函数想象成一个在主函数中封装的子函数，那么子函数必然会按照代码的顺序依次执行，即执行完 thread1 再执行 thread2。

4.1.5　线程的分离

1.　pthread_detach 设置线程分离

默认情况下，线程是可连接的（也可称为结合态）。通俗地说，就是当线程退出时，其他线程可以通过调用 pthread_join() 函数获取其返回状态。但有时，在编程过程中，程序并不关心线程的返回状态，只是希望系统在线程终止时能够自动清理并移除。在这种情况下，可以调用 pthread_detach() 函数并向 thread 参数传入指定线程的标识符，将该线程标记为分离状态（分离态）。

```
#include <pthread.h>
int pthread_detach(pthread_t thread);
```

一旦线程处于分离状态，就不能再使用 pthread_join() 函数来获取其状态，也无法使其重返"可连接"状态。例 4-2 实现了线程的分离操作。

例 4-2　实现线程分离。

```
1 #include <stdio.h>
2 #include <pthread.h>
3
4 #define errlog(errmsg) do{perror(errmsg);\
5                           printf("--%s--%s--%d--\n",\
6                           __FILE__, __FUNCTION__, __LINE__);\
7                           return -1;\
8                           }while(0)
9 void *thread_handler(void *arg){
10    pthread_detach(pthread_self());
11
12    int count = *((int *)arg);
13    while(count > 0){
14        printf("thread...\n");
15        sleep(1);
16        count--;
17    }
18    return NULL;
19 }
20 int main(int argc, const char *argv[])
21 {
22    pthread_t thread;
23    int arg = 3;
24    if(pthread_create(&thread, NULL,
25            thread_handler, (void *)&arg) != 0){
26        errlog("pthread_create1 error");
27    }
28    int temp = 0;
29    sleep(1);
30    if(pthread_join(thread, NULL) == 0){
31        printf("pthread wait success\n");
```

```
32          temp = 0;
33      }
34      else{
35          printf("pthread wait failed\n");
36          temp = 0;
37      }
38      return temp;
39 }
```

运行结果如下所示。通过例 4-2 可以看出，在程序运行 1 秒后，已经成为分离态的线程，不会被 pthread_join()函数等待回收。

```
linux@Master:~/1000phone$ ./a.out
thread...
pthread wait failed
```

2. pthread_attr_setdetachstate 实现线程分离

同理，针对上述设置线程分离状态的方法，也可以在线程刚一创建时即进行分离（而非之后再调用 pthread_detach()函数）。首先可以采用默认的方式对线程属性结构进行初始化，接着为创建分离线程而设置属性，最后再以此线程属性结构来创建新线程，线程一旦创建，就无须再保留该属性对象。最后将其摧毁。

初始化线程属性结构及摧毁函数如下。

```
#include <pthread.h>
 int pthread_attr_init(pthread_attr_t *attr);
 int pthread_attr_destroy(pthread_attr_t *attr);
```

设置线程分离状态的函数为 pthread_attr_setdetachstate()。

```
#include <pthread.h>
 int pthread_attr_setdetachstate(pthread_attr_t *attr, int detachstate);
```

参数 detachstate 用来设置线程的状态，设置 PTHREAD_CREATE_DETACHED（分离态）与 PTHREAD_CREATE_JOINABLE（结合态）。

设置分离态线程如例 4-3 所示。

例 4-3 初始化线程属性并实现分离。

```
 1 #include <stdio.h>
 2 #include <pthread.h>
 3
 4 #define errlog(errmsg) do{perror(errmsg);\
 5                   printf("--%s--%s--%d--\n",\
 6                       __FILE__, __FUNCTION__, __LINE__);\
 7                   return -1;\
 8                   }while(0)
 9 void *thread_handler(void *arg){
10      printf("thread...\n");
11      return NULL;
12 }
13 int main(int argc, const char *argv[])
14 {
15      pthread_t thread;
16      pthread_attr_t attr;
```

```
17    if(pthread_attr_init(&attr) != 0){
18        errlog("pthread_attr_init error");
19    }
20    if(pthread_attr_setdetachstate(&attr,
21            PTHREAD_CREATE_DETACHED) != 0){
22        errlog("pthread_attr_setdetachstate error");
23    }
24    if(pthread_create(&thread, &attr,
25            thread_handler, NULL) != 0){
26        errlog("pthread_create1 error");
27    }
28    int temp = 0;
29    sleep(1);
30    if(pthread_join(thread, NULL) == 0){
31        printf("pthread wait success\n");
32        temp = 0;
33    }
34    else{
35        printf("pthread wait failed\n");
36        temp = 0;
37    }
38    return temp;
39 }
```

运行结果如下所示。

```
linux@Master:~/1000phone$ ./a.out
thread...
pthread wait failed
```

4.1.6　线程的取消

在通常情况下，程序中的多个线程会并发执行，每个线程处理各自的任务，直到其调用 pthread_exit()函数或从线程启动函数中返回。但有时候也会用到线程的取消，即向一个线程发送一个请求，要求其立即退出。例如，一组线程正在执行一个任务，如果某个线程检测到错误发生，需要其他线程退出，此时就需要取消线程的功能。

1. 设置线程取消状态

pthread_cancel()函数向由 thread 指定的线程发送一个取消请求。发送取消请求后，函数 pthread_cancel()立即返回，不会等待目标线程的退出。

```
#include <pthread.h>
int pthread_cancel(pthread_t thread);
```

那么此时目标线程发生的结果及发生的时间取决于线程的取消状态和类型。

```
#include <pthread.h>
int pthread_setcancelstate(int state, int *oldstate);
```

pthread_setcancelstate()函数会将调用线程的取消状态设置为参数 state 所给定的值。参数 state 可被设置为 PTHREAD_CANCEL_DISABLE（线程不可取消），如果此类线程收到取消请求，则会将请求挂起，直至将线程的取消状态置为启用。也可被设置为 PTHREAD_CANCEL_ENABLE（线程可以被取消）。一般，新创建的线程默认为可以取消。参数 oldstate 用以保存前一次状态。具体如例 4-4 所示，线程执行死循环，并被设置为不可取消状态，则执行取消请求，无任何结果。

例 4-4　设置线程取消。

```
 1 #include <stdio.h>
 2 #include <pthread.h>
 3
 4 #define errlog(errmsg) do{perror(errmsg);\
 5                         printf("--%s--%s--%d--\n",\
 6                             __FILE__, __FUNCTION__, __LINE__);\
 7                         return -1;\
 8                     }while(0)
 9 void *thread_handler(void *arg){
10     pthread_setcancelstate(PTHREAD_CANCEL_DISABLE, NULL);
11     while(1){
12         printf("thread...\n");
13         sleep(1);
14     }
15     pthread_exit(0);
16 }
17
18 int main(int argc, const char *argv[])
19 {
20     pthread_t thread;
21     void *retval;
22     if(pthread_create(&thread, NULL,
23             thread_handler, NULL) != 0){
24         errlog("pthread_create1 error");
25     }
26
27     sleep(3);
28     pthread_cancel(thread);
29
30     pthread_join(thread, NULL);
31     return 0;
32 }
```

例 4-4 运行结果如下所示。

```
linux@Master:~/1000phone$ ./a.out
thread...
thread...
thread...
thread...
thread...
^c
```

可以看出线程进入死循环，不会被取消请求退出，"^c" 为执行 "Ctrl + C" 将整个进程退出。

2. 设置线程取消类型

如果需要设置线程为可取消状态，则可以选择取消的类型。

```
#include <pthread.h>
int pthread_setcanceltype(int type, int *oldtype);
```

pthread_setcanceltype()函数用以设置当前线程的可取消的类型，上一次的取消类型保存在参数

oldtype 中。参数 type 可以被设置为 PTHREAD_CANCEL_DEFERRED，表示线程接收取消操作后，直到运行到"可取消点"后取消。type 也可以被设置为 PTHREAD_CANCEL_ASYNCHRONOUS，表示接收取消操作后，立即取消。

具体使用如例 4-5 所示，设置线程状态为可取消状态，并设置取消类型为 PTHREAD_CANCEL_DEFERRED，本例中程序未设置取消点。

例 4-5　设置线程取消状态。

```
 1 #include <stdio.h>
 2 #include <pthread.h>
 3
 4 #define errlog(errmsg) do{perror(errmsg);\
 5                     printf("--%s--%s--%d--\n",\
 6                         __FILE__, __FUNCTION__, __LINE__);\
 7                     return -1;\
 8                     }while(0)
 9 void *thread_handler(void *arg){
10     pthread_setcancelstate(PTHREAD_CANCEL_ENABLE, NULL);
11     pthread_setcanceltype(PTHREAD_CANCEL_DEFERRED, NULL);
12     while(1){
13         printf("thread...\n");
14         sleep(1);
15     }
16     pthread_exit(0);
17 }
18
19 int main(int argc, const char *argv[])
20 {
21     pthread_t thread;
22     void *retval;
23     if(pthread_create(&thread, NULL,
24             thread_handler, NULL) != 0){
25         errlog("pthread_create1 error");
26     }
27
28     sleep(3);
29     pthread_cancel(thread);
30
31     pthread_join(thread, NULL);
32     return 0;
33 }
```

运行结果如下。3 秒之后，线程被取消退出。注意，此时 pthread_join() 函数不需要第二个参数来回收线程退出时的返回值。因为线程被异常取消之后，无法确定其返回值，否则程序执行会造成段错误。

```
linux@Master:~/1000phone$ ./a.out
thread...
thread...
thread...
```

如果不对线程取消类型进行设置，则线程默认的设置为 PTHREAD_CANCEL_ENABLE 和 PTHREAD_CANCEL_DEFERRED，即线程可被取消，并且在"取消点"后取消。

```
#include <pthread.h>
void pthread_testcancel(void);
```

pthread_testcancel()函数用来给当前线程设置一个"可取消点"。其使用如例 4-6 所示，线程设置为可取消状态，且设置取消状态为 PTHREAD_CANCEL_DEFERRED，同时设置取消点。

例 4-6　设置线程取消状态。

```
 1 #include <stdio.h>
 2 #include <pthread.h>
 3
 4 #define errlog(errmsg) do{perror(errmsg);\
 5                         printf("--%s--%s--%d--\n",\
 6                             __FILE__, __FUNCTION__, __LINE__);\
 7                         return -1;\
 8                         }while(0)
 9 void *thread_handler(void *arg){
10     pthread_setcancelstate(PTHREAD_CANCEL_ENABLE, NULL);
11     pthread_setcanceltype(PTHREAD_CANCEL_DEFERRED, NULL);
12     while(1){
13         printf("thread\n");
14         pthread_testcancel();
15         printf("thread...\n");
16     }
17     pthread_exit(0);
18 }
19
20 int main(int argc, const char *argv[])
21 {
22     pthread_t thread;
23     void *retval;
24     if(pthread_create(&thread, NULL,
25             thread_handler, NULL) != 0){
26         errlog("pthread_create1 error");
27     }
28
29     pthread_cancel(thread);
30
31     pthread_join(thread, NULL);
32     return 0;
33 }
```

例 4-6 运行结果如下。可以看出，例 4-6 与例 4-5 的结果不同的是，在线程的循环中设置取消点，线程在取消点就被取消结束了。

```
linux@Master:~/1000phone$ ./a.out
thread
```

如果将例 4-6 所示的代码中线程的取消类型设置为立即取消，即参数设置为 PTHREAD_CANCEL_ASYNCHRONOUS，线程立即结束，则其运行结果如下。

```
linux@Master:~/1000phone$ ./a.out
linux@Master:~/1000phone$
```

4.2　线程同步互斥机制

线程同步互斥机制

4.2.1　线程通信

4.1.4 节已经介绍了线程的基本编程，然而并没有对线程进行实质性的信息传递，即多线程的通信。线程不同于进程的是多线程间共享进程的虚拟地址空间，这也为线程通信提供了便利，线程通信只需要操作共享的进程数据段即可。而进程使用的全局变量存在于进程数据段中，因此多线程编程通信时，一般选择操作全局变量实现通信。线程通信虽然很容易，但也有其弊端，正因为并发的线程访问了相同的资源，所以造成了数据的不确定性。因此，线程的通信需要结合一些同步互斥机制一起使用。

本节将通过例 4-7 直接展示线程的数据传递，后续着重介绍线程同步互斥机制。

例 4-7　线程之间的数据传递。

```
1  #include <stdio.h>
2  #include <pthread.h>
3
4  #define errlog(errmsg) do{perror(errmsg);\
5                          printf("--%s--%s--%d--\n",\
6                               __FILE__, __FUNCTION__, __LINE__);\
7                          return -1;\
8                          }while(0)
9  int value1 = 0;
10 int value2 = 0;
11 int count = 0;
12 void *thread1_handler(void *arg){
13     while(1){
14         value1 = count;
15         value2 = count;
16         count++;
17     }
18     pthread_exit("thread1...exit");
19 }
20 void *thread2_handler(void *arg){
21     while(1){
22         if(value1 != value2){
23             sleep(1);
24             printf("value1 = %d value2 = %d\n", value1, value2);
25         }
26     }
27     pthread_exit("thread2...exit");
28 }
29
30 int main(int argc, const char *argv[])
31 {
32     pthread_t thread1, thread2;
33     void *retval;
34     if(pthread_create(&thread1, NULL,
35             thread1_handler, NULL) != 0){
36         errlog("pthread_create1 error");
37     }
38
39     if(pthread_create(&thread2, NULL,
```

```
40                     thread2_handler, NULL) != 0){
41          errlog("pthread_create2 error");
42      }
43
44      pthread_join(thread1, &retval);
45      printf("%s\n", (char *)retval);
46
47      pthread_join(thread2, &retval);
48      printf("%s\n", (char *)retval);
49      return 0;
50  }
```

对例 4-7 进行分析，从单独的线程角度来看，线程 1 将全局变量 count 的值赋值给 value1 及 value2，无论经过多少次循环，value1 和 value2 的值都是相等的。而线程 2 则判断 value1 和 value2 的值是否相等，如果不相等则输出二者的值，如果线程 1 的执行是完整的，那么 value1 与 value2 的值不会出现不相等的情况，从而线程 2 在访问时这两个全局变量时，不会判断成功，因此不会输出到终端任何信息。然而运行结果并非如此，如下所示。

```
linux@Master:~/1000phone$ ./a.out
value1 = 450111827 value2 = 450111827
value1 = 918177052 value2 = 918177052
value1 = 1371339798 value2 = 1371339798
value1 = 1805531475 value2 = 1805531474
```

可以看出程序运行输出了内容,并且 value1 和 value2 的值出现了相等以及不相等都打印的情况。这就是一种典型的竞态的产生，线程并没有按照预想的结果，有秩序的访问共享资源。此时，对于多线程而言在没有一定的规则秩序下，对共享资源的访问造成了不可预计的结果。

分析上述代码，针对其运行结果可以得到程序运行所产生错误的原因。例如，上述代码线程 1 当 count 自加之后，在一次循环中将值赋值给 value1，在 count 将值赋值给 value2 之前，线程 2 介入进行了判断，此时判断不相等条件成立；在对 value1 和 value2 打印之前，线程 1 的 count 赋值给 value2，那么此时线程 2 进行输出，输出了相等的 value 值。如果此时线程 2 的输出发生在 count 赋值给 value2 之前，那么则输出了不相等的 value 值。

4.2.2　互斥锁的使用

4.2.1 节中所展示的代码中，线程在访问共享的全局变量时，没有按照一定的规则顺序进行访问造成了不可预计的后果。针对代码的运行结果分析，其原因就是线程在访问共享资源的过程中被其他线程打断，其他线程也开始访问共享资源导致了数据的不确定性。对于上述情况而言，最好的解决办法是当一个线程在进行共享资源的访问时，其他线程不能访问，保证对于共享资源操作的完整性。

本节将介绍一种互斥机制，用以保护对共享资源的操作，即保护线程对共享资源的操作代码可以完整执行，而不会在访问的中途被其他线程介入对共享资源访问，造成错误。在这里，通常把对共享资源操作的代码段，称之为临界区，其共享资源也可以称为临界资源。于是这种机制——互斥锁的工作原理就是对临界区进行加锁，保证处于临界区的线程不被其他线程打断，确保其临界区运行完整。

互斥锁一种互斥机制。互斥锁作为一种资源，在使用之前需要先初始化一个互斥锁。每一个线程在访问共享资源时，都需要进行加锁操作，如果线程加锁成功，则可以访问共享资源，期间不会被打断，在访问结束之后解锁。如果线程在进行上锁时，其锁资源被其他线程持有，那么该线程则会执行阻塞等待，等待锁资源被解除之后，才可以进行加锁。对于多线程而言，在同等条件下，对互斥锁的持有是不确定的，先持有锁的线程先访问，其他线程只能阻塞等待。也就是说，互斥锁并不能保证线程的执行先后，但却可以保证对共享资源操作的完整性。如图 4.2 所示。

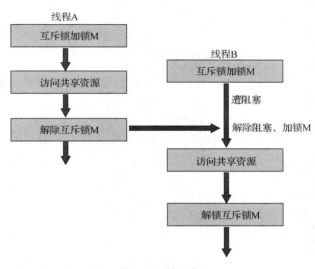

图 4.2 使用互斥锁保护临界区

互斥锁的使用包括初始化互斥锁、互斥锁上锁、互斥锁解锁、互斥锁释放。

```
#include <pthread.h>
 int pthread_mutex_destroy(pthread_mutex_t *mutex);
 int pthread_mutex_init(pthread_mutex_t *restrict mutex,
           const pthread_mutexattr_t *restrict attr);
```

ptherad_mutex_init()函数用来实现互斥锁的初始化。参数 mutex 用来指定互斥锁的标识符，类似于 ID；参数 attr 为互斥锁的属性，一般设置为 NULL，即默认属性。与之相反 pthread_mutex_destroy()，函数为释放互斥锁，参数 mutex 用来指定互斥锁的标识符。只有当互斥锁处于未锁定状态，且后续也无任何线程企图锁定它时，将其摧毁才是安全的。

```
#include <pthread.h>
int pthread_mutex_lock(pthread_mutex_t *mutex);
int pthread_mutex_unlock(pthread_mutex_t *mutex);
```

初始化之后，互斥锁处于未锁定状态，pthread_mutex_lock()函数为上锁处理，如果该锁资源处于持有状态，那么函数将直接导致线程阻塞。直到其他线程使用 pthread_mutex_unlock()函数进行解锁，参数 mutex 为互斥锁的标识符。需要注意的是，不可对处于未锁定状态的互斥量进程解锁，或者解锁由其他线程锁定的互斥锁。

因此，例 4-7 就可以使用互斥锁来实现互斥操作，避免竞态，只需要使用互斥锁将线程的临界区锁住即可，具体如例 4-8 所示。

例 4-8 互斥锁的使用。

```
1 #include <stdio.h>
2 #include <pthread.h>
3
```

```
 4 #define errlog(errmsg) do{perror(errmsg);\
 5                     printf("--%s--%s--%d--\n",\
 6                           __FILE__, __FUNCTION__, __LINE__);\
 7                     return -1;\
 8                     }while(0)
 9 int value1 = 0;
10 int value2 = 0;
11 int count = 0;
12 pthread_mutex_t lock;
13 void *thread1_handler(void *arg){
14     while(1){
15         pthread_mutex_lock(&lock);
16         value1 = count;
17         value2 = count;
18         count++;
19         pthread_mutex_unlock(&lock);
20     }
21     pthread_exit("thread1...exit");
22 }
23 void *thread2_handler(void *arg){
24     while(1){
25         pthread_mutex_lock(&lock);
26         if(value1 != value2){
27             sleep(1);
28             printf("value1 = %d value2 = %d\n", value1, value2);
29         }
30         pthread_mutex_unlock(&lock);
31     }
32     pthread_exit("thread2...exit");
33 }
34
35
36 int main(int argc, const char *argv[])
37 {
38     pthread_t thread1, thread2;
39     void *retval;
40     if(pthread_mutex_init(&lock, NULL) != 0){
41         errlog("pthread_mutex_init error");
42     }
43     if(pthread_create(&thread1, NULL,
44             thread1_handler, NULL) != 0){
45         errlog("pthread_create1 error");
46     }
47
48     if(pthread_create(&thread2, NULL,
49             thread2_handler, NULL) != 0){
50         errlog("pthread_create2 error");
51     }
52
53     pthread_join(thread1, &retval);
54     printf("%s\n", (char *)retval);
55
56     pthread_join(thread2, &retval);
57     printf("%s\n", (char *)retval);
58
59     pthread_mutex_destroy(&lock);
60     return 0;
```

```
61 }
```

运行结果如下。可以看出，程序并不会执行任何输出，因为不论哪一个线程得到互斥锁，进入自己的临界区，另外一个线程只能阻塞。因此判定条件永远不会成立。这是互斥锁介入之后代码的正确执行结果。

```
linux@Master:~/1000phone$ ./a.out
```

同时，在上述代码中还需要注意的是，如果多线程同时对一个共享资源进行访问，其中一个线程采用了互斥锁的机制，其他线程则必须也遵循该规则，即使用互斥锁机制；如果有任何一个线程在访问共享资源的时候违背了规则，那么结果将会是不可预计的。Pthread　API　还提供了pthread_mutex_lock()函数的两个版本：pthread_mutex_trylock()和 pthread_mutex_timedlock()。

```
#include <pthread.h>
#include <time.h>
int pthread_mutex_trylock(pthread_mutex_t *mutex);
int pthread_mutex_timedlock(pthread_mutex_t *restrict mutex,
          const struct timespec *restrict abs_timeout);
```

如果互斥锁被持有（占用），对其执行函数 pthread_mutex_trylock()会失败并返回错误码 EBUSY，而不会执行睡眠等待，除此之外与 pthread_mutex_lock()函数一致。pthread_mutex_timedlock()函数可以指定一个附加的参数 abs_timeout，用以设置线程等待的时间期限。如果该线程等待的期限时间已到，然而互斥锁仍然处于被持有状态，那么 pthread_mutex_timedlock()函数返回错误码 ETIMEDOUT。除此之外，其功能与 pthread_mutex_lock()函数一致。

pthread_mutex_trylock()函数和 pthread_mutex_timedlock()函数使用的频率相对于 pthread_mutex_lock()函数要少。在大多数程序中，线程对互斥锁的持有时间应尽可能短，以避免其他线程等待时间太久，保证其他线程可以尽快获得互斥锁。如果某一线程使用 pthread_mutex_trylock()函数周期性的轮询是否可以占有互斥锁，则增加了系统消耗。

4.2.3　互斥锁的死锁

互斥锁在默认属性的情况下使用，一般需要关注死锁的情况。所谓死锁，即互斥锁无法解除同时也无法加持，导致程序可能会无限阻塞的情况。有时，一个线程可能会同时访问多个不同的共享资源，而每个共享资源都需要有不同互斥锁管理。那么在不经意间程序编写极容易造成死锁的情况。造成死锁的原因有很多，本节将通过一些举例展示死锁的情况。

（1）在互斥锁默认属性的情况下，在同一个线程中不允许对同一互斥锁连续进行加锁操作。因为之前锁处于未解除状态，如果再次对同一个互斥锁进行加锁，那么必然会导致程序无限阻塞等待。

（2）多个线程对多个互斥锁交叉使用，每一个线程都试图对其他线程所持有的互斥锁进行加锁。图 4.3 所示的情况，线程分别持有了对方需要的锁资源，并相互影响，可能会导致程序无限阻塞，就会造成死锁。

同时，还需要注意的是在一个线程中操作多个互斥锁时，加锁与解锁的顺序一定是相反的，否则也会导致错误。例如上述示例，如果线程先加锁 1，后加锁 2，之后一定要先解锁 2，再解锁 1。

（3）一个持有互斥锁的线程被其他线程取消，其他线程将无法获得该锁，则会造成死锁。具体如例 4-9 所示。

图 4.3　互斥锁交叉

例 4-9　互斥锁死锁的产生。

```
1 #include <stdio.h>
2 #include <pthread.h>
3
4 #define errlog(errmsg) do{perror(errmsg);\
5                       printf("--%s--%s--%d--\n",\
6                           __FILE__, __FUNCTION__, __LINE__);\
7                       return -1;\
8                       }while(0)
9 int value1 = 0;
10 int value2 = 0;
11 int count = 0;
12 pthread_mutex_t lock;
13 void *thread1_handler(void *arg){
14     while(1){
15         pthread_mutex_lock(&lock);
16         value1 = count;
17         value2 = count;
18         count++;
19         sleep(3);
20         pthread_mutex_unlock(&lock);
21     }
22     pthread_exit(0);
23 }
24 void *thread2_handler(void *arg){
25     while(1){
26         sleep(1);
27         pthread_mutex_lock(&lock);
28         if(value1 != value2){
29             sleep(1);
30             printf("value1 = %d value2 = %d\n", value1, value2);
31         }
32         pthread_mutex_unlock(&lock);
33     }
34     pthread_exit(0);
35 }
36
37
38 int main(int argc, const char *argv[])
39 {
40     pthread_t thread1, thread2;
```

```
41      void *retval;
42      if(pthread_mutex_init(&lock, NULL) != 0){
43          errlog("pthread_mutex_init error");
44      }
45      if(pthread_create(&thread1, NULL,
46                  thread1_handler, NULL) != 0){
47          errlog("pthread_create1 error");
48      }
49
50      if(pthread_create(&thread2, NULL,
51                  thread2_handler, NULL) != 0){
52          errlog("pthread_create2 error");
53      }
54
55      sleep(2);
56      pthread_cancel(thread1);
57
58      pthread_join(thread1, NULL);
59      pthread_join(thread2, NULL);
60      pthread_mutex_destroy(&lock);
61      return 0;
62  }
```

如例 4-9 所示，对线程进行延迟处理，确保线程 1 先获取互斥锁，并在线程 1 持有互斥锁期间被取消。此时线程 1 使用的互斥锁将无法被获取，造成死锁。

为了规避这类问题，线程可以设置一个或多个清理函数，当线程遭取消时会自动运行这些函数。在线程终止前可执行诸如修改全局变量、解锁等操作。每一个线程都有一个清理函数栈。当线程遭取消时，会沿该栈自顶向下依次执行清理函数。当执行完所有的清理函数后，线程终止。pthread_cleanup_push()函数和 pthread_cleanup_pop()函数分别负责向调用线程的清理函数栈添加和移除清理函数。

```
#include <pthread.h>
void pthread_cleanup_push(void (*routine)(void *),
                          void *arg);
void pthread_cleanup_pop(int execute);
```

执行 pthread_cleanup_push()函数会将参数 routine 所含的函数地址添加到调用线程的清理函数栈顶。arg 作为调用函数的参数，传递给 routine。pthread_cleanup_pop()函数与 pthread_cleanup_push()函数必须成对出现在同一函数中。

当线程执行以下操作时，会自动调用清理函数，分别是线程调用 pthread_exit()函数、线程被pthread_cancel()函数取消、线程调用 pthread_cleanup_pop()函数且参数 execute 为非零。而本节所讨论的正是线程被取消的情况，而将清除函数的功能设置为解除互斥锁，从而避免一旦线程在持有互斥锁时，被意外取消之后，会自动调用清除函数将互斥锁解除，这样其他线程就不会陷入无限期等待状态。具体如例 4-10 所示。

例 4-10　自动执行清理函数解除死锁。

```
1 #include <stdio.h>
2 #include <pthread.h>
3
4 #define errlog(errmsg) do{perror(errmsg);\
5                     printf("--%s--%s--%d--\n",\
6                         __FILE__, __FUNCTION__, __LINE__);\
```

```
 7                        return -1;\
 8                    }while(0)
 9 int value1 = 0;
10 int value2 = 0;
11 int count = 0;
12 pthread_mutex_t lock;
13
14 void cleanup_handler(void *arg){
15     pthread_mutex_unlock(&lock);
16 }
17 void *thread1_handler(void *arg){
18     while(1){
19         pthread_mutex_lock(&lock);
20         pthread_cleanup_push(cleanup_handler, NULL);
21         value1 = count;
22         value2 = count;
23         count++;
24         sleep(3);
25         pthread_cleanup_pop(0);
26         pthread_mutex_unlock(&lock);
27     }
28     pthread_exit(0);
29 }
30 void *thread2_handler(void *arg){
31     while(1){
32         sleep(1);
33         pthread_mutex_lock(&lock);
34         if(value1 == value2){
35             sleep(1);
36             printf("value1 = %d value2 = %d\n", value1, value2);
37         }
38         pthread_mutex_unlock(&lock);
39     }
40     pthread_exit(0);
41 }
42
43
44 int main(int argc, const char *argv[])
45 {
46     pthread_t thread1, thread2;
47     void *retval;
48     if(pthread_mutex_init(&lock, NULL) != 0){
49         errlog("pthread_mutex_init error");
50     }
51     if(pthread_create(&thread1, NULL,
52             thread1_handler, NULL) != 0){
53         errlog("pthread_create1 error");
54     }
55
56     if(pthread_create(&thread2, NULL,
57             thread2_handler, NULL) != 0){
58         errlog("pthread_create2 error");
59     }
60
61     sleep(2);
62     pthread_cancel(thread1);
63
```

```
64       pthread_join(thread1, NULL);
65       pthread_join(thread2, NULL);
66       pthread_mutex_destroy(&lock);
67       return 0;
68   }
```

为了更好地实验出结果，将例 4-10 中线程 2 中判断条件进行修改，判定相等则成立，那么当线程 1 被取消自动解除互斥锁之后，线程 2 获得该锁，此时 value1 与 value2 的值一定相等，且为 0。通过运行结果也可验证这一点如下所示。

```
linux@Master:~/1000phone$ ./a.out
value1 = 0 value2 = 0
value1 = 0 value2 = 0
value1 = 0 value2 = 0
```

4.2.4　互斥锁的属性

在 4.2.3 节中，初始化互斥锁 pthread_mutex_init()函数中参数 attr 为指定互斥锁的属性，而一般默认传参为 NULL，表示执行该互斥锁的默认属性。本节将单独讨论互斥锁的属性。

```
#include <pthread.h>
int pthread_mutexattr_destroy(pthread_mutexattr_t *attr);
int pthread_mutexattr_init(pthread_mutexattr_t *attr);
```

pthread_mutexattr_init()函数为初始化互斥锁属性，一般采用默认的方式传参。pthread_mutexattr_destroy()函数摧毁互斥锁属性。

```
#include <pthread.h>
int pthread_mutexattr_getpshared(const pthread_mutexattr_t *
            restrict attr, int *restrict pshared);
int pthread_mutexattr_setpshared(pthread_mutexattr_t *attr,
            int pshared);
```

pthread_mutexattr_getpshared()函数和 pthread_mutexattr_setpshared()函数的功能分别为获得互斥锁的属性、设置互斥锁的属性。参数 attr 表示互斥锁的属性。参数 pshared 可以设置为两种情况：（1）PTHREAD_PROCESS_PRIVATE，表示互斥锁只能在一个进程内部的两个线程进行互斥（默认情况）；（2）PTHREAD_PROCESS_SHARED，互斥锁可用于两个不同进程中的线程进行互斥，使用时需要在共享内存（后续介绍）中分配互斥锁，再为互斥锁指定该属性即可。

前面介绍了关于互斥锁的属性的基本函数，下面将会着重介绍一个互斥锁的属性——类型。pthread_mutexattr_gettype()函数和 pthread_mutexattr_settype()函数用来获得及设置互斥锁的类型。

```
#include <pthread.h>
int pthread_mutexattr_gettype(const pthread_mutexattr_t *restrict attr,
            int *restrict type);
int pthread_mutexattr_settype(pthread_mutexattr_t *attr, int type);
```

参数 type 用来定义互斥锁的类型，其类型可以被设置为如下几种情况。

（1）PTHREAD_MUTEX_NORMAL：标准互斥锁，该类型的互斥锁不具备死锁检测功能。

（2）PTHREAD_MUTEX_ERRORCHECK：检错互斥锁，对此互斥锁的所有操作都会执行错误检查，这种互斥锁运行起来较一般类型慢，不过却可以作为调试，以发现后续程序在哪里违反了互斥锁的使用规则。

（3）PTHREAD_MUTEX_RECURSIVE：递归互斥锁，该互斥锁维护有一个锁计数器，线程上锁则会将锁计数器的值加 1，解锁则会将锁计数器的值减 1。只有当锁计数器值降至 0 时，才会释放该互斥锁。这一类互斥锁与普通互斥锁的区别在于，同一个线程可以多次获得同一个递归锁，不会产生死锁。而如果一个线程多次获得同一个普通锁，则会产生死锁。Linux 下的互斥锁默认属性为非递归的。

下面将通过例 4-11 展示函数的基本操作，注意示例只展示锁的属性设置，不创建线程执行任务。对互斥锁的属性进行初始化，之后选择命令行传参设置互斥锁的类型，然后初始化互斥锁，对互斥锁进行操作，以此测试互斥锁的类型。

例 4-11　测试不同类型的互斥锁。

```
1  #include <stdio.h>
2  #include <stdlib.h>
3  #include <pthread.h>
4  #include <string.h>
5
6  int main(int argc, const char *argv[])
7  {
8  /*定义互斥锁*/
9     pthread_mutex_t mutex;
10    if(argc < 2){
11       printf("input mutex type\n");
12       return -1;
13    }
14 /*定义互斥锁属性*/
15    pthread_mutexattr_t mutexattr;
16 /*初始化互斥锁属性*/
17    pthread_mutexattr_init(&mutexattr);
18 /*设置互斥锁类型, error:检错互斥锁, normal:标准互斥锁, recursive:递归互斥锁*/
19    if(!strcmp(argv[1] , "error")){
20       pthread_mutexattr_settype(&mutexattr,
21           PTHREAD_MUTEX_ERRORCHECK);
22       printf("set error success\n");
23    }else if(!strcmp(argv[1],"normal")){
24       pthread_mutexattr_settype(&mutexattr,
25           PTHREAD_MUTEX_NORMAL);
26       printf("set normal success\n");
27    }else if(!strcmp(argv[1], "recursive")){
28       pthread_mutexattr_settype(&mutexattr,
29           PTHREAD_MUTEX_RECURSIVE);
30       printf("set recursive\n");
31    }
32
33 /*初始化互斥锁*/
34    pthread_mutex_init(&mutex ,&mutexattr);
35 /*第一次上锁*/
36    if(pthread_mutex_lock(&mutex) != 0){
37       printf("lock failed\n");
38    }else{
39       printf("lock success\n");
40    }
```

```
41  /*第二次上锁*/
42      if(pthread_mutex_lock(&mutex) != 0){
43          printf("lock failed\n");
44      }else{
45          printf("lock success\n");
46      }
47  /*加锁几次，同样也要释放几次*/
48      pthread_mutex_unlock(&mutex);
49      pthread_mutex_unlock(&mutex);
50  /*销毁互斥锁属性和互斥锁*/
51      pthread_mutexattr_destroy(&mutexattr);
52      pthread_mutex_destroy(&mutex);
53      return 0;
54  }
```

给程序传入不同的参数，使互斥锁设置不同的类型。

如下所示，设置互斥锁的类型为检错互斥锁，则第一次加锁成功，第二次不阻塞，直接加锁失败。

```
linux@Master:~/1000phone$ ./a.out error
set error success
lock success
lock failed
```

如下所示，设置互斥锁的类型为普通互斥锁，则第一次加锁成功，第二次直接阻塞。

```
linux@Master:~/1000phone$ ./a.out normal
set normal success
lock success
```

如下所示，设置互斥锁的类型为递归互斥锁，则第一次加锁成功，第二次加锁依然可以成功。

```
linux@Master:~/1000phone$ ./a.out recursive
set recursive
lock success
lock success
```

4.2.5　信号量的使用

前面章节介绍了解决多线程竞态的机制互斥锁的使用。本节将介绍另外一种多线程编程中广泛使用的一种机制——信号量。

信号量本身代表一种资源，其本质是一个非负的整数计数器，被用来控制对公共资源的访问。换句话说，信号量的核心内容是信号量的值。其工作原理是：所有对共享资源操作的线程，在访问共享资源之前，都需要先操作信号量的值。操作信号量的值又可以称为 PV 操作，P 操作为申请信号量，V 操作为释放信号量。当申请信号量成功时，信号量的值减 1，而释放信号量成功时，信号量的值加 1。但是当信号量的值为 0 时，申请信号量时将会阻塞，其值不能减为负数。利用这一特性，即可实现对共享资源访问的控制。

信号量作为一种同步互斥机制，若用于实现互斥时，多线程只需设置一个信号量。若用于实现同步时，则需要设置多个信号量，并通过设置不同的信号量的初始值来实现线程的执行顺序。

本节将介绍基于 POSIX 的无名信号量，其信号量的操作与互斥锁类似。

```
#include <semaphore.h>
int sem_init(sem_t *sem, int pshared, unsigned int value);
```

sem_init()函数被用来进行信号量的初始化。参数 sem 表示信号量的标识符。pshared 参数用来设置信号量的使用环境，其值为 0，表示信号量用于同一个进程的多个线程之间使用；其值为非 0，表示信号量用于进程间使用。value 为重要的参数，表示信号量的初始值。

```
#include <semaphore.h>
int sem_destroy(sem_t *sem);
```

sem_destroy()函数被用来摧毁信号量，参数 sem 表示信号量的标识符。

```
#include <semaphore.h>
int sem_wait(sem_t *sem);
int sem_trywait(sem_t *sem);
int sem_timedwait(sem_t *sem, const struct timespec *abs_timeout);
```

sem_wait()函数用来执行申请信号量的操作，当申请信号量成功时，信号量的值减 1，当信号量的值为 0 时，此操作将会阻塞，直到其他线程执行释放信号量。sem_trywait()函数与 sem_wait()函数类似，唯一的区别在于 sem_trywait()函数不会阻塞，当信号量为 0 时，函数直接返回错误码 EAGAIN。sem_timewait()函数同样，多了参数 abs_timeout，用来设置时间限制，如果在该时间内，信号量仍然不能申请，那么该函数不会一直阻塞，而是返回错误码 ETIMEOUT。

```
#include <semaphore.h>
int sem_post(sem_t *sem);
```

sem_post()函数用来执行释放信号量的操作，当释放信号量成功时，信号量的值加 1。

```
#include <semaphore.h>
int sem_getvalue(sem_t *sem, int *sval);
```

sem_getvalue()函数用于获得当前信号量的值，并保存在参数 sval 中。
信号量可以应用的场合很多，下面将通过例 4-12 展示其使用的方法。
例 4-12　测试信号量的使用环境。

```
 1 #include <stdio.h>
 2 #include <pthread.h>
 3 #include <semaphore.h>
 4 #include <string.h>
 5
 6 #define N 32
 7 #define errlog(errmsg) do{perror(errmsg);\
 8                     printf("--%s--%s--%d--\n",\
 9                         __FILE__, __FUNCTION__, __LINE__);\
10                     return -1;\
11                 }while(0)
12 char buf[N] = "";
13 void *thread1_handler(void *arg){
14     while(1){
15         fgets(buf, N, stdin);
16         buf[strlen(buf) - 1] = '\0';
17     }
18     pthread_exit("thread1...exit");
```

```
19  }
20  void *thread2_handler(void *arg){
21      while(1){
22          printf("buf:%s\n", buf);
23          sleep(1);
24      }
25      pthread_exit("thread2...exit");
26  }
27
28  int main(int argc, const char *argv[])
29  {
30      pthread_t thread1, thread2;
31      if(pthread_create(&thread1, NULL,
32              thread1_handler, NULL) != 0){
33          errlog("pthread_create1 error");
34      }
35
36      if(pthread_create(&thread2, NULL,
37              thread2_handler, NULL) != 0){
38          errlog("pthread_create2 error");
39      }
40
41      pthread_join(thread1, NULL);
42      pthread_join(thread2, NULL);
43      return 0;
44  }
```

运行结果如下。可以看出，线程 1 中 fgets()是一个阻塞函数，比较特殊。但是线程 2 在共享数据并不确定的情况下，轮询读取共享的数组，当终端输入内容后（线程 1 读取输入内容），线程 2 则读取输入的内容并将该内容一直输出打印，这样的结果并不是程序的本意。

```
linux@Master:~/1000phone$ ./a.out
buf:
buf:
aaa
buf:aaa
buf:aaa
```

程序设计的目的是让线程 1 可以写数据，线程 2 读数据，并且保证数据的实时、有效，因此在这里可以选择引入两个信号量，实现同步的操作，使线程可以按照一定的顺序实现写入与读取，如例 4-13 所示。

例 4-13　信号量的使用。

```
1  #include <stdio.h>
2  #include <pthread.h>
3  #include <semaphore.h>
4  #include <string.h>
5
6  #define N 32
7  #define errlog(errmsg) do{perror(errmsg);\
8                      printf("--%s--%s--%d--\n",\
9                          __FILE__, __FUNCTION__, __LINE__);\
10                     return -1;\
11                     }while(0)
12  char buf[N] = "";
```

```
13  sem_t sem1, sem2;
14  void *thread1_handler(void *arg){
15      while(1){
16          sem_wait(&sem2);
17          fgets(buf, N, stdin);
18          buf[strlen(buf) - 1] = '\0';
19          sem_post(&sem1);
20      }
21      pthread_exit("thread1...exit");
22  }
23  void *thread2_handler(void *arg){
24      while(1){
25          sem_wait(&sem1);
26          printf("buf:%s\n", buf);
27          sleep(1);
28          sem_post(&sem2);
29      }
30      pthread_exit("thread2...exit");
31  }
32
33  int main(int argc, const char *argv[])
34  {
35      pthread_t thread1, thread2;
36      if(sem_init(&sem1, 0, 0) < 0){
37          errlog("sem_init error");
38      }
39      if(sem_init(&sem2, 0, 1) < 0){
40          errlog("sem_init error");
41      }
42      if(pthread_create(&thread1, NULL,
43              thread1_handler, NULL) != 0){
44          errlog("pthread_create1 error");
45      }
46
47      if(pthread_create(&thread2, NULL,
48              thread2_handler, NULL) != 0){
49          errlog("pthread_create2 error");
50      }
51
52      pthread_join(thread1, NULL);
53      pthread_join(thread2, NULL);
54
55      sem_destroy(&sem1);
56      sem_destroy(&sem2);
57      return 0;
58  }
```

运行结果如下。线程 2 一开始将不会一直输出，而是阻塞等待；当线程 1 对共享资源写操作完成之后，可以进行读操作并输出，之后可以继续写入并读取，后续将维持此状态。

```
linux@Master:~/1000phone$ ./a.out
hello
buf:hello
world
buf:world
```

4.2.6　条件变量的使用

多线程引入同步互斥机制，就是为了在某一时刻只能有一个线程可以实现对共享资源的访问。不论互斥锁还是信号量其本质都是一致的。条件变量的工作原理很简单，即让当前不需要访问共享资源的线程进行阻塞等待（睡眠），如果某一时刻就共享资源的状态改变需要某一个线程处理，那么则可以通知该线程进行处理（唤醒）。

条件变量可以看成是互斥锁的补充，因为条件变量需要结合互斥锁一起使用，之所以这样，是因为互斥锁的状态只有锁定和非锁定两种状态，无法决定线程执行先后，有一定的局限。而条件变量通过允许线程阻塞和等待另一个线程发送信号的方法弥补了互斥锁的不足。关于条件变量如何配合使用，本节将从示例中详细分析。

条件变量的使用同样需要初始化，其核心操作为阻塞线程及唤醒线程，最后将其摧毁。

```
#include <pthread.h>
 int pthread_cond_destroy(pthread_cond_t *cond);
 int pthread_cond_init(pthread_cond_t *restrict cond,
           const pthread_condattr_t *restrict attr);
```

pthread_cond_init()函数的功能是初始化条件变量。参数 cond 表示条件变量的标识符。参数 attr 用来设置条件变量的属性，通常为 NULL，执行默认属性。如果执行成功则会将条件变量的标识符保存在参数 cond 中。pthread_cond_destroy()函数表示摧毁一个条件变量。

```
#include <pthread.h>
int pthread_cond_broadcast(pthread_cond_t *cond);
int pthread_cond_signal(pthread_cond_t *cond);
```

pthread_cond_signal()函数的功能是发送信号给至少一个处于阻塞等待的线程，使其脱离阻塞状态，继续执行。如果没有线程处于阻塞等待状态，pthread_cond_signal()函数也会成功返回。pthread_cond_broadcast()函数的功能是唤醒当前条件变量所指定的所有阻塞等待的线程。上述两个函数中，pthread_cond_signal()函数使用的频率更高。按照互斥锁对共享资源保护规则，条件变量 cond 也作为一种共享资源，则 pthread_cond_signal()函数即可以放在 pthread_mutex_lock()函数和 pthread_mutex_unlock()函数之间，也可以采用另一种写法，将 pthread_cond_signal()函数放在 pthread_mutex_lock()函数和 pthread_mutex_unlock()函数之后，当然有时也可以不添加加锁解锁操作。这些都要视环境而定，后续将通过代码示例分析。

```
#include <pthread.h>
 int pthread_cond_timedwait(pthread_cond_t *restrict cond,
           pthread_mutex_t *restrict mutex,
           const struct timespec *restrict abstime);
 int pthread_cond_wait(pthread_cond_t *restrict cond,
           pthread_mutex_t *restrict mutex);
```

pthread_cond_wait()函数用于使线程进入睡眠状态，当使用 pthread_cond_wait()函数使线程进入阻塞状态时，必须先对其进行加锁操作，之后再进行解锁操作。通俗地说，即 pthread_cond_wait()函数必须放在 pthread_mutex_lock()函数和 pthread_mutex_unlock()函数之间。参数 cond 为条件变量的标识符，参数 mutex 则为互斥锁的标识符。值得注意的是，也是函数的重点是 pthread_cond_wait()函数一旦实现阻塞，使线程进入睡眠之后，函数自身会将之前线程已经持有的互斥锁自动释放。不同于唤醒操作，睡眠操作必须要进行加锁处理。

　　条件变量的使用，比互斥锁、信号量更复杂一点。下面将使用条件变量，对 4.2.5 节中的例 4-12 继续修改，最终的目的仍然是实现按照顺序线程 1 输入、线程 2 读取、线程 3 读取。通过例 4-14，对条件变量进行分析，代码如下。

　　例 4-14　条件变量的使用。

```
1  #include <stdio.h>
2  #include <pthread.h>
3  #include <semaphore.h>
4  #include <string.h>
5
6  #define N 32
7  #define errlog(errmsg) do{perror(errmsg);\
8                       printf("--%s--%s--%d--\n",\
9                           __FILE__, __FUNCTION__, __LINE__);\
10                      return -1;\
11                      }while(0)
12 char buf[N] = "";
13 pthread_cond_t cond;
14 pthread_mutex_t lock;
15 void *thread1_handler(void *arg){
16     while(1){
17         fgets(buf, N, stdin);
18         buf[strlen(buf) - 1] = '\0';
19         pthread_cond_signal(&cond);
20     }
21     pthread_exit(0);
22 }
23 void *thread2_handler(void *arg){
24     while(1){
25         pthread_mutex_lock(&lock);
26         pthread_cond_wait(&cond, &lock);
27         printf("thread2 buf:%s\n", buf);
28         sleep(1);
29         pthread_mutex_unlock(&lock);
30     }
31     pthread_exit(0);
32 }
33 void *thread3_handler(void *arg){
34     while(1){
35         pthread_mutex_lock(&lock);
36         pthread_cond_wait(&cond, &lock);
37         printf("thread3 buf:%s\n", buf);
38         sleep(1);
39         pthread_mutex_unlock(&lock);
40     }
41     pthread_exit(0);
42 }
43
44 int main(int argc, const char *argv[])
45 {
46     pthread_t thread1, thread2, thread3;
47
48     if(pthread_cond_init(&cond, NULL) != 0){
49         errlog("pthread_cond_init error");
50     }
```

```
51    if(pthread_mutex_init(&lock, NULL) != 0){
52        errlog("pthread_mutex_init error");
53    }
54    if(pthread_create(&thread1, NULL,
55            thread1_handler, NULL) != 0){
56        errlog("pthread_create1 error");
57    }
58
59    if(pthread_create(&thread2, NULL,
60            thread2_handler, NULL) != 0){
61        errlog("pthread_create2 error");
62    }
63    if(pthread_create(&thread3, NULL,
64            thread3_handler, NULL) != 0){
65        errlog("pthread_create3 error");
66    }
67
68    pthread_join(thread1, NULL);
69    pthread_join(thread2, NULL);
70    pthread_join(thread3, NULL);
71
72    pthread_mutex_destroy(&lock);
73    pthread_cond_destroy(&cond);
74    return 0;
75 }
```

运行结果如下。线程 1 写入数据，线程 2 读取一次，再次写入，线程 3 读取一次，运行正常（线程 2、线程 3 的读取顺序完全取决于当时情况）。

```
linux@Master:~/1000phone$ ./a.out
hello
thread3 buf:hello
world
thread2 buf:world
```

针对例 4-14 分析线程的睡眠操作，由于线程 2 与线程 3 功能一致，因此只说明线程 2 即可。线程 2 的执行代码中，条件变量在执行睡眠时，必须执行先执行上锁，之后进行解锁。注释如下所示。

```
pthread_mutex_lock(&lock);/*执行加锁操作*/
pthread_cond_wait(&cond, &lock);/*线程执行阻塞，此时自动执行解锁，
        当线程收到唤醒信号，函数立即返回，此时在进入临界区之前，再次自动加锁*/
printf("thread2 buf:%s\n", buf);/*临界区*/
sleep(1);
pthread_mutex_unlock(&lock);/*解除互斥锁*/
```

如上述注释所示，线程在睡眠之前进行加锁操作，这一步是任何情况下都必须要做的。此时的互斥锁的作用是对 pthread_cond_wait()函数的睡眠进行保护，保证在线程在睡眠的过程中是不会被打断的。一旦线程睡眠成功，那么此时 pthread_cond_wait()函数除实现阻塞外，还将刚才持有的互斥锁解除，之所以出现这样的操作是为了避免死锁的产生。此时，互斥锁属于未锁定状态，其他线程也可以进行加锁，并执行睡眠操作，这样就不会影响其他线程执行睡眠。当线程被执行唤醒操作

时，pthread_cond_wait()函数立刻返回，会再次自动执行加锁，并进入之后的临界区，操作共享资源，此时互斥锁的功能为对临界区加锁，保证线程对共享资源操作的完整性。这样做目的为了保证数据的正确，保证在任何一个时刻只有一个线程在访问共享资源。当执行完临界区之后，再进行最后的解锁处理。

因此，上述线程的睡眠操作涉及两次加锁、解锁处理，两次加锁、解锁的目的则完全不同，需要注意。而对于线程 1 的唤醒处理，则并没有采用互斥锁操作，代码如下。

```
fgets(buf, N, stdin);
buf[strlen(buf) - 1] = '\0';
pthread_cond_signal(&cond);
```

之所以并没有使用互斥锁区操作，是因为当前 fgets()函数当前功能是读取终端输入，当终端无输入时，函数本身是阻塞，不会主动写入数据。因此，本身并不需要引入互斥锁的操作。针对上述示例可以通过图 4.4 展示其互斥锁、条件变量结合的情况。

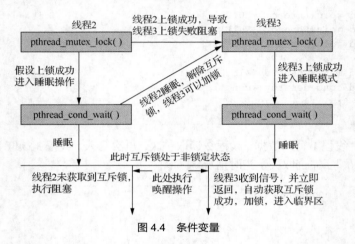

图 4.4　条件变量

上面通过示例讲解了条件变量的操作，如果将线程 1 不设置为读取终端输入，使之变成一个非阻塞的情况，那么在执行唤醒操作的地方则需要进行互斥锁的操作，如例 4-15 所示。为了证明线程每次都有写入，对线程设置了 count 进行计数。可以看出线程 1 在唤醒操作前，对临界区进行锁处理，如果不加锁处理，那么一旦执行唤醒操作之后，其他线程开始读取共享资源，线程 1 此时循环再次进行写入，那么就会产生竞态。

例 4-15　条件变量与互斥锁的配合使用。

```
 1 #include <stdio.h>
 2 #include <pthread.h>
 3 #include <semaphore.h>
 4 #include <string.h>
 5
 6 #define N 32
 7 #define errlog(errmsg) do{perror(errmsg);\
 8                 printf("--%s--%s--%d--\n",\
 9                 __FILE__, __FUNCTION__, __LINE__);\
10                 return -1;\
11                 }while(0)
12 char buf[N] = "";
13 pthread_cond_t cond;
14 pthread_mutex_t lock;
```

```
15  int count = 0;
16  void *thread1_handler(void *arg){
17      while(1){
18          printf("count = %d\n", ++count);
19          sleep(1);
20          pthread_mutex_lock(&lock);
21          strcpy(buf, "hello");
22          pthread_mutex_unlock(&lock);
23          pthread_cond_signal(&cond);
24      }
25      pthread_exit(0);
26  }
27  void *thread2_handler(void *arg){
28      while(1){
29          pthread_mutex_lock(&lock);
30          pthread_cond_wait(&cond, &lock);
31          printf("thread2 buf:%s\n", buf);
32          sleep(1);
33          pthread_mutex_unlock(&lock);
34      }
35      pthread_exit(0);
36  }
37  void *thread3_handler(void *arg){
38      while(1){
39          pthread_mutex_lock(&lock);
40          pthread_cond_wait(&cond, &lock);
41          printf("thread3 buf:%s\n", buf);
42          sleep(1);
43          pthread_mutex_unlock(&lock);
44      }
45      pthread_exit(0);
46  }
47
48  int main(int argc, const char *argv[])
49  {
50      pthread_t thread1, thread2, thread3;
51
52      if(pthread_cond_init(&cond, NULL) != 0){
53          errlog("pthread_cond_init error");
54      }
55      if(pthread_mutex_init(&lock, NULL) != 0){
56          errlog("pthread_mutex_init error");
57      }
58      if(pthread_create(&thread1, NULL,
59              thread1_handler, NULL) != 0){
60          errlog("pthread_create1 error");
61      }
62
63      if(pthread_create(&thread2, NULL,
64              thread2_handler, NULL) != 0){
65          errlog("pthread_create2 error");
66      }
67      if(pthread_create(&thread3, NULL,
68              thread3_handler, NULL) != 0){
69          errlog("pthread_create3 error");
70      }
71
```

```
72        pthread_join(thread1, NULL);
73        pthread_join(thread2, NULL);
74        pthread_join(thread3, NULL);
75
76        pthread_mutex_destroy(&lock);
77        pthread_cond_destroy(&cond);
78        return 0;
79 }
```

运行结果如下。

```
linux@Master:~/1000phone$ ./a.out
count = 1
count = 2
thread3 buf:hello
count = 3
thread2 buf:hello
count = 4
thread3 buf:hello
```

读者可以通过自行制作程序流程，仔细研究。同时，由运行结果也可看出一个需要注意的点是，唤醒操作一定要发生在睡眠之后；否则，没有任何效果。

4.3 线程池

4.3.1 线程池的基本概念

在 4.2 节中，介绍了多线程编程的通信问题，多线程编程实现通信需要考虑数据的正确性。此外，多线程编程还需要考虑开销、性能的问题。故此，引出了线程的一种使用模式，叫作线程池。顾名思义，把一堆开辟好的线程放在一个池子里统一管理，就是一个线程池。

之所以出现线程池的概念，部分原因是考虑线程的频繁创建和销毁会消耗大量时间和资源。设想在一个传统的服务器中，有这样一种监听线程用来监听是否有新的用户连接服务器，每当有一个新的用户加入，服务器就开启一个新的线程处理这个用户的数据包。这个线程只服务于这个用户，当用户与服务器断开连接以后，服务器就销毁这个线程。然而频繁地开辟与销毁线程极大地占用了系统的资源。在大量用户的情况下，这种情况方式将浪费大量的时间。而线程池与传统的一个用户对应一个线程的处理方法不同。它的基本实现思想就是在程序开始时就在内存中开辟一些线程，线程的数量是固定的，它们独自形成一个类，屏蔽了对外的操作，服务器只需要将数据包交给线程池就可以。当有一个新的用户请求到达时，不是新创建一个线程为其服务，而是从"池"中选择一个空闲的线程为新的用户请求服务，服务完成后，线程进入空闲线程池中。如果没有线程空闲的话，就将数据包暂时累积，等待线程池中有空闲的线程以后再进行处理。

一个线程池主要包括以下几个组成部分。

（1）线程管理器：创建并管理线程池。

（2）工作线程：线程池中实际执行任务的线程。在初始化线程池时，将预先创建好固定数目的线程在池中，这些初始化的线程一般处于空闲状态。

（3）任务接口：每个任务必须实现的接口，当线程池的任务队列中有可执行任务时，被空闲的工作线程调去执行，把任务抽象成接口，可以做到线程池与具体的任务无关。

（4）任务队列：用来存放没有处理的任务，提供一种缓冲机制，实现这种结构的方法有很多，常使用队列，主要运用先进先出的原理。

那么，在何种场合下会创建线程池呢？当一个应用需要频繁的创建和销毁线程，而任务执行的时间又非常短，这样线程的创建和销毁带来的开销就不容忽视。如果线程创建和销毁的时间相比任务执行时间可以忽略不计，则没有必要使用线程池。

4.3.2　线程池的实现

下面将通过代码在 Linux 系统中实现线程池。图 4.5 所示为线程池的创建思路。

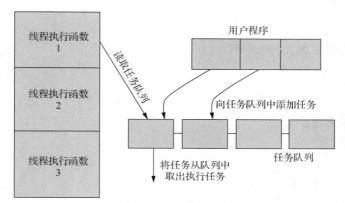

图 4.5　线程池的创建思路

（1）用户程序向任务队列中添加任务。

（2）创建线程池，线程睡眠，处于空闲状态。

（3）唤醒线程，线程池中的线程执行函数取出任务队列中的任务。

（4）执行任务中的调用函数，完成工作。

（5）线程池任务执行完判断，如果没有程序调用，线程继续睡眠。

（6）调用销毁函数对线程池进行销毁。

根据图 4.5 所示，代码设计如下所示。

具体细节在代码中有注释，头文件 pool.h 如例 4-16 所示。其中，CThread_Worker 为封装的任务，存放在链表上；process()是等待线程执行该任务中的函数，而 CThread_pool 是封装的线程池结构（线程池在创建的时候，会初始化该结构）；pool_init()函数为线程池初始化；thread_routine()函数为线程的执行函数；myprocess()函数为任务执行的内容；pool_add_worker()函数的功能为将任务添加到等待队列上；pool_destroy()函数的功能为摧毁线程池，释放一切资源。

例 4-16　头文件的定义。

```
 1 #ifndef _POOL_H
 2 #define _POOL_H
 3
 4 #include <stdio.h>
 5 #include <unistd.h>
 6 #include <stdlib.h>
 7 #include <sys/types.h>
 8 #include <pthread.h>
 9 #include <assert.h>
10 /*
11  *线程池所有运行和等待的任务都是一个 CThread_Worker
```

```
12  *由于所有任务都在链表里，所以是一个链表结构
13  */
14 typedef struct worker{
15     /*回调函数，在任务运行时调用此函数*/
16     void *(*process)(void *arg);
17     void *arg;/*回调函数的参数*/
18     struct worker *next;
19 }CThread_Worker;
20
21 /*线程池结构*/
22 typedef struct{
23     pthread_mutex_t queue_lock;
24     pthread_cond_t queue_ready;
25
26     /*链表结构*/
27     CThread_Worker *queue_head;
28
29     /*是否摧毁线程池*/
30     int shutdown;
31     pthread_t *threadid;
32
33     /*线程池中允许活动线程的数量*/
34     int max_thread_num;
35
36     /*当前等待队列的任务数量*/
37     int cur_queue_size;
38 }CThread_Pool;
39
40 extern void pool_init(int max_thread_num);
41 extern void *thread_routine(void *arg);
42 extern void *myprocess(void *arg);
43 extern int pool_add_worker(void *(*process)(void *arg), void *arg);
44 extern int pool_destroy();
45 #endif
```

线程的核心代码如例 4-17 所示，实现线程池操作函数的功能。

　　例 4-17　线程池功能的实现。

```
1 #include "pool.h"
2
3 static CThread_Pool *pool = NULL;
4 void *thread_routine(void *arg){
5     printf("thread start 0x%x\n", pthread_self());
6
7     while(1){
8         pthread_mutex_lock(&(pool->queue_lock));
9
10        /*如果等待队列为0并且不摧毁线程池，则线程处于阻塞状态*/
11        while(pool->cur_queue_size == 0 && !pool->shutdown){
12            printf("thread 0x%x is waiting\n", pthread_self());
13         pthread_cond_wait(&(pool->queue_ready), &(pool->queue_lock));
14        }
15
```

```
16            /*线程池如果摧毁*/
17            if(pool->shutdown){
18                pthread_mutex_unlock(&(pool->queue_lock));
19                printf("thread 0x%x will exit\n", pthread_self());
20                pthread_exit(NULL);
21            }
22
23            printf("thread 0x%x is starting to work\n", pthread_self());
24
25            assert(pool->cur_queue_size != 0);
26            assert(pool->queue_head != NULL);
27
28            /*等待队列长度减1,并取出链表中的头元素*/
29            pool->cur_queue_size--;
30            CThread_Worker *worker = pool->queue_head;
31            pool->queue_head = worker->next;
32
33            pthread_mutex_unlock(&(pool->queue_lock));
34
35            /*调用回调函数, 执行任务*/
36            (*(worker->process))(worker->arg);
37
38            free(worker);
39            worker = NULL;
40        }
41        pthread_exit(NULL);
42 }
43 void pool_init(int max_thread_num){
44     pool = (CThread_Pool *)malloc(sizeof(CThread_Pool));
45
46     pthread_mutex_init(&(pool->queue_lock), NULL);
47     pthread_cond_init(&(pool->queue_ready), NULL);
48
49     pool->queue_head = NULL;
50
51     pool->max_thread_num = max_thread_num;
52     pool->cur_queue_size = 0;
53
54     pool->shutdown = 0;
55
56     pool->threadid =
57            (pthread_t *)malloc(max_thread_num * sizeof(pthread_t));
58     int i = 0;
59     for(i = 0; i < max_thread_num; i++){
60         pthread_create(&(pool->threadid[i]),
61                            NULL, thread_routine, NULL);
61     }
62 }
63 /*测试代码, 添加到线程池的任务*/
64 void *myprocess(void *arg){
65     printf("threadid is 0x%x, working on task %d\n",
66                    pthread_self(), *(int *)arg);
66     sleep(1);
67     return NULL;
68 }
69 /*向线程池中添加任务*/
```

```
70  int pool_add_worker(void *(*process)(void *arg), void *arg){
71     /*构造一个新任务*/
72     CThread_Worker *newworker =
               (CThread_Worker *)malloc(sizeof(CThread_Worker));
73     newworker->process = process;
74     newworker->arg = arg;
75     newworker->next = NULL;
76
77     pthread_mutex_lock(&(pool->queue_lock));
78
79     /*把任务放到等待队列中*/
80     CThread_Worker *member = pool->queue_head;
81     if(member != NULL){
82         while(member->next != NULL){
83             member = member->next;
84         }
85         member->next = newworker;
86     }
87     else{
88         pool->queue_head = newworker;
89     }
90
91     assert(pool->queue_head != NULL);
92
93     pool->cur_queue_size++;
94
95     pthread_mutex_unlock(&(pool->queue_lock));
96
97     /*等待队列中有任务，唤醒一个等待线程*/
98     pthread_cond_signal(&(pool->queue_ready));
99
100 }
101
102 /*
103 *摧毁线程池，等待队列中的任务不会再被执行，
104 *但是正在运行的线程会一直把任务运行完后再退出
105 */
106 int pool_destroy(){
107     if(pool->shutdown){
108         return -1;
109     }
110     pool->shutdown = 1;
111
112     /*唤醒所有等待的线程，线程池要摧毁了*/
113     pthread_cond_broadcast(&(pool->queue_ready));
114
115     /*阻塞等待线程退出，否则就成为僵尸进程了*/
116     int i;
117     for(i = 0; i<pool->max_thread_num; i++){
118         pthread_join(pool->threadid[i], NULL);
119     }
120     free(pool->threadid);
121
122     /*销毁等待队列*/
123     CThread_Worker *head = NULL;
124     while(pool->queue_head != NULL){
```

```
125          head = pool->queue_head;
126          pool->queue_head = pool->queue_head->next;
127          free(head);
128      }
129
130      pthread_mutex_destroy(&(pool->queue_lock));
131      pthread_cond_destroy(&(pool->queue_ready));
132
133      free(pool);
134      pool = NULL;
135
136      return 0;
137 }
```

测试代码可通过 Makefile 进行管理编译，本节将不再测试。读者重点需要关注的是通过代码熟练地掌握线程池的思想，以及线程池的实现。

测试代码如例 4-18 所示。

例 4-18　线程池主函数的实现。

```
1 #include "pool.h"
2
3 int main(int argc, const char *argv[])
4 {
5     /*线程池中最多三个活动线程*/
6     pool_init(3);
7
8     sleep(1);
9     /*连续向池中投入 10 个任务*/
10    int *workingnum = (int *)malloc(sizeof(int) * 10);
11
12    int i;
13    for(i = 0; i < 10; i++){
14        workingnum[i] = i;
15        pool_add_worker(myprocess, &workingnum[i]);
16    }
17
18    sleep(5);
19
20    /*摧毁线程池*/
21    pool_destroy();
22    free(workingnum);
23    return 0;
24 }
```

工程管理器如例 4-19 所示。执行 make 即可实现编译工作。

例 4-19　Makefile 工程管理器实现编译。

```
1 .PHONY: all clean
2
3 all: test
4
5 test: main.o threadpool.o
6     gcc $^ -o $@ -lpthread
7
```

```
 8 %.o:%.c
 9   gcc -c $^ -o $@
10
11 clean:
12   rm -rf *.o test
```

4.4　本章小结

本章内容在 Linux 系统编程开发中占有很重要的位置。多线程编程作为应用开发的基本功，涉及范围广且较容易出错，因此需要读者熟练掌握。在本章中，着重介绍了线程的使用，以及线程属性问题。同时，在后续介绍中着重通过代码展示多线程的通信问题，通信涉及的三种同步互斥机制：互斥锁、信号量、条件变量，以及多线程的设计思想——线程池的实现，对多线程编程进行进一步的深化。

4.5　习题

1. 填空题

（1）线程是应用程序_____执行多种任务的一种机制。

（2）同一个进程中的多个线程不共享的是_____。

（3）多线程间的通信通过_____的方式实现的。

（4）多个任务在同一时刻访问共享资源的情况叫作_____。

（5）一般将对共享资源的操作代码段称为_____。

2. 选择题

（1）以下哪个函数不会导致线程退出（　　　）。

A. pthread_cancel()　B. pthread_exit()　　　　C. pthread_join()　　　　D. exit()

（2）下列哪个函数用来设置线程的分离状态（　　　）。

A. pthread_detach()　　　　　　　　B. pthread_attr_setdetachstate()

C. pthread_attr_init()　　　　　　　D. pthread_setcancelstate()

（3）不属于线程的同步互斥机制的是（　　　）。

A. 互斥锁　　　　　B. 条件变量　　　　C. 信号　　　　　　D. 信号量

（4）互斥锁的工作原理是（　　　）。

A. 对临界区进行保护　　　　　　　　B. 对共享资源进行保护

C. 线程唤醒、睡眠　　　　　　　　　D. 使线程按顺序执行

（5）信号量是（　　　）机制。

A. 同步　　　　　B. 互斥　　　　C. 既是同步也是异步　　D. 不确定

3. 思考题

（1）简述信号量的工作原理。

（2）简述条件变量的工作原理。

4. 编程题

编写代码实现编写一个程序，开启三个线程，这三个线程的 ID 分别是 A、B、C，每个线程将自己的 ID 在屏幕上打印 10 遍，要求输出必须按照 ABC 的顺序显示，如：ABCABCABC…。

第5章 早期进程间通信

本章学习目标
- 了解早期进程间通信机制的原理
- 掌握早期进程通信间通信机制的接口用法
- 掌握早期进程间通信机制的编程方法
- 掌握早期进程间通信机制的特点及应用场合

在前面的章节中，我们介绍了有关任务的执行单位——进程的概念。通过了解进程使用的地址空间的性质，我们可以知道每一个进程都享有自己的虚拟地址空间，因此进程间实现数据的传递需要引入进程的通信机制。进程的通信机制有很多种，本章将介绍三种早期进程间通信机制，这些机制应用于本地通信，相对容易理解，读者应熟练掌握。

5.1 无名管道

5.1.1 无名管道简介

Linux 的进程通信机制基本是从 UNIX 平台继承而来的。管道是 UNIX 系统上最古老的进程间通信（InterProcess Communication，IPC）方法。管道最早出现在 20 世纪 70 年代 UNIX 的第三个版本。管道可以把一个程序的输出直接连接到另一个程序的输入，以此来建立连接。管道分为两种，一种是无名管道，一种是有名管道。管道是一种特殊的文件，它拥有与文件操作类似的方式，但同时也具有与文件不同的属性。管道的本质是在内核空间上的一段特殊内存区域。无名管道的实现原理如图 5.1 所示。

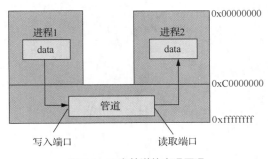

图 5.1 无名管道的实现原理

正如图 5.1 所示，每个进程都有 4GB 的虚拟地址空间，其中 0～3GB 为用户空间，3～4GB 为内核空间。由于每个进程都可以通过系统调用进入内核（内核空间是由系统内所有进程共享的），因此，无名管道是被创建在内核空间上的。无名管道使用时有固定的读端和写端，发送消息需要向管道的写端写入，接收消息需要向管道的读端读取，这样即可完成数据的传递了。

5.1.2 无名管道的特性

通过对无名管道的简单介绍，可以看出其通信方式很直接。无名管道不同于普通文件，在对其及进行操作时，需要注意无名管道的一些特性，以保证操作管道时不会出现问题。在了解这些特性之前，先介绍无名管道的接口及使用。

```
#include <unistd.h>
 int pipe(int pipefd[2]);
```

pipe()函数用来创建一个无名管道，参数 pipefd[2]为一个数组，用来保存函数返回的两个文件描述符，将 pipefd[0]视为管道的读端，而 pipefd[1]视为管道的写端，因此通过该管道进行通信的进程，只需操作这两个文件描述符即可。这与普通文件的操作没有任何区别，只是设定了特定的文件描述符用来读写。

因此，无名管道的操作有如下特性：

（1）无名管道只能用于具有亲缘关系的进程之间通信(如父子进程)。

（2）类似于单工的模式，无名管道具有固定的读端与写端。

（3）无名管道虽然是特殊的文件，但对它的读写可以使用文件 I/O 中 read()函数、write()函数直接操作文件描述符即可。

（4）无名管道本质是一段内核空间中的内存段，因此不能使用 lseek()函数对管道进行定位操作。

（5）无名管道的操作属于一次性操作，一旦对管道中的数据进行读取，读取的数据将会从管道中移除。

（6）无名管道的大小是固定的，向无名管道写入数据，当管道写满时，继续写入将会阻塞，如例 5-1 所示。

例 5-1 测试无名管道的大小及属性。

```
1 #include <stdio.h>
2 #include <unistd.h>
3
4 #define N 1024
5 #define errlog(errmsg) do{perror(errmsg);\
6                         printf("--%s--%s--%d--\n",\
7                             __FILE__, __FUNCTION__, __LINE__);\
8                         return -1;}while(0)
9 int main(int argc, const char *argv[])
10 {
11    int i, fd[2];
12    int count = 0;
13    int nbyte = 0;
14    char buf[N] = "";
15    for(i = 0; i < N; i++){
16        buf[i] = 'q';
17    }
18
19    if(pipe(fd) < 0){
```

```
20          errlog("pipe error");
21      }
22
23      while(1){
24          nbyte = write(fd[1], buf, N);
25          count += nbyte;
26          printf("count = %d\n", count);
27      }
28      return 0;
29 }
```

例 5-1 运行结果如下。可以看出，无名管道的大小为 65536 字节（64KB），当管道被写满后，写操作将会被阻塞。

```
linux@Master:~/1000phone/pipe$ ./a.out
count = 1024
count = 2048
......
count = 61440
count = 62464
count = 63488
count = 64512
count = 65536
```

（7）无名管道中数据被写满后，写操作将会阻塞，当管道中出现 4KB 以上的空闲空间时，可以继续写入 4KB 的整倍数的数据。利用读取数据即被移除的特性，实现管道出现空闲区域，如例 5-2 所示。

例 5-2　测试无名管道的读写属性。

```
 1 #include <stdio.h>
 2 #include <unistd.h>
 3
 4 #define N 1024
 5 #define errlog(errmsg) do{perror(errmsg);\
 6                     printf("--%s--%s--%d--\n",\
 7                             __FILE__, __FUNCTION__, __LINE__);\
 8                     return -1;}while(0)
 9 int main(int argc, const char *argv[])
10 {
11     int i, fd[2];
12     int count = 0;
13     char buf[N] = "";
14     for(i = 0; i < N; i++){
15         buf[i] = 'q';
16     }
17
18     if(pipe(fd) < 0){
19         errlog("pipe error");
20     }
21
22     while(1){
23         write(fd[1], buf, N);
24         count++;
25         printf("count = %d\n", count);
26         if(count == 64){
```

```
27              read(fd[0], buf, N);
28          }
29      }
30      return 0;
31  }
```

其运行结果如下。可以看出，当管道写满时，再读取 1KB 的数据时，写操作仍然阻塞，count 并未加 1，如果写操作可以执行，此时代码应该输出 count = 65 的情况。

```
linux@Master:~/1000phone/pipe$ ./a.out
count = 1
count = 2
……
count = 63
count = 64
```

同时将读取次数增加到 3 次时，输出结果并未发生变化，部分代码修改如下。

```
22      while(1){
23          write(fd[1], buf, N);
24          count++;
25          printf("count = %d\n", count);
26          if(count == 64){
27              read(fd[0], buf, N);
28              read(fd[0], buf, N);
29              read(fd[0], buf, N);
30          }
31      }
```

但是当读取次数增加到 4 次时，输出结果发生了变化，部分代码修改如下。

```
22      while(1){
23          write(fd[1], buf, N);
24          count++;
25          printf("count = %d\n", count);
26          if(count == 64){
27              read(fd[0], buf, N);
28              read(fd[0], buf, N);
29              read(fd[0], buf, N);
30              read(fd[0], buf, N);
31          }
32      }
```

输出结果如下，可以看出 count 增加，说明写循环此时未阻塞，已成功写入数据。

```
linux@Master:~/1000phone/pipe$ ./a.out
count = 1
count = 2
……
count = 67
count = 68
```

上述测试代码将读取次数增加至 5~7 次时，输出结果与上述结果一致，当读取次数增加到 8 次时，输出结果如下，由此可见，当空闲空间有 7KB 时，最多也只能写入 4KB 的整倍数，即 4KB。可以猜测，假设此时当空闲空间有 10KB 时，最多可写入 8KB 数据。读者可以自行进行测试。

```
linux@Master:~/1000phone/pipe$ ./a.out
count = 1
count = 2
……
count = 71
count = 72
```

（8）当无名管道的读端被关闭时，从写端写入数据，管道将会破裂，进程将会退出。关闭读端，即将用于读的文件描述符关闭即可。具体如例 5-3 所示。

例 5-3　测试无名管道读端关闭的情况。

```
 1 #include <stdio.h>
 2 #include <unistd.h>
 3
 4 #define N 1024
 5 #define errlog(errmsg) do{perror(errmsg);\
 6                         printf("--%s--%s--%d--\n",\
 7                                __FILE__, __FUNCTION__, __LINE__);\
 8                         return -1;}while(0)
 9 int main(int argc, const char *argv[])
10 {
11     int i, fd[2];
12     int count = 0;
13     char buf[N] = "";
14     for(i = 0; i < N; i++){
15         buf[i] = 'q';
16     }
17
18     if(pipe(fd) < 0){
19         errlog("pipe error");
20     }
21
22     close(fd[0]);
23
24     write(fd[1], buf, N);
25
26     return 0;
27 }
```

运行结果如下，在运行时使用 strace 指令可以看到程序运行的详细细节。可以看出管道创建成功之后，返回的文件描述符为 3、4（文件描述符 3 用来读取，文件描述符 4 用来写入）。将文件描述符 3（读端 pipefd[0]）关闭，写数据导致管道破裂，进程收到内核为其发送的信号 SIGPIPE，执行信号的默认处理，使进程退出。

```
linux@Master:~/1000phone/pipe$ strace ./a.out
……
pipe([3, 4])                            = 0
close(3)                                = 0
write(4, "qqqqqqqqqqqqqqqqqqqqqqqqqqqqqqqqq"..., 1024) = -1 EPIPE (Broken pipe)
--- SIGPIPE (Broken pipe) @ 0 (0) ---
+++ killed by SIGPIPE +++
```

（9）当管道无数据时，读操作将会阻塞；当管道中有数据时，且写端关闭时，读操作可以读取，不会阻塞。

5.1.3　无名管道的通信

本节将通过例 5-4 展示通过无名管道使父子进程进行通信，父进程读取文件 test1.txt 中的数据并写入管道，子进程读取管道将数据写入 test2.txt。

　　例 5-4　无名管道的通信。

```
1  #include <stdio.h>
2  #include <unistd.h>
3  #include <sys/types.h>
4  #include <sys/fcntl.h>
5
6  #define N 128
7  #define errlog(errmsg) do{perror(errmsg);\
8                     printf("--%s--%s--%d--\n",\
9                         __FILE__, __FUNCTION__, __LINE__);\
10                    return -1;}while(0)
11 int main(int argc, const char *argv[])
12 {
13     pid_t pid;
14     int fdr, fdw;
15     ssize_t nbyte;
16     int fd[2];
17     char buf[N] = "";
18
19     if((fdr = open("test1.txt", O_RDONLY)) < 0){
20         errlog("open error");
21     }
22     if((fdw = open("test2.txt", O_CREAT|O_WRONLY|O_TRUNC, 0664)) < 0){
23         errlog("open error");
24     }
25
26     if(pipe(fd) < 0){
27         errlog("pipe error");
28     }
29
30     pid = fork();
31
32     if(pid < 0){
33         errlog("fork error");
34     }
35     else if(pid == 0){
36         while((nbyte = read(fd[0], buf, N)) > 0){
37             write(fdw, buf, nbyte);
38         }
39     }
40     else{
41         while((nbyte = read(fdr, buf, N)) > 0){
42             write(fd[1], buf, nbyte);
43         }
44     }
45     return 0;
46 }
```

运行结果如下，使用 cat 命令查看被读取文件以及生成的文件，可以看出读取成功。

```
linux@Master:~/1000phone/pipe$ ./a.out
linux@Master:~/1000phone/pipe$ cat test2.txt
hello world
hello world
hello world
linux@Master:~/1000phone/pipe$ cat test1.txt
hello world
hello world
hello world
```

5.2 有名管道

有名管道

5.2.1 有名管道的特性

有名管道 FIFO 与无名管道 pipe 类似，二者最大的区别在于有名管道在文件系统中拥有一个名称，而无名管道则没有。例如，可以使用 Shell 命令直接创建有名管道，使用时只需终端输入 "mkfifo + 管道名称" 即可，则在当前目录下会生成一个管道文件，其打开方式与普通文件的打开方式一样。

有名管道是对无名管道的改进，它具有以下特性。

（1）有名管道可以使两个互不相关的进程进行通信，无名管道则有这方面的局限。

（2）有名管道可以通过路径名指出，在文件系统中可见，但文件只是一个类似的标记，管道中的数据实际上在内核内存上，这一点与无名管道一致，因此对于有名管道而言同样不可以使用 lseek() 函数定位处理。

（3）有名管道数据读写遵循先进先出的原则。

（4）对有名管道的操作与文件一致，采用文件 I/O 的方式。

（5）默认情况下，如果当前有名管道中无数据，读操作将会阻塞。

（6）如果有名管道空间已满，写操作会阻塞。

```
#include <sys/types.h>
#include <sys/stat.h>
 int mkfifo(const char *pathname, mode_t mode);
```

mkfifo() 函数用来创建一个有名管道。参数 pathname 用来指定路径名或文件名，这里指管道的名字；mode 即所属用户对管道文件的操作权限，设置的 mode 需要执行与文件权限掩码 umask 取反相与的操作，即 mode&~umask。

有名管道与普通文件的操作一样，先创建后打开。具体使用如例 5-5 所示。

例 5-5 有名管道的使用。

```
1 #include <stdio.h>
2 #include <sys/types.h>
3 #include <sys/stat.h>
4 #include <fcntl.h>
5
6 #define errlog(errmsg) do{perror(errmsg);\
7                       printf("--%s--%s--%d--\n",\
8                       __FILE__, __FUNCTION__, __LINE__);\
9                       return -1;}while(0)
```

```
10  int main(int argc, const char *argv[])
11  {
12      if(mkfifo("fifo", 0664) < 0){
13          errlog("mkfifo error");
14      }
15
16      int fd;
17
18      printf("open before\n");
19      if((fd = open("fifo", O_RDONLY)) > 0){
20          printf("fd = %d\n", fd);
21      }
22      printf("open after\n");
23      return 0;
24  }
```

运行结果如下。可以看出，函数运行阻塞，程序并没有退出，而是在打开时阻塞。有名管道在打开需要注意，如果当使用只读的方式打开时，打开将会被阻塞；直到其他进程使用只写的方式打开同一管道时才会返回。打开操作以读写或只写的方式，将不会阻塞。

```
linux@Master:~/1000phone/fifo$ ./a.out
open before
```

修改为以读写的方式打开，则运行结果如下，管道文件被打开，且文件描述符的值为 3，与打开普通文件一致。

```
linux@Master:~/1000phone/fifo$ ./a.out
open before
fd = 3
open after
linux@Master:~/1000phone/fifo$ ls
a.out  fifo  fifo.c
```

可以看出管道 fifo 创建成功，可是程序的问题是后续无法执行，再次运行程序，可以看出管道文件第一次执行 mkfifo()函数被创建之后，再次执行该程序，将会导致 mkfifo()函数运行失败，因为管道文件已经存在了，再次创建没有任何意义。程序运行收到内核发送的错误码 EEXIST 表示文件已存在。

```
linux@Master:~/1000phone/fifo$ ./a.out
mkfifo error: File exists
--fifo.c--main--13-
```

因此，针对上述情况，可以在判断错误时，添加对错误码的判断。代码修改如例 5-6 所示，无论程序如何运行都可以成功创建或打开，一旦打开之后，即可使用文件 I/O 接口实现对管道的读写。

例 5-6 有名管道使用优化。

```
1 #include <stdio.h>
2 #include <sys/types.h>
3 #include <sys/stat.h>
4 #include <fcntl.h>
5 #include <errno.h>
6
7 #define errlog(errmsg) do{perror(errmsg);\
```

```
 8                          printf("--%s--%s--%d--\n",\
 9                              __FILE__, __FUNCTION__, __LINE__);\
10                          return -1;}while(0)
11 int main(int argc, const char *argv[])
12 {
13     int fd;
14     if(mkfifo("fifo", 0664) < 0){
15         if(errno == EEXIST){
16             fd = open("fifo", O_RDWR);
17             printf("fd = %d\n", fd);
18         }
19         else{
20             errlog("mkfifo error");
21         }
22     }
23     else{
24         fd = open("fifo", O_RDWR);
25         printf("fd = %d\n", fd);
26     }
27     return 0;
28 }
```

5.2.2　有名管道的通信

本节将使用有名管道实现两个进程的数据传递。

demonA 负责发送数据，具体如例 5-7 所示。

例 5-7　有名管道通信进程 A。

```
 1 #include <stdio.h>
 2 #include <sys/types.h>
 3 #include <sys/stat.h>
 4 #include <fcntl.h>
 5 #include <errno.h>
 6 #include <string.h>
 7
 8 #define N 128
 9 #define errlog(errmsg) do{perror(errmsg);\
10                          printf("--%s--%s--%d--\n",\
11                              __FILE__, __FUNCTION__, __LINE__);\
12                          return -1;}while(0)
13 int main(int argc, const char *argv[])
14 {
15     int fd;
16     char buf[N] = "";
17     if(mkfifo("fifo", 0664) < 0){
18         if(errno == EEXIST){
19             fd = open("fifo", O_RDWR);
20             printf("fd = %d\n", fd);
21         }
22         else{
23             errlog("mkfifo error");
24         }
25     }
26     else{
27         fd = open("fifo", O_RDWR);
```

```
28          printf("fd = %d\n", fd);
29     }
30
31     while(1){
32          fgets(buf, N, stdin);
33          buf[strlen(buf) - 1] = '\0';
34
35          write(fd, buf, strlen(buf));
36
37          if(strncmp(buf, "quit", 4) == 0){
38              break;
39          }
40     }
41     return 0;
42 }
```

demonB 负责接收数据，具体如例 5-8 所示。

例 5-8　有名管道通信进程 B。

```
1 #include <stdio.h>
2 #include <sys/types.h>
3 #include <sys/stat.h>
4 #include <fcntl.h>
5 #include <errno.h>
6 #include <string.h>
7
8 #define N 128
9 #define errlog(errmsg) do{perror(errmsg);\
10                     printf("--%s--%s--%d--\n",\
11                             __FILE__, __FUNCTION__, __LINE__);\
12                     return -1;}while(0)
13 int main(int argc, const char *argv[])
14 {
15     int fd;
16     char buf[N] = "";
17     if(mkfifo("fifo", 0664) < 0){
18         if(errno == EEXIST){
19             fd = open("fifo", O_RDWR);
20             printf("fd = %d\n", fd);
21         }
22         else{
23             errlog("mkfifo error");
24         }
25     }
26     else{
27         fd = open("fifo", O_RDWR);
28         printf("fd = %d\n", fd);
29     }
30
31     while(1){
32         read(fd, buf, N);
33
34         if(strncmp(buf, "quit", 4) == 0){
35             system("rm fifo");
36             break;
37         }
```

```
38
39        printf("demonA:%s\n", buf);
40    }
41    return 0;
42 }
```

分别运行 demonA 与 demonB，终端输入数据，则可以读取数据。输入 quit 进程退出，并删除管道，demonA 运行结果如下（hello、world、quit 为终端手动输入）。

```
linux@Master:~/1000phone/fifo$ ./a
fd = 3
hello
world
quit
```

demonB 运行结果如下。

```
linux@Master:~/1000phone/fifo$ ./b
fd = 3
demonA:hello
demonA:world
```

5.3　信号

信号

5.3.1　信号概述

信号是进程间通信机制中唯一的异步通信机制，可以将其看成是在软件层次上对中断机制的一种模拟。一个进程接收信号与处理器接收一个中断请求是很类似的。因此，一个进程不必通过任何操作来等待信号的到达。信号可以直接进行用户进程与内核进程之间的交互。内核进程也可以利用信号来通知用户空间进程发生了哪些系统事件。它可以在任何时候发给某一进程，而无须知道该进程的状态。如果该进程当前并未处于执行态，则该信号就由内核保存起来，直到该进程恢复执行再传递给它为止；如果一个信号被进程设置为阻塞，则该信号的传递被延迟，直到其阻塞被取消时才被传递给进程。

在应用层编程中，通常站在用户进程的角度来讨论信号这种通信机制，即用户进程接收内核为其发送的信号，并做出相关的处理。一个进程在接收信号时，通常有三种响应信号的方式。

（1）忽略信号，即对接收的信号不做任何处理。在 Linux 中，SIGKILL 信号和 SIGSTOP 信号不可以被忽略。

（2）捕捉信号，即程序可自行定义信号的处理方式（接收信号之后，应该做什么动作），执行相关的处理函数。

（3）默认处理，Linux 对大部分信号都已经设置了默认的处理方式。通俗地说，就是对信号赋予了自动执行某种操作的能力。

不同的信号有各自不同的默认处理方式。信号名称可以通过 Shell 命令"kill -l"查看。常用的信号如表 5.1 所示。

表 5.1　　　　　　　　　　　　　　　　**常用的信号**

信号名	信号说明	信号默认处理
SIGINT	可以使用物理按键模拟（终端输入 Ctrl+C）	终止进程

信号名	信号说明	信号默认处理
SIGQUIT	与信号 SIGINT 类似，也可以使用物理按键模拟（终端输入 Ctrl+\）	终止进程
SIGKILL	该信号用来使进程结束，并且不能被阻塞、处理和忽略	终止进程
SIGUSR1	用户自定义信号，用户可根据需求自行定义处理方案	无
SIGUSR2	用户自定义信号，用户可根据需求自行定义处理方案	无
SIGPIPE	管道破裂，进程收到此信号	终止进程
SIGALRM	时钟信号，当进程使用定时时钟，时间结束时，收到该信号	终止进程
SIGCHLD	子进程状态发生改变时，父进程收到此信号	忽略
SIGSTOP	该信号用于暂停一个进程，且不能被阻塞、处理或忽略	停止一个进程
SIGTSTP	与 SIGSTOP 类似，可以用物理按键模拟（终端输入 Ctrl+Z）	停止一个进程

5.3.2 信号的注册

5.3.1 节主要介绍了有关信号的基本概念，其中进程对信号的响应是讨论的重点。信号作为一种异步通信机制。作为信号的发送者只需将信号发送，之后处理自己的任务，不用关心信号的发送情况；作为信号的接收者，只要注册该信号，那么当信号到来时，可根据实际情况选择信号的处理方式。在本节中，将讨论信号的发送以及接收的情况。

```
#include <signal.h>
typedef void (*sighandler_t)(int);
sighandler_t signal(int signum, sighandler_t handler);
```

signal()函数用来注册一个信号。参数 signum 为信号的名称，函数操作为非阻塞，注册信号成功之后，将无须关注信号到来的时间。如信号到来，则会自动执行参数 handler，参数 handler 的类型为 sighandler_t，对 sighandler_t 的定义比较不容易理解，函数原型的写法如下。

```
typedef void (*sighandler_t)(int);
```

可以将这种表达的方式转换一种写法如下，则可以很明显地看出 sighandler_t 为函数指针，其指向的函数无返回值，且参数为 int 型。

```
typedef void (*)(int) sighandler_t;
```

因此，signal()函数的参数 handler 为指向信号处理函数的指针。signal()函数的第一个参数信号的名称将传递给第二个参数信号处理函数，并作为其参数使用。如果 handler 设置为 SIG_IGN，则信号到来时执行忽略操作，即不响应该信号。如果 handler 设置为 SIG_DFL，则执行该信号的默认处理。其余时刻，用户可自定义 handler。具体使用如例 5-9 所示。

例 5-9 信号的注册。

```
1 #include <stdio.h>
2 #include <signal.h>
3 #define errlog(errmsg) do{perror(errmsg);\
4                          printf("--%s--%s--%d--\n",\
5                          __FILE__, __FUNCTION__, __LINE__);\
6                          return -1;}while(0)
7 void handler(int arg){
8     if(arg == SIGINT){
9         puts("catch the SIGINT");
```

```
10     }
11 }
12 int main(int argc, const char *argv[])
13 {
14     if(signal(SIGINT, handler) == SIG_ERR){
15         errlog("signal error");
16     }
17     if(signal(SIGTSTP, SIG_IGN) == SIG_ERR){
18         errlog("signal error");
19     }
20     while(1){
21         sleep(1);
22         printf("hello world\n");
23     }
24     return 0;
25 }
```

上述代码，注册信号并设置处理方案，信号 SIGINT 处理函数为 handler，而信号 SIGTSTP 则被选择为忽略，运行结果如下。

```
linux@Master:~/1000phone$ ./a.out
hello world
hello world
^Ccatch the SIGINT
hello world
hello world
^Zhello world
hello world
^\退出 (核心已转储)
```

可以看出，程序注册信号成功之后，执行循环，说明 signal() 函数为非阻塞，一旦信号注册成功之后，程序可以执行自己的任务（循环输出）。由于有些信号可以使用物理按键进行模拟，因此终端输入 "Ctrl + C" 等于向进程发送信号 SIGINT，此时进程接收信号并执行 handler 处理函数，而不是执行默认处理；在终端输入 "Ctrl + Z" 等于向进程发送信号 SIGTSTP，此时进程接收信号，则执行了忽略信号操作，该信号没有产生任何作用。在终端输入 "Ctrl + \"，则进程退出。当代码要将某个信号的响应方式设置为执行默认时，通常此代码可以忽略不写。

除 signal() 函数外，sigaction() 函数是设置信号处理的另一种选择，sigaction() 函数的用法较复杂，但功能更全面。

```
#include <signal.h>
int sigaction(int signum, const struct sigaction *act,
                  struct sigaction *oldact);
```

参数 signum 用来设置信号的名称（除 SIGKILL 及 SIGSTOP 信号外）；参数 oldact 用来保存信号之前的处理方式，参数 act 为新设置的处理方式，二者都是指向 sigaction 结构体的指针，结构体如下。

```
struct sigaction {
void     (*sa_handler)(int);
    sigset_t  sa_mask;
    int       sa_flags;
};
```

参数 sa_handler 是一个函数指针，指向信号处理函数。它既可以是用户自定义的处理函数，也可以为 SIG_DFL（采用默认的处理方式）或 SIG_IGN（忽略信号）。信号处理函数只有一个参数，即信号类型。

参数 sa_mask 是一个信号集合，用来指定在信号处理函数执行过程中哪些信号被屏蔽。

参数 sa_flags 中包含了许多标志位，都是和信号处理相关的选项。标志位的选项及含义如表 5.2 所示。

表 5.2　　　　　　　　　　　　　　　标志位的选项及含义

选项	含义
SA_NODEFER / SA_NOMASK	当接收此信号，执行信号处理函数时，系统不会屏蔽此信号
SA_NOCLDSTOP	忽略子进程切换到停止态或恢复运行态时发出的 SIGCHLD 信号
SA_RESTART	重新执行被信号中断的系统调用
SA_ONESHOT / SA_RESETHAND	自定义信号处理函数只执行一次，在执行完毕后恢复信号的系统默认动作

5.3.3　信号的发送

kill() 函数与 Shell 命令 kill 的功能一致，即发送一个信号给进程或进程组。

```
#include <sys/types.h>
#include <signal.h>
int kill(pid_t pid, int sig);
```

参数 sig 为信号的名称，参数 pid 用来设置信号发送的对象，分别有如下情况。

（1）当 pid > 0 时，信号发送给进程号为 pid 的进程，即指定进程号发送。

（2）当 pid == 0 时，信号可以发送给与调用进程在同一进程组的任何一个进程。

（3）当 pid == -1 时，信号发送给调用进程被允许发送的任何一个进程（除 init 进程外）。

（4）当 pid < -1 时，信号发送给进程组等于 -pid 下的任何一个进程。

```
#include <signal.h>
int raise(int sig);
```

raise() 函数同样为发送信号，只不过将信号发送给调用进程本身。参数 sig 为信号的名称。函数使用如例 5-10 所示。

例 5-10　信号的发送。

```
1 #include <stdio.h>
2 #include <signal.h>
3 #define errlog(errmsg) do{perror(errmsg);\
4                       printf("--%s--%s--%d--\n",\
5                       __FILE__, __FUNCTION__, __LINE__);\
6                       return -1;}while(0)
7 int main(int argc, const char *argv[])
8 {
9     pid_t pid;
10
11    pid = fork();
12
13    if(pid < 0){
14        errlog("fork error");
15    }
16    else if(pid == 0){
```

```
17        printf("the child process\n");
18
19        while(1)
20            ;
21    }
22    else{
23        sleep(3);
24        printf("the parent process\n");
25        kill(pid, SIGKILL);
26        raise(SIGKILL);
27    }
28    return 0;
29 }
```

运行结果如下。子进程在输出 3 秒后，父进程发送信号，将父子进程全部退出。

```
linux@Master:~/1000phone$ ./a.out
the child process
the parent process
已杀死
```

5.3.4　定时器信号

alarm()函数也称为闹钟函数，它可以在进程中设置一个闹钟，当定时器指定的时间到时，内核就会向进程发送信号 SIGALRM 信号，使进程退出。如果在设置这个闹钟之前已经设置过闹钟，那么之前设置的闹钟将会被替换。

```
#include <unistd.h>
unsigned int alarm(unsigned int seconds);
```

参数 seconds 用来设置定时的时间，单位为秒。函数的返回值一般情况下返回 0，如果在此次设置闹钟之前已经设置了闹钟,此时返回值为上一次设置的闹钟到此次闹钟剩余的时间。具体如例 5-11 所示。

例 5-11　实时器信号。

```
1 #include <stdio.h>
2 #include <unistd.h>
3
4 int main(int argc, const char *argv[])
5 {
6     unsigned int ret;
7
8     ret = alarm(8);
9     printf("ret1 = %d\n", ret);
10
11    sleep(3);
12    ret = alarm(3);
13    printf("ret2 = %d\n", ret);
14
15    while(1)
16        ;
17    return 0;
18 }
```

运行结果如下。第一次设置闹钟成功并将返回值为 0 返回。3 秒之后，闹钟再次设置成功，此时返回值为上一次设置闹钟的时间减去经历的时间。再经过 3 秒之后程序退出，说明第一次设置的闹钟已经被替换。

```
linux@Master:~/1000phone$ ./a.out
ret1 = 0
ret2 = 5
闹钟
```

5.4　本章小结

进程通信是 Linux 系统应用开发中很重要的课题。本章主要介绍了早期进程间通信的方式——管道与信号，以及相关案例。其中，管道分为有名管道和无名管道，需要特别注意管道的使用场合以及其特殊性质。信号通信中需要掌握对信号的注册，以及发送处理等。本章内容虽相对简单，但读者需要熟练掌握加以应用。

5.5　习题

1. 填空题

（1）无名管道的只能应用于_____关系的进程间。

（2）无名管道有固定的_____和_____。

（3）有名管道的创建函数是_____。

（4）有名管道的读写遵循_____的原则。

（5）信号是_____通信机制。

2. 选择题

（1）下列对无名管道描述符错误的是（　　　）。

    A. 单工的通信模式　　　　　　　　　　B. 有固定的读端与写端

    C. 可以使用 lseek()函数　　　　　　　　D. 只存在于内存中

（2）下列对于有名管道描述错误的是（　　　）。

    A. 可以用于互不相关的进程间　　　　　B. 通过路径名来打开有名管道

    C. 在文件系统上可见　　　　　　　　　D. 管道内容保存在磁盘上

（3）下列不属于用户进程对信号响应方式的是（　　　）。

    A. 忽略信号　　　　B. 保存信号　　　　C. 按默认方式处理　　D. 捕捉信号

（4）不能被用户进程屏蔽的信号是（　　　）。

    A. SIGSTOP　　　　B. SIGINT　　　　C. SIGQUIT　　　　D. SIGILL

（5）子进程状态发生变化，父进程收到的信号是（　　　）。

    A. SIGCHLD　　　　B. SIGINT　　　　C. SIGALRM　　　　D. SIGCONT

3. 思考题

（1）简述有名管道与无名管道的区别。

（2）写出信号处理函数原型。

4. 编程题

reader.c 从所指定的文件中读取内容，依次写到管道/home/linux/myfifo 中，writer.c 从管道/home/linux/myfifo 中读取内容，写到所指定的文件中并保存。代码中可省略头文件，/home/linux/myfifo 不需创建，文件名自行定义。

第6章 System V IPC

本章学习目标
- 理解 System V 通信机制的原理
- 掌握 System V 通信机制的特点及应用场合
- 掌握 System V 通信机制编程接口的用法
- 熟练使用 System V 通信机制实现功能需求

第 5 章介绍了早期进程间通信机制。这些早期通信机制虽然便于操作，但有很大的局限性，因此本章将介绍功能更加丰富的 System V IPC。System V IPC 在 Linux 系统中占有很重要的位置，包括消息队列、共享内存、信号灯（信号量集）。其使用接口较复杂，细节较多，读者应熟练掌握。

6.1 消息队列

消息队列

6.1.1 消息队列简介

Linux 下的进程通信机制基本是从 UNIX 平台继承来的。对 UNIX 发展做出重大贡献的两大主力 AT&T 的贝尔实验室及 BSD 在进程间通信方面的侧重点有所不同。前者对 UNIX 早期的进程间通信手段进行了系统的改进和扩充，形成了 System V IPC，这些都是针对本地通信；后者则跳过该限制，形成了基于套接字（socket）的进程间通信机制。

本节将介绍消息队列的使用。顾名思义，消息队列就是一些消息的列表，或者说是一些消息组成的队列。消息队列与管道有些类似，消息队列可以认为是管道的改进版。相较于管道的先进先出准则，消息队列在读取时可以按照消息的类型进行读取，这也是消息队列的特点，它可以实现消息随机查询。消息发送时，需要将消息封装，然后添加到队列的末尾即可；而消息接收时，则可以根据需求进行选择的读取（读取即将封装的消息从队列中移除）。如图 6.1 所示，进程可以通过消息队列发送消息，同时也可以从消息队列中读取消息。它不同于无名管道的单向通信，操作更加灵活。

```
#include <sys/types.h>
#include <sys/ipc.h>
 key_t ftok(const char *pathname, int proj_id);
```

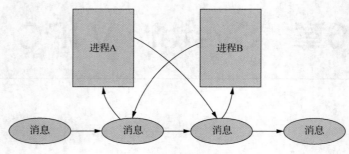

图 6.1　消息队列通信

ftok()函数被用来生成一个 key 值，key 值可以被 msgget()函数、shmget()函数、semget()函数使用，参数 pathname（路径名必须存在且可以自定义）与 proj_id 的低 8 位（可以自定义）共同产生一个 key 值。

消息队列的实现包括创建或打开消息队列、发送消息、读取消息和控制消息这四个操作。

（1）创建或打开队列，创建的消息队列的数量会受到系统消息队列数量的限制。

```
#include <sys/types.h>
#include <sys/ipc.h>
#include <sys/msg.h>
int msgget(key_t key, int msgflg);
```

参数 key 为消息队列的键值，用来标志多个进程所访问的消息队列是否为同一个队列。其值可以被设置为 IPC_PRIVATE 或 ftok()函数的返回值。指定 key 为 IPC_PRIVATE，内核保证创建一个新的、唯一的 IPC 对象，IPC 标识符与内存中的标识符不会冲突。IPC_PRIVATE 为宏定义，其值等于 0。而一般情况下，key 值可以选择通过 ftok()函数获取。

参数 msgflg 用来设置标志位属性，可以指定 IPC_CREAT，表示如果消息队列不存在，则自动创建。也可以指定 IPC_EXCL，表示如果队列已存在，则返回错误码 EEXIST。同时 msgflg 还必须要指定权限，这一点与文件的 mode 权限一样。一般情况下可以进行如下设置。

```
int msgget(key, IPC_CREAT|IPC_EXCL|0664);
```

上述设置表示，如果消息队列不存在，则自动创建；如果消息队列存在，则返回错误码 EEXIST，表示文件已存在，不需再创建。此时，函数的功能可以认为是创建并打开一个消息队列。如果队列已存在，只需打开，则函数参数可以设置如下。

```
int msgget(key, 0664);
```

msgget()函数返回值为消息队列标识符，用于实现消息队列的发送、接收、控制。

（2）发送消息，即将消息添加到已经打开的消息队列的末尾。

```
#include <sys/types.h>
#include <sys/ipc.h>
#include <sys/msg.h>
int msgsnd(int msqid, const void *msgp, size_t msgsz, int msgflg);
```

参数 msqid 表示消息队列标识符。

参数 msgp 代表添加到消息队列中的消息。

msgp 指向 msgbuf 的指针。

```
struct msgbuf {
    long mtype;        /* message type, must be > 0 */
    char mtext[1];     /* message data */
};
```

其中，mtype 表示消息的类型，用来在读取时可以进行选择性读取，类似于一个标记。mtext 被称为消息正文，用来保存发送的信息。需要特别注意的是，它可以是一个数组，也可以是其他结构（如变量、结构体、字符串等），程序可以自定义。

参数 msgsz 表示消息正文 mtext 的大小。

参数 msgflg 用来设置发送时的属性，当设置为 0 时，表示如果消息无法发送则阻塞直到可以发送为止；当设置为 IPC_NOWAIT 时，表示如果消息无法立即发送（如消息队列已满），则立即返回，为非阻塞。

（3）消息接收，即将按照需求将消息从消息队列中读走（移除）。

```
#include <sys/types.h>
#include <sys/ipc.h>
#include <sys/msg.h>
ssize_t msgrcv(int msqid, void *msgp, size_t msgsz, long msgtyp,
                int msgflg);
```

参数 msqid 表示消息队列的标识符。

与发送时刚好相反，参数 msgp 用来保存读取的消息，注意接收消息的 msgp 应该与写入时保持一致，否则可能会造成数据丢失。

参数 msgsz 表示消息正文的大小。

参数 msgtyp 表示消息类型，消息选择性读取则依赖与该函数。参数 msgtyp 设置如表 6.1 所示。

表 6.1 参数 msgtyp 设置

参数 msgtyp	功能
0	读取消息队列中的第一条消息
>0	读取消息队列中消息类型等于 msgtyp 中的第一条消息（消息队列中可以有相同类型的不同消息）
<0	读取消息队列中不小于 msgtyp 绝对值且类型最小的第一条消息

参数 msgflg 与发送函数一致。用来设置接收时的属性，当设置为 0 时，表示如果消息无法读取则阻塞直到可以读取消息为止；当设置为 IPC_NOWAIT 时，表示如果消息无法立即读取（如消息队列为空），函数则立即返回，为非阻塞；当设置为 MSG_NOERROR 时，若返回的消息比 msgsz 字节多，则消息就会截短到 msgsz 字节，且不通知消息发送进程。

（4）消息的控制，可以完成对消息队列的各种操作，如删除、获取属性等。

```
#include <sys/types.h>
#include <sys/ipc.h>
#include <sys/msg.h>
int msgctl(int msqid, int cmd, struct msqid_ds *buf);
```

参数 msqid 表示消息队列的标识符。

参数 cmd 用来设定对消息队列的控制。

参数 buf 指向已经定义的结构，该结构用来描述符消息队列的各种属性信息，具体如下。

```
struct msqid_ds {
struct ipc_perm msg_perm;    /* Ownership and permissions */
time_t          msg_stime;   /* Time of last msgsnd(2) */
   time_t          msg_rtime;   /* Time of last msgrcv(2) */
   time_t          msg_ctime;   /* Time of last change */
   unsigned long   __msg_cbytes; /* Current number of bytes in
                                    queue (nonstandard) */
   msgqnum_t       msg_qnum;    /* Current number of messages
                                    in queue */
   msglen_t        msg_qbytes;  /* Maximum number of bytes
                                    allowed in queue */
   pid_t           msg_lspid;   /* PID of last msgsnd(2) */
   pid_t           msg_lrpid;   /* PID of last msgrcv(2) */
};
```

参数 cmd 用来设定函数执行何种控制，可以被设置为以下情况。如果设置为 IPC_STAT，则获取消息队列的属性信息，并保存在第三个参数中；如果设置为 IPC_SET，表示设置消息队列的属性信息，即通过第三个参数设置消息队列属性；如果设置为 IPC_RMID，则删除消息队列，则第三个参数可赋值为 NULL。

6.1.2 消息队列编程

下面将通过简单的示例展示消息队列的基本的使用。在该示例中，一个进程向消息队列中发送消息，另外一个进程从消息队列中读取消息。

发送消息的代码如例 6-1 所示。

例 6-1 利用消息队列发送消息。

```
1 #include <stdio.h>
2 #include <sys/types.h>
3 #include <sys/ipc.h>
4 #include <sys/msg.h>
5 #include <string.h>
6 #include <errno.h>
7
8 #define N 128
9 #define SIZE sizeof(struct msgbuf) - sizeof(long)
10 struct msgbuf{
11    long mtype;
12    int a;
13    char b;
14    char buf[N];
15 };
16 int main(int argc, const char *argv[])
17 {
18    key_t key;
19 /*创建 key 值*/
20    if((key = ftok(".", 'a')) < 0){
21        perror("ftok error");
22        return -1;
23    }
24 /*创建或打开消息队列*/
```

```
25      int msqid;
26      struct msgbuf msg;
27      if((msqid = msgget(key, IPC_CREAT|IPC_EXCL|0664)) < 0){
28          if(errno != EEXIST){
29              perror("msgget error");
30              return -1;
31          }
32          else{
33              /*如果消息队列已存在，则打开消息队列*/
34              msqid = msgget(key, 0664);
35          }
36      }
37  /*封装消息到结构体*/
38      msg.mtype = 100;
39      msg.a = 10;
40      msg.b = 'm';
41      strcpy(msg.buf, "hello");
42  /*发送消息*/
43      if(msgsnd(msqid, &msg, SIZE, 0) < 0){
44          perror("msgsnd error");
45          return -1;
46      }
47  /*调用 Shell 命令查看系统中的消息队列*/
48      system("ipcs -q");
49      return 0;
50  }
```

读取消息的代码如例 6-2 所示。

例 6-2　利用消息队列接收消息。

```
 1 #include <stdio.h>
 2 #include <sys/types.h>
 3 #include <sys/ipc.h>
 4 #include <sys/msg.h>
 5 #include <string.h>
 6 #include <errno.h>
 7
 8 #define N 128
 9 #define SIZE sizeof(struct msgbuf) - sizeof(long)
10 struct msgbuf{
11     long mtype;
12     int a;
13     char b;
14     char buf[N];
15 };
16 int main(int argc, const char *argv[])
17 {
18     key_t key;
19 /*创建 key 值*/
20     if((key = ftok(".", 'a')) < 0){
21         perror("ftok error");
22         return -1;
23     }
```

```
24  /*创建或打开消息队列*/
25     int msqid;
26     struct msgbuf msg;
27     if((msqid = msgget(key, IPC_CREAT|IPC_EXCL|0664)) < 0){
28         if(errno != EEXIST){
29             perror("msgget error");
30             return -1;
31         }
32         else{
33             /*如果消息队列已存在，则打开消息队列*/
34             msqid = msgget(key, 0664);
35         }
36     }
37  /*封装消息到结构体*/
38     msg.mtype = 100;
39     msg.a = 10;
40     msg.b = 'm';
41     strcpy(msg.buf, "hello");
42  /*发送消息*/
43     if(msgsnd(msqid, &msg, SIZE, 0) < 0){
44         perror("msgsnd error");
45         return -1;
46     }
47  /*调用 Shell 命令查看系统中的消息队列*/
48     system("ipcs -q");
49     return 0;
50 }
```

　　先运行消息发送的程序，再运行消息读取的程序。运行结果如下，可以看出通过 Shell 命令 "ipcs -q" 查询到消息队列创建成功。再运行读取消息的程序，正确读取出消息中的信息，并再次通过 Shell 命令 "ipcs -q" 查询到当前系统中已没有消息队列，说明消息队列已经删除成功。

```
linux@Master:~/1000phone/msg$ ./write

------ Message Queues --------
key        msqid      owner      perms      used-bytes   messages
0x61011c3f 0          linux      664        136          1

linux@Master:~/1000phone/msg$ ./read
a = 10 b = m buf = hello

------ Message Queues --------
key        msqid      owner      perms      used-bytes   messages
```

6.1.3　消息队列实验

　　6.1.2 节介绍了消息队列的基本接口使用，本节将通过一个实验完成更加复杂的需求。实验将实现两个终端的信息交互，类似于聊天。在一个终端中输入，信息可以实时显示到另一个终端，反之同理。实验设计的原理如图 6.2 所示。

　　终端 1 代码具体如例 6-3 所示，子进程发送消息，父进程接收消息。

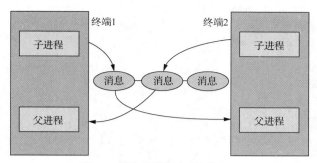

图 6.2 消息队列实验设计的原理

例 6-3 终端 1 运行程序。

```
1 #include <stdio.h>
2 #include <sys/types.h>
3 #include <sys/ipc.h>
4 #include <sys/msg.h>
5 #include <string.h>
6 #include <errno.h>
7 #include <signal.h>
8
9 #define N 128
10 #define SIZE sizeof(struct msgbuf) - sizeof(long)
11 #define TYPE1 100
12 #define TYPE2 200
13
14 struct msgbuf{
15     long mtype;
16     char buf[N];
17 };
18 int main(int argc, const char *argv[])
19 {
20     key_t key;
21 /*创建 key 值*/
22     if((key = ftok(".", 'a')) < 0){
23         perror("ftok error");
24         return -1;
25     }
26 /*创建或打开消息队列*/
27     int msqid;
28     struct msgbuf msg_snd, msg_rcv;
29     if((msqid = msgget(key, IPC_CREAT|IPC_EXCL|0664)) < 0){
30         if(errno != EEXIST){
31             perror("msgget error");
32             return -1;
33         }
34         else{
35             /*如果消息队列已存在, 则打开消息队列*/
36             msqid = msgget(key, 0664);
37         }
38     }
39
40     pid_t pid;
41
42     pid = fork();
```

```
43
44    if(pid < 0){
45        perror("fork error");
46        return -1;
47    }
48    else if(pid == 0){
49        while(1){
50            msg_snd.mtype = TYPE1;
51            fgets(msg_snd.buf, N, stdin);
52            msg_snd.buf[strlen(msg_snd.buf) - 1] = '\0';
53
54            msgsnd(msqid, &msg_snd, SIZE, 0);
55
56            if(strncmp(msg_snd.buf, "quit", 4) == 0){
57                kill(getppid(), SIGKILL);
58                break;
59            }
60        }
61    }
62    else{
63        while(1){
64            msgrcv(msqid, &msg_rcv, SIZE, TYPE2, 0);
65
66            if(strncmp(msg_rcv.buf, "quit", 4) == 0){
67                kill(pid, SIGKILL);
68                goto err;
69            }
70
71            printf("msg_b:%s\n", msg_rcv.buf);
72        }
73    }
74    return 0;
75 err:
76    msgctl(msqid, IPC_RMID, NULL);
77 }
```

终端 2 的代码如例 6-4 所示，同样是子进程发送消息，父进程接收消息。

例 6-4　终端 2 运行程序。

```
 1 #include <stdio.h>
 2 #include <sys/types.h>
 3 #include <sys/ipc.h>
 4 #include <sys/msg.h>
 5 #include <string.h>
 6 #include <errno.h>
 7 #include <signal.h>
 8
 9 #define N 128
10 #define SIZE sizeof(struct msgbuf) - sizeof(long)
11 #define TYPE1 100
12 #define TYPE2 200
13
14 struct msgbuf{
15    long mtype;
16    char buf[N];
17 };
18 int main(int argc, const char *argv[])
```

```
19  {
20      key_t key;
21  /*创建 key 值*/
22      if((key = ftok(".", 'a')) < 0){
23          perror("ftok error");
24          return -1;
25      }
26  /*创建或打开消息队列*/
27      int msqid;
28      struct msgbuf msg_snd, msg_rcv;
29      if((msqid = msgget(key, IPC_CREAT|IPC_EXCL|0664)) < 0){
30          if(errno != EEXIST){
31              perror("msgget error");
32              return -1;
33          }
34          else{
35              /*如果消息队列已存在，则打开消息队列*/
36              msqid = msgget(key, 0664);
37          }
38      }
39
40      pid_t pid;
41
42      pid = fork();
43
44      if(pid < 0){
45          perror("fork error");
46          return -1;
47      }
48      else if(pid == 0){
49          while(1){
50              msg_snd.mtype = TYPE2;
51              fgets(msg_snd.buf, N, stdin);
52              msg_snd.buf[strlen(msg_snd.buf) - 1] = '\0';
53
54              msgsnd(msqid, &msg_snd, SIZE, 0);
55
56              if(strncmp(msg_snd.buf, "quit", 4) == 0){
57                  kill(getppid(), SIGKILL);
58                  break;
59              }
60          }
61      }
62      else{
63          while(1){
64              msgrcv(msqid, &msg_rcv, SIZE, TYPE1, 0);
65
66              if(strncmp(msg_rcv.buf, "quit", 4) == 0){
67                  kill(pid, SIGKILL);
68                  goto err;
69              }
70              printf("msg_a:%s\n", msg_rcv.buf);
71          }
72      }
73      return 0;
74  err:
75      msgctl(msqid, IPC_RMID, NULL);
```

```
76 }
```

终端 2 运行 msg_b.c 输入 "hello"，则终端 1 输出 "hello"；终端 1 运行 msg_a.c 输入 "world"，则终端 2 输出 "world"；当在终端 2 输入 "quit" 时，程序全部退出，并且消息队列删除。

例 6-3 的运行结果如下。

```
linux@Master:~/1000phone/msg/msg$ ./msga
msg_b:hello
world
```

例 6-4 的运行结果如下。

```
linux@Master:~/1000phone/msg/msg$ ./msgb
hello
msg_a:world
quit
已杀死
```

6.2 共享内存

共享内存

6.2.1 共享内存简介

共享内存是一种最为高效的进程间通信方式。因为进程可以直接读写内存，而无须创建任何形式的载体即可完成数据的传递。共享内存的通信原理，与进程的虚拟地址空间映射息息相关。共享内存就是内存共享。多个进程通过访问同一块内存区域，来实现数据的交互。

根据 3.1 节讲述的进程的内存问题，可以很容易理解这种通信原理。一般情况下，每个进程都享有自己的独立的虚拟内存空间，因此不同的进程所映射的物理内存也不相同。而共享内存的通信原理，则刚好是将一块实际的物理内存空间，分别映射到不同进程的虚拟地址空间上，这样进程只需要关注映射属于自己的虚拟地址即可，其访问的空间则为同一块空间。

这样的操作虽然很高效，但也有缺陷。因为多个进程同时访问同一共享的资源，则会产生竞态，从而导致数据的不确定性。这一点与多线程通信是一样的。因此共享内存这种通信机制基本不能单独使用，而是需要结合一定的同步互斥机制，保证数据的访问不会出现问题。共享内存的通信原理如图 6.3 所示。

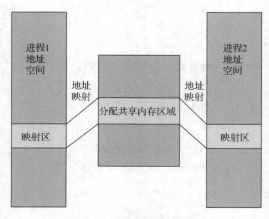

图 6.3 共享内存的通信原理

　　共享内存的实现很简单。第一步，需要获得一块共享内存段；第二步，将创建的共享内存段映射到不同的进程空间上，便可直接访问；第三步，如果当前进程不需要访问该共享区域，则选择断开映射处理；第四步当不需要使用共享内存时，则选择释放共享内存段。

　　（1）创建或打开共享内存段。

```
#include <sys/ipc.h>
#include <sys/shm.h>
int shmget(key_t key, size_t size, int shmflg);
```

　　shmget()函数用来创建或打开一个共享内存段。参数 key 为键值，其可以被设置为 ftok()函数的返回值，也可以被设置为 IPC_PRIVATE。这一点与上一节中的消息队列的处理是一致的。size 用来设置创建的共享内存段的大小。参数 shmflg 设置与 msgget()函数一致。通常可以被设置为 IPC_CREAT|IPC_EXCL|mode，表示创建并打开共享内存段。函数执行成功则返回共享内存的标识符。

　　（2）将共享内存段映射到进程的虚拟地址空间上。

```
#include <sys/types.h>
#include <sys/shm.h>
void *shmat(int shmid, const void *shmaddr, int shmflg);
```

　　shmat()函数用来连接共享内存段到进程的虚拟地址空间上，即建立映射关系。参数 shmid 为共享内存的标识符。参数 shmaddr 一般设置为 NULL，表示系统将会自动在进程的虚拟地址空间选择一块合适的区域与共享内存段建立映射关系。当参数 shmflg 设置为 0 时，表示共享内存区域可读写；当 shmflg 设置为 SHM_RDONLY 时，表示共享内存只读。函数最重要的在于其返回值，函数执行成功，则返回与物理地址建立映射关系的进程虚拟地址（进程操作的地址）。

　　（3）将共享内存段与进程的虚拟地址空间映射关系断开。

```
#include <sys/types.h>
#include <sys/shm.h>
 int shmdt(const void *shmaddr);
```

　　shmdt()函数用于将共享内存段与进程虚拟地址空间断开。参数 shmaddr 为映射断开之后的虚拟地址。

　　（4）共享内存放入控制。

```
#include <sys/ipc.h>
#include <sys/shm.h>
 int shmctl(int shmid, int cmd, struct shmid_ds *buf);
```

　　shmctl()函数用来实现对共享内存的控制。参数 shmid 为共享内存的标识符。参数 cmd 用来实现对共享内存的控制。参数 buf 指向的结构用来描述共享内存的属性，如下所示。

```
struct shmid_ds {
   struct ipc_perm shm_perm;    /* Ownership and permissions */
   size_t        shm_segsz;   /* Size of segment (bytes) */
   time_t        shm_atime;   /* Last attach time */
   time_t        shm_dtime;   /* Last detach time */
   time_t        shm_ctime;   /* Last change time */
   pid_t         shm_cpid;    /* PID of creator */
   pid_t         shm_lpid;    /* PID of last shmat(2)/shmdt(2) */
   shmatt_t       shm_nattch;  /* No. of current attaches */
    ...
```

```
      };
```

参数 cmd 用以设置对共享内存的操作，可以被设置 IPC_STAT，表示获取共享内存的属性保存在第三个参数中；设置为 IPC_SET，表示可以通过第三个参数来设置共享内存的属性；设置为 IPC_RMID 时，表示删除共享内存段，此时第三个参数可以传为 NULL。

6.2.2　共享内存编程

由于共享内存通信时不可单独使用，因此本示例将不会同时操作共享内存，而采用进程向共享内存中写入，之后另一个进程再进行读取。

写共享内存的代码如例 6-5 所示。

例 6-5　写共享内存。

```
 1 #include <stdio.h>
 2 #include <sys/types.h>
 3 #include <sys/ipc.h>
 4 #include <sys/shm.h>
 5 #include <errno.h>
 6
 7 struct shmbuf{
 8    int a;
 9    char b;
10 };
11
12 int main(int argc, const char *argv[])
13 {
14    key_t key;
15
16    if((key = ftok(".", 'q')) < 0){
17        perror("ftok error");
18        return -1;
19    }
20
21    int shmid;
22    struct shmbuf *shm;
23    /*创建并打开共享内存*/
24    if((shmid = shmget(key, 512, IPC_CREAT|IPC_EXCL|0664)) < 0){
25        if(errno != EEXIST){
26            perror("shmget error");
27            return -1;
28        }
29        else{
30            /*如果共享内存段已存在，则打开*/
31            shmid = shmget(key, 512, 0664);
32        }
33    }
34    /*用自定义的结构体指针接收函数的返回值*/
35    if((shm = shmat(shmid, NULL, 0)) > 0){
36        printf("shm:%p\n", shm);
37    }
38
39    /*向虚拟内存写入数据*/
40    shm->a = 10;
```

```
41      shm->b = 's';
42      /*断开映射*/
43      if(shmdt(shm) < 0){
44          perror("shmdt error");
45          return -1;
46      }
47
48      system("ipcs -m");
49      return 0;
50 }
```

读共享内存的代码如例 6-6 所示。

例 6-6　读共享内存。

```
 1 #include <stdio.h>
 2 #include <sys/types.h>
 3 #include <sys/ipc.h>
 4 #include <sys/shm.h>
 5 #include <errno.h>
 6
 7 struct shmbuf{
 8     int a;
 9     char b;
10 };
11
12 int main(int argc, const char *argv[])
13 {
14     key_t key;
15
16     if((key = ftok(".", 'q')) < 0){
17         perror("ftok error");
18         return -1;
19     }
20
21     int shmid;
22     struct shmbuf *shm;
23     if((shmid = shmget(key, 512, IPC_CREAT|IPC_EXCL|0664)) < 0){
24         if(errno != EEXIST){
25             perror("shmget error");
26             return -1;
27         }
28         else{
29             shmid = shmget(key, 512, 0664);
30         }
31     }
32
33     if((shm = shmat(shmid, NULL, 0)) > 0){
34         printf("shm:%p\n", shm);
35     }
36
37     /*从虚拟内存中读取数据*/
38     printf("a = %d b = %c\n", shm->a, shm->b);
39
40     if(shmdt(shm) < 0){
41         perror("shmdt error");
42         return -1;
```

```
43    }
44    /*删除共享内存*/
45    shmctl(shmid, IPC_RMID, NULL);
46
47    system("ipcs -m");
48    return 0;
49 }
```

在本次代码中，使用自定义的结构体指针 shm 接收映射处理 shmat() 函数的返回值。由于 shmat() 函数的返回值为与物理地址建立连接的虚拟地址，因此 shm 接收返回值之后，则可以理解为该结构体在虚拟地址空间上。因此，进程只需操作该结构体即可完成通信。程序运行结果如下，先执行写操作，再执行读操作。可以看出创建共享内存成功，并写入数据。同时读取成功，删除共享内存段。

```
linux@Master:~/1000phone/shm$ ./write
shm:0x7f4ed5425000

------ Shared Memory Segments --------
key        shmid      owner      perms      bytes      nattch     status
0x71010670 557069     linux      664        512        0
linux@Master:~/1000phone/shm$ ./read
shm:0x7f7edb9e7000
a = 10 b = s

------ Shared Memory Segments --------
key        shmid      owner      perms      bytes      nattch     status
```

6.3 信号灯

信号灯

6.3.1 信号灯简介

6.2 节主要介绍了共享内存的使用，共享内存作为进程间最高效的通信机制，其缺陷也十分明显。为了保证进程在访问同一内存区域而不会产生竞态，共享内存需要与同步互斥机制配合使用。System V 提供了这种机制，配合共享内存使用。

信号灯也可以称为信号量集。顾名思义，即信号量的集合。在 4.2.5 节中，已经介绍了信号量的使用。信号灯其操作与信号量基本类似，不同的是信号灯可以操作多个信号量。对每个信号量的核心操作为 PV 操作，P 操作即申请信号量，如果信号量的值大于 0 则申请成功，信号量的值减 1，如果信号量的值为 0 则申请阻塞；V 操作即释放信号量，如果释放成功，则信号量的值加 1。

信号量集的操作包括创建或打开信号量集、信号量集控制的（信号量初始化、信号量删除）、PV 操作等。具体情况如下。

1. 创建或打开信号量集

```
#include <sys/types.h>
#include <sys/ipc.h>
#include <sys/sem.h>
int semget(key_t key, int nsems, int semflg);
```

semget() 函数用来创建或打开一个信号量集合。参数 key 值为键值，其可以被设置为 IPC_PRIVATE 或 ftok() 函数的返回值，与消息队列、共享内存的设置方式相同。参数 nsems 用来设

置本次信号量集合中信号量的个数。参数 semflg 可以设置为 IPC_CREAT、IPC_EXCL，设置方式
与消息队列、共享内存的设置方式相同。函数执行成功则返回信号量集的标识符。

2. 信号量集控制（信号量初始化、信号量删除等）

```
#include <sys/types.h>
#include <sys/ipc.h>
#include <sys/sem.h>
int semctl(int semid, int semnum, int cmd, ...);
```

semctl()函数用来实现对信号量集中的信号量进行控制操作。参数 semid 表示信号量集的标识符。
参数 semnum 表示操作的信号量的编号，信号量集合中的信号量的编号从 0 开始，与数组元素类似。
参数 cmd 表示对信号量的操作。参数…表示函数的附加参数。是否需要传递第四个参数，则需要由
cmd 决定。第四个参数为共用体，具体细节如下。

```
union semun {
    int         val;  /* 当设置信号量的值时，需要该成员*/
    struct semid_ds *buf;  /*描述信号量集的属性，当设置、获取信号量属性时需要该成员 */
    unsigned short *array;  /* Array for GETALL, SETALL */
    struct seminfo *__buf;  /* Buffer for IPC_INFO
                                   (Linux-specific) */
};
```

其成员 semid_ds 描述信号量集合属性，具体属性如下。

```
struct ipc_perm {
    key_t        __key; /* Key supplied to semget(2) */
    uid_t        uid;  /* Effective UID of owner */
    gid_t        gid;  /* Effective GID of owner */
    uid_t        cuid; /* Effective UID of creator */
    gid_t        cgid; /* Effective GID of creator */
    unsigned short mode; /* Permissions */
    unsigned short __seq; /* Sequence number */
};
```

参数 cmd 设置操作的方式有多种情况。当 cmd 设置为 IPC_STAT 时，获取信号量的属性并保存
在第三个参数的共用体的成员 struct semid_ds 中；当 cmd 设置为 IPC_SET 时，设置信号量的属性；
当设置为 IPC_RMID 时，则删除编号为 semnum 的信号量；当设置为 SETVAL 时，则通过第四个参
数的成员 val 设置编号为 semnum 的信号量的初始值；当设置为 GETVAL 时，则获取编号为 semnum
的信号量的值。

3. PV 操作（申请信号量、释放信号量）

```
#include <sys/types.h>
#include <sys/ipc.h>
#include <sys/sem.h>
int semop(int semid, struct sembuf *sops, unsigned nsops);
```

semop()函数用来实现对信号量的申请及释放。参数 semid 表示信号量集的标识符；参数 nsops
表示本次将操作信号量的个数；参数 sops 则指向一个结构，该结构用来设置信号量的 PV 操作，该
结构内容如下。

```
struct sembuf{
```

```
        unsigned short sem_num;  /*信号量的编号*/
        short        sem_op;   /*信号量执行操作*/
        short        sem_flg;  /*信号量操作标志*/
    ]
```

其中，sem_op 用来设置 PV 操作。如果 sem_op 设置为大于 0，则信号量的值增加，即释放信号量，一般设置为 1，表示释放信号量，值加 1。如果 sem_op 设置为小于 0，则信号量的值减少，即申请信号量，一般设置为-1；表示申请信号量，值减 1。

sem_flg 可以被设置为 0，也可以被设置为 SEM_UNDO。设置 SEM_UNDO 表示在进程没释放信号量而退出时，系统自动释放该进程中未释放的信号量。

6.3.2　信号灯编程

下面将通过例 6-7 展示函数的基本操作。初始化两个信号量（初始值同为 0），并进行 PV 操作。

例 6-7　信号灯操作测试。

```
1  #include <stdio.h>
2  #include <sys/types.h>
3  #include <sys/ipc.h>
4  #include <sys/sem.h>
5  #include <errno.h>
6
7  #define errlog(errmsg) do{perror(errmsg);\
8                         printf("--%s--%s--%d--\n",\
9                         __FILE__, __FUNCTION__, __LINE__);\
10                        return -1;}while(0)
11 union semun{
12     int val;
13 };
14 int main(int argc, const char *argv[])
15 {
16     key_t key;
17
18     if((key = ftok(".", 'q')) < 0){
19         errlog("ftok error");
20     }
21
22     int semid;
23     /*创建并打开信号量集, 集合中有两个信号量*/
24     if((semid = semget(key, 2, IPC_CREAT|IPC_EXCL|0665)) < 0){
25         if(errno != EEXIST){
26             errlog("semget error");
27         }
28         else{
29         /*如果信号量集已存在，则打开即可*/
30             semid = semget(key, 2, 0664);
31         }
32     }
33
34     union semun semun;
35     struct sembuf sem;
36     /*初始化信号量的值,第一个信号量的编号为 0,第二个信号量的编号为 1*/
```

```
37    semun.val = 1;
38    semctl(semid, 0, SETVAL, semun);
39
40    semun.val = 1;
41    semctl(semid, 1, SETVAL, semun);
42
43    /*对编号为 0 的信号量执行申请操作*/
44    sem.sem_num = 0;
45    sem.sem_op = -1;
46    sem.sem_flg = 0;
47    semop(semid, &sem, 1);
48
49    /*对编号为 1 的信号量执行释放操作*/
50    sem.sem_num = 1;
51    sem.sem_op = 1;
52    sem.sem_flg = 0;
53    semop(semid, &sem, 1);
54
55    /*获取信号量的值*/
56    int retval;
57    retval = semctl(semid, 0, GETVAL);
58    printf("NO.0 retval = %d\n", retval);
59
60    retval = semctl(semid, 1, GETVAL);
61    printf("NO.1 retval = %d\n", retval);
62
63    /*删除信号量*/
64    semctl(semid, 0, IPC_RMID);
65    semctl(semid, 1, IPC_RMID);
66
67    return 0;
68 }
```

运行结果如下，可以看出信号量集合中的两个信号量，执行申请、释放成功。

```
linux@Master:~/1000phone/sem$ ./a.out
NO.0 retval = 0
NO.1 retval = 2
```

6.3.3　信号灯实验

6.2.2 节介绍了共享内存的基本编程，通过进程向共享内存区域写入数据，之后其他进程从该区域中读取数据。然而数据传递往往不是一次就可以结束的，如果在进程进行读取操作时时，其他进程再次写入，则会产生数据的丢失，产生竞态。因此，本节将对 6.2.2 节中的例 6-5 与例 6-6 进行完善，使之在读写操作共享内存时，可以按照规则顺序，合理读写。

写共享内存的代码如例 6-8 所示，程序不退出，可以持续从终端输入。

例 6-8　信号灯结合写共享内存。

```
1 #include <stdio.h>
2 #include <sys/types.h>
3 #include <sys/ipc.h>
4 #include <sys/shm.h>
5 #include <errno.h>
```

```
 6 #include <sys/sem.h>
 7 #include <string.h>
 8
 9 #define N 128
10 struct shmbuf{
11     char buf[N];
12 };
13 union semun{
14     int val;
15 };
16 int main(int argc, const char *argv[])
17 {
18     key_t key;
19
20     if((key = ftok(".", 'q')) < 0){
21         perror("ftok error");
22         return -1;
23     }
24
25     int shmid;
26     struct shmbuf *shm;
27     if((shmid = shmget(key, 512, IPC_CREAT|IPC_EXCL|0664)) < 0){
28         if(errno != EEXIST){
29             perror("shmget error");
30             return -1;
31         }
32         else{
33             shmid = shmget(key, 512, 0664);
34         }
35     }
36
37     if((shm = shmat(shmid, NULL, 0)) > 0){
38         printf("shm:%p\n", shm);
39     }
40
41     int semid;
42     union semun semun;
43
44     struct sembuf sem;
45     semid = semget(key, 2, IPC_CREAT|IPC_EXCL|0664);
46
47     if(semid < 0){
48         if(errno != EEXIST){
49             perror("semget error");
50             return -1;
51         }
52         else{
53             semid = semget(key, 2, 0664);
54         }
55     }
56     else{
57         /*初始化信号量的值*/
58         semun.val = 0;
59         semctl(semid, 0, SETVAL, semun);
60         semun.val = 1;
61         semctl(semid, 1, SETVAL, semun);
```

```
62        }
63
64        while(1){
65            /*申请写操作信号量*/
66            sem.sem_num = 1;
67            sem.sem_op = -1;
68            sem.sem_flg = 0;
69            semop(semid, &sem, 1);
70
71            fgets(shm->buf, N, stdin);
72            shm->buf[strlen(shm->buf) - 1] = '\0';
73
74
75            /*释放读操作信号量*/
76            sem.sem_num = 0;
77            sem.sem_op = 1;
78            sem.sem_flg = 0;
79            semop(semid, &sem, 1);
80
81            if(strncmp(shm->buf, "quit", 4) == 0){
82                goto ERR;
83            }
84        }
85        return 0;
86    ERR:
87        shmdt(shm);
88    }
```

读共享内存的代码如例 6-9 所示，程序不退出，可以持续读取。

例 6-9　信号灯结合读共享内存。

```
1  #include <stdio.h>
2  #include <sys/types.h>
3  #include <sys/ipc.h>
4  #include <sys/shm.h>
5  #include <errno.h>
6  #include <sys/sem.h>
7  #include <string.h>
8
9  #define N 128
10 struct shmbuf{
11     char buf[N];
12 };
13 union semun{
14     int val;
15 };
16 int main(int argc, const char *argv[])
17 {
18     key_t key;
19
20     if((key = ftok(".", 'q')) < 0){
21         perror("ftok error");
22         return -1;
23     }
24
25     int shmid;
```

```
26      struct shmbuf *shm;
27      /*创建并打开共享内存*/
28      if((shmid = shmget(key, 512, IPC_CREAT|IPC_EXCL|0664)) < 0){
29          if(errno != EEXIST){
30              perror("shmget error");
31              return -1;
32          }
33          else{
34              /*如果共享内存已存在，则打开*/
35              shmid = shmget(key, 512, 0664);
36          }
37      }
38
39      /*建立映射*/
40      if((shm = shmat(shmid, NULL, 0)) > 0){
41          printf("shm:%p\n", shm);
42      }
43
44      int semid;
45      union semun semun;
46
47      struct sembuf sem;
48      /*创建并打开信号量集合*/
49      semid = semget(key, 2, IPC_CREAT|IPC_EXCL|0664);
50
51      if(semid < 0){
52          if(errno != EEXIST){
53              perror("semget error");
54              return -1;
55          }
56          else{
57              /*如果信号量集存在，则打开*/
58              semid = semget(key, 2, 0664);
59          }
60      }
61      else{
62          /*初始化信号量的值
63           *将编号为 0 的信号量定义为读操作信号量
64           *读操作信号量初始化值为 0
65           */
66          semun.val = 0;
67          semctl(semid, 0, SETVAL, semun);
68          /*将编号为 1 的信号量定义为写操作信号量
69           *写操作信号量初始值为 1
70           */
71          semun.val = 1;
72          semctl(semid, 1, SETVAL, semun);
73      }
74
75      while(1){
76          /*申请读操作信号量*/
77          sem.sem_num = 0;
78          sem.sem_op = -1;
79          sem.sem_flg = 0;
80          semop(semid, &sem, 1);
```

```
81
82            if(strncmp(shm->buf, "quit", 4) == 0){
83                goto ERR;
84            }
85            printf("buf:%s\n", shm->buf);
86
87            /*释放写操作信号量*/
88            sem.sem_num = 1;
89            sem.sem_op = 1;
90            sem.sem_flg = 0;
91            semop(semid, &sem, 1);
92        }
93        return 0;
94 ERR:
95        shmdt(shm);
96        shmctl(shmid, IPC_RMID, NULL);
97        semctl(semid, 0, IPC_RMID, NULL);
98        semctl(semid, 1, IPC_RMID, NULL);
99 }
```

运行结果如下，从终端输入，另外一个进程则读取数据并输出，当输入"quit"时，程序全部退出，且删除一切资源。

```
linux@Master:~/1000phone/sem$ ./write
shm:0x7ffcee3df000
hello
world
quit
```

执行读操作程序。

```
linux@Master:~/1000phone/sem$ ./read
shm:0x7f20ccdb4000
buf:hello
buf:world
```

6.4 本章小结

System V IPC 是通信机制中十分重要的内容，本章主要介绍了 System V 的三种通信机制：消息队列、共享内存、信号灯。消息队列的特点是可以按照信息的类型选择性读取。共享内存作为通信机制中最高效的一种，需要与信号灯搭配一起使用，信号灯用于实现进程之间的同步和互斥的机制。这些通信机制特点明显，适应场合较多，但接口较多，需要熟悉其功能，并加以应用。

6.5 习题

1. 填空题

（1）可以对信息进行选择性读取的通信机制是＿＿＿＿＿。
（2）用来生成 key 值的函数接口是＿＿＿＿＿。
（3）共享内存建立映射关系的函数接口是＿＿＿＿＿。
（4）信号灯的核心操作是＿＿＿＿＿。

（5）删除一个 System V IPC 的对象的标志是_____。

2. 选择题

（1）常用来进行多任务同步的机制是（　　）。

    A. 管道   B. 信号量集   C. 信号   D. 共享内存

（2）下列不属于 System V IPC 的是（　　）。

    A. 消息队列   B. 信号灯   C. 信号   D. 共享内存

（3）在进程通信中，通信效率最高的通信方式是（　　）。

    A. semaphore   B. sharedmemory   C. fifo   D. message queue

（4）消息队列发送消息，消息将被添加到队列的（　　）。

    A. 开头   B. 任意位置   C. 用户定义位置   D. 末尾

（5）共享内存建立的函数 shmat() 的返回值是（　　）。

    A. NULL   B. 与共享内存建立映射的进程虚拟地址

    C. 共享内存的实际物理地址   D. 0

3. 思考题

（1）简述消息队列的工作原理。

（2）简述共享内存的通信原理。

4. 编程题

使用 System V 的通信接口编写程序实现信号量的申请、释放操作，只写申请、释放部分。

第7章 Linux网络编程概述

本章学习目标
- 了解计算机网络的发展史
- 掌握网络体系结构 OSI 参考模型、TCP/IP 模型的使用方法
- 掌握网络协议、网络端口、IP 地址、子网掩码的使用方法
- 掌握 TCP 和 UDP 的使用方法

本章将开始介绍有关网络编程的知识。通过学习本章内容，可为后续 Linux 网络编程奠定基础。本章首先介绍计算机网络的模型，即网络协议分层，旨在帮助读者对网络建立初步的、全面立体的认识；其次介绍与网络相关的一些基本概念，包括协议、端口、地址等；最后介绍应用非常广泛的传输控制协议（Transmission Control Protocol，TCP）和用户数据报协议（User Datagram Protocol，UDP）的基本概念及其区别。

7.1 网络概述

网络概述

7.1.1 Internet 的历史

互联网（Internet），又称为网际网络，或因特网，是网络与网络之间串联成的庞大网络，这些网络以一组通用的协议相连，形成逻辑上的单一且巨大的全球化网络。在这个网络中有交换机、路由器等网络设备，各种不同的连接链路、种类繁多的服务器和数不尽的计算机、终端。使用互联网可以将信息瞬间发送到千里之外的人手中，它是信息社会的基础。

1958 年，美国总统艾森豪威尔向美国国会提出建立国防部高级研究计划署（Defense Advanced Research Project Agency，DARPA），简称 ARPA。1968 年 6 月 ARPA 提出"资源共享计算机网络"（Resource Sharing Computer Networks），目的是让 ARPA 的所有计算机互联起来，这个网络叫作 ARPAnet（阿帕网），是 Internet 的雏形。

早期的 ARPAnet 使用网络控制协议（Network Control Protocol，NCP），不能互联不同类型的计算机和不同类型的操作系统，没有纠错功能。1973 年，由罗伯特·卡恩（Robert Kahn）和文顿·瑟夫（Vinton Cerf）两人合作为 ARPAnet 开发了新的互联协议。1974 年，两人正式发表第一份 TCP 详细说明。此协议在数据包丢失时不能有效的纠正。

TCP 分成了两个不同的协议：用来检测网络传输中差错的传输控制协议（TCP）；专门负责对不同网络进行互联的互联网协议（IP）。1983 年，ARPAnet 上停止使用 NCP，互联网上的主机全部使用 TCP/IP。TCP/IP 称为 Internet 的"世界语"。

7.1.2 网络体系结构

网络体系结构指的是网络的分层结构和每层所使用协议的集合。通俗地说，网络体系结构就是网络采用分而治之的方法设计，将网络的功能划分为不同的模块，以分层的形式有机组合在一起。每层实现的不同的功能。其内部实现方法对外部其他层次来说是透明的。每层向上层提供服务，同时使用下层提供的服务。

这其中最著名的体系结构为 OSI 参考模型。开放式系统互联（Open System Interconnection，OSI）是基于国际标准化组织（International Organization for Standardization，ISO）的建议发展起来的。该模型定义了不同计算机互联的标准，是设计和描述计算机网络通信的基本框架。OSI 参考模型把网络通信的工作分为 7 层，即物理层、数据链路层、网络层、传输层、会话层、表示层和应用层。这个 7 层的协议模型规定得非常细致和完善。但在实际中没有被广泛地应用，其重要的原因是它过于复杂。尽管如此，它仍然是此后很多协议模型的基础。OSI 参考模型如图 7.1 所示。

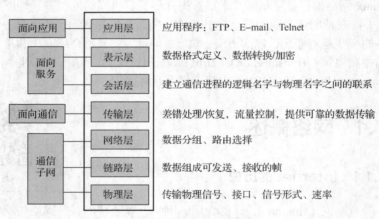

图 7.1　OSI 参考模型

7.1.3 TCP/IP 协议族体系结构

OSI 参考模型作为网络体系结构的参考模型，为很多协议模型提供了参考。其中与其有所区别的 TCP/IP 模型则十分重要。TCP/IP 模型将 OSI 的 7 层协议模型简化为 4 层，从而更有利于实现和高效通信。OSI 参考模型与 TCP/IP 参考模型的对应关系如图 7.2 所示。

特别需要注意的是，TCP/IP（Transmission Control Protocol/Internet Protocol）中译名为传输控制协议/因特网互联协议。但通常情况下，TCP/IP 指的是一个协议族，由一组专业化的协议组成。这些协议包括 IP、TCP、UDP、ARP（Address Resolution Protocol，地址解析协议）、ICMP（Internet Control Message Protocol，互联网控制报文协议）、SMTP（Simple Mail Transfer Protocol，简单邮件传输协议）、SNMP（Simple Network Management Protocol，简单网络管理协议）、HTTP（Hypertext Transfer Protocol，超文本传输协议）、FTP（File Transfer Protocol，文件传输协议）等其他一些被称为子协议的协议。这些协议分别属于 TCP/IP 协议族中的 4 个不同层级，如图 7.3 所示。

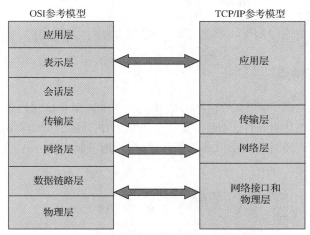

图 7.2　OSI 协议参考模型与 TCP/IP 参考模型对应关系

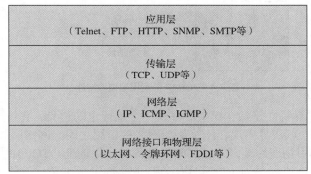

图 7.3　TCP/IP 协议族

TCP/IP 是 Internet 最基本的协议。它是 Internet 国际互联网络的基础。TCP/IP 定义了电子设备如何连入因特网，以及数据如何在它们之间传输的标准。协议采用了 4 层层级结构，每一层都呼叫它的下一层所提供的协议来完成自己的需求。下面将具体讲解各层在 TCP/IP 整体架构中的作用。

（1）网络接口和物理层（有时也可称为链路层）是 TCP/IP 的最底层，负责将二进制流转换为数据帧，并进行数据帧的发送和接收。数据帧是网络传输的基本单元。

（2）网络层负责在主机之间的通信中选择数据包的传输路径，即路由。当网络层接收传输层的请求后，传输某个具有目的地址信息的分组。该层把分组封装在 IP 数据包中，填入数据包的首部，使用路由算法来确定是直接交付数据包，还是把它传递给路由器，最后把数据包交给适当的网络接口进行传输。

网络层同时负责处理传入的数据包。检验其有效性，使用路由算法来决定应该对数据包进行本地处理还是转发。如果数据包目的机处于本机所在的网络，该层软件就会除去数据包的首部，再进行适当的传输层协议来处理这个分组。最后，网络层还要根据需要发出和接收 ICMP 差错和控制报文。

（3）传输层负责实现应用程序之间的通信服务，这种通信又称为端到端通信。传输层要系统地管理信息的流动。还要提供可靠的传输服务。以确保数据到达无差错、无失序。为了达到这个目的，传输层协议软件要进行协商，让接收方回送确认信息及让发送方重发丢失的分组。传输层协议软件把要传输的数据流划分为分组，把每个分组连同目的地址交给网络层去发送。

（4）应用层是分层模型的最高层。应用程序使用相应的应用层协议，把封装好的数据提交给传输层，或从传输层接收数据并处理。

综上可知，TCP/IP 分层模型每一层负责不同的通信功能，互相协作，完成网络传输要求。

7.1.4　TCP/IP 模型特点

TCP/IP 是目前 Internet 上使用最广泛的互联协议，下面简单介绍其特点。

（1）TCP/IP 分层模型边界特性，如图 7.4 所示。TCP/IP 分层模型中有两大边界特性：一个是地址边界特性，它将 IP 逻辑地址与底层网络的硬件地址分开；另一个是操作系统边界特性，它将网络应用与协议软件分开。

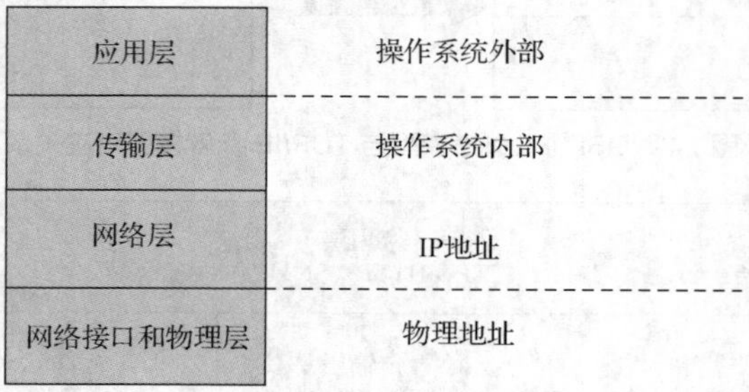

应用层	操作系统外部
传输层	操作系统内部
网络层	IP 地址
网络接口和物理层	物理地址

图 7.4　TCP/IP 分层模型边界特性

TCP/IP 分层模型边界特性是指在模型中存在一个地址上的边界，它将底层网络的物理地址与网络层的 IP 地址分开。该边界出现在网络层与网络接口层之间。网络层和其上的各层均使用 IP 地址，网络接口层则使用物理地址，即底层网络设备的硬件地址。TCP/IP 提供在两种地址之间进行映射的功能。划分地址边界是为了屏蔽底层物理网络的地址细节，以使网络软件地址易于实现和理解。

影响操作系统边界划分的最重要因素是协议的效率问题，在操作系统内部实现的协议软件，其数据传递的效率明显要高。

（2）IP 层特性。IP 层作为通信子网的最高层，提供无连接的数据包传输机制，但 IP 协议并不能保证 IP 包传递的可靠性。TCP/IP 设计原则之一是为包容各种物理网络技术，包容性主要体现在 IP 层中。各种物理网络技术在帧或包格式、地址格式等方面差别很大，TCP/IP 的重要思想之一就是通过 IP 层将各种底层网络技术统一起来，达到屏蔽底层细节，提供统一虚拟网的目的。

IP 层向上层提供统一的 IP 包，使得各种网络帧或包格式的差异性对高层协议不复存在。IP 层是 TCP/IP 实现异构网互联最关键的一层。

（3）TCP/IP 的可靠性特性。在 TCP/IP 网络中，IP 层采用无连接的数据包机制，即只管将数据包尽力传送到目的主机，无论传输正确与否，不做验证，不发确认，也不保证数据包的顺序。TCP/IP 的可靠性体现在传输层协议之一的 TCP。TCP 提供面向连接的服务，因为传输层是端到端的，所以 TCP/IP 的可靠性被称为端到端可靠性。

综上可知，TCP/IP 的特点就是将不同的底层物理网络、拓扑结构隐藏起来，向用户和应用程序提供通用、统一的网络服务。这样，从用户的角度看，整个 TCP/IP 网络就是一个统一的整体，它独立于具体的各种物理网络技术，能够向用户提供一个通用的网络服务。

7.1.5　TCP 与 UDP

本节将简单阐述 TCP（传输控制协议）和 UDP（用户数据报协议）的区别，二者的工作原理及编程实现在后续章节中将会详述。

1. 相同点

二者同为传输层协议。

2. 不同点

TCP 是一种面向连接的传输层协议，它能提供高可靠性通信（数据无误、数据无丢失、数据无失序、数据无重复到达的通信）。TCP 适用于对传输质量要求较高，以及传输大量数据的通信；在需要可靠数据传输的场合，通常使用 TCP。常见使用 TCP 的应用有浏览器等。

TCP 的优点是可靠。稳定的 TCP 的可靠性体现在 TCP 在传输数据之前，会有三次握手来建立连接，而且在数据传递时，有确认机制、窗口、重传机制、阻塞控制机制，在数据传完后，还会断开连接，以节约系统资源。

TCP 的缺点也很明显，具体包括传输慢、效率低、占用系统资源高以及易被攻击。TCP 在传输数据之前，要先建立连接，这会消耗时间，而且在数据传递时，确认机制、重传机制、阻塞控制机制等会消耗大量时间。

UDP 是一种不可靠的无连接的协议。因为不需要连接，所以可以进行高效率的数据传输。UDP 适用于对网络通信质量要求不高、网络通信速度尽量快的通信。常见的 UDP 的应用有 QQ 语音、QQ 视频等。

UDP 的优点是快，比 TCP 稍安全。UDP 没有 TCP 的握手机制、确认机制、窗口、重传机制、阻塞等控制机制。没有 TCP 的这些机制，UDP 较 TCP 被攻击者利用的漏洞就要少一些。UDP 是一个无状态的传输协议，所以它在传输数据时非常快。

UDP 的缺点是不可靠、不稳定。在数据传输时，如果网络质量不好，就容易丢包。

7.2　网络基础知识

网络基础知识

7.2.1　套接字

套接字（socket）最早是由 BSD 在 1982 年引入的通信机制，目前已被广泛移植到主流的操作系统中。对于应用开发人员来说，套接字是一种特殊的 I/O 接口，也是一种文件描述符。套接字是一种常用的进程之间通信机制，不仅能实现本地不同进程之间的通信，而且通过网络能够在不同主机的进程之间进行通信。

对于网络通信而言，每一个套接字都可用网络地址结构（协议、本地地址、本地端口）来表示。套接字通过一个专门的函数创建，并返回一个整型的套接字描述符。随后的各种操作都是通过套接字描述符来实现的。

套接字的分类如下。

（1）流式套接字（SOCK_STREAM）。流式套接字提供了一个面向连接、可靠的数据传输服务，数据无差错、无重复的发送，且按发送顺序接收。内设置流量控制，避免数据流淹没慢的接收方。数据被看作是字节流，无长度限制。TCP 通信使用的就是流式套接字。

（2）数据报套接字（SOCK_DGRAM）。数据报套接字提供无连接服务。数据包以独立数据包的形式被发送，不提供无差错保证，数据可能丢失或重复，顺序发送，可能乱序接收。UDP 通信使用的就是数据报套接字。

（3）原始套接字（SOCK_RAW）。原始套接字允许对较低层次协议（如 IP、ICMP）进行直接访问。虽然它功能强大，但使用较为不便，主要用于一些协议的开发。

套接字所处的位置如图 7.5 所示。

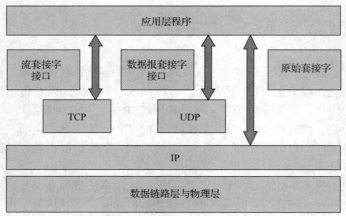

图 7.5　套接字所处的位置

7.2.2　IP 地址

IP 地址是区分同一个网络中的不同主机的唯一标识。Internet 中的主机要与别的机器通信必须具有一个 IP 地址。每个数据包都必须携带目的 IP 地址和源 IP 地址，路由器依靠此信息为数据包选择路由。

IP 地址为 32 位（IPv4，4 字节）或者 128 位（IPv6，16 字节）。通常使用点分十进制表示，如 192.168.1.100。

IP 地址被分为网络号和主机号两部分，网络号位数直接决定了可以分配的网络数，主机号位数则决定了网络中最大的主机数。由于整个互联网所包含的网络规模不太固定，因此将 IP 地址空间划分为不同的类别，每一类具有不同的网络号位数和主机号位数。

IP 地址分为 A、B、C、D、E 5 类。

（1）A 类地址。A 类 IP 地址是指，在 IP 地址的四段号码中，第一段号码为网络号码，剩下的三段号码为本地计算机的号码。如果用二进制表示 IP 地址的话，A 类 IP 地址就由 1 字节的网络地址和 3 字节主机地址组成。因此 A 类 IP 地址中网络的标识长度为 8 位，主机标识的长度为 24 位。A 类 IP 地址的范围为 1.0.0.1 到 127.255.255.254（二进制表示为 00000001 00000000 00000000 00000001 到 01111111 11111111 11111111 11111110）。最后一个地址是广播地址。因此，A 类网络地址数量较少，有 126（2^7-2）个网络，每个网络可以容纳 16777214（$2^{24}-2$）个主机。

A 类地址的子网掩码：255.0.0.0。

（2）B 类地址。B 类 IP 地址是指，在 IP 地址的四段号码中，前两段号码为网络号码。如果用二进制表示 IP 地址的话，B 类 IP 地址就是由 2 字节的网络地址和 2 字节主机地址组成。B 类 IP 地址中网络的标识长度为 16 位，主机标识的长度为 16 位。B 类 IP 地址范围为 128.0.0.1 到 191.255.255.254（二进制表示为 10000000 00000000 00000000 00000001 到 10111111 11111111 11111111 11111110）。因此，B 类网络地址有 16383（$2^{14}-1$）个网络，每个网络可以容纳 65534（$2^{16}-2$）个主机。

B 类地址的子网掩码：255.255.0.0。

（3）C 类地址。C 类 IP 地址是指，在 IP 地址的四段号码中，前三段为网络号码，剩下的一段号码为本地计算机的号码。如果用二进制的表示 IP 地址的话，C 类 IP 地址就是由 3 字节的网络地址和 1 字节的主机地址组成。C 类 IP 地址中网络的标识长度为 24 位，主机标识的长度为 8 位。C

类 IP 地址范围 192.0.0.1 到 223.255.255.254（二进制表示为 11000000 00000000 00000000 00000001 到 11011111 11111111 11111111 11111110）。因此，C 类网络地址有 2097151（$2^{21}-1$）个网络，每个网络最多可容纳 254（2^8-2）个主机。

C 类地址的子网掩码：255.255.255.0。

（4）D 类地址。D 类 IP 地址在历史上被称为多播地址，即组播地址。在以太网中，多播地址命名了一组应该在这个网络中应用接收一个分组的站点，范围从 224.0.0.0 到 239.255.255.255。

其中 x.x.x.0 与 x.x.x.255 不可以作为主机 IP 地址，其中 x.x.x.0 用于表示一个网段，比如 192.168.1.0。x.x.x.255 用于广播地址。

（5）E 类地址。E 类网络地址不分网络号和主机号，其范围为 240.0.0.0 到 247.255.255.255。E 类地址的第 1 个字节的前 5 为固定为 11110。E 类地址目前为保留状态，为以后使用。

由上述的介绍可知，IP 地址有两种不同格式：十进制点分形式和 32 位二进制形式。前者是用户所熟悉的形式，而后者则是网络传输中 IP 地址的存储方式。

1. IP 地址转换函数

IPv4 地址转换函数有 inet_aton()、inet_addr() 和 inet_ntoa()。而 IPv4 和 IPv6 兼容的函数有 inet_pton() 和 inet_ntop()。由于 IPv6 是下一代互联网的标准协议，因此本节将具体举例以 IPv4 为主。

```
#include <sys/socket.h>
#include <netinet/in.h>
#include <arpa/inet.h>
in_addr_t inet_addr(const char *cp);
```

inet_addr() 函数用于将点分十进制的 IP 地址转换为网络字节序（字节序问题详见 7.2.4 节）IP 地址，参数 cp 表示字符串，传入点分十进制的 IP 地址。若传入的字符串有效，则将字符串转换为 32 位二进制网路字节序的 IPv4 地址。

```
#include <sys/socket.h>
#include <netinet/in.h>
#include <arpa/inet.h>
int inet_aton(const char *cp, struct in_addr *inp);
```

inet_aton() 函数用于将点分十进制 IP 地址转换为网络字节序 IP 地址，与 inet_addr() 函数功能一致。参数 cp 表示字符串，传入点分十进制的 IP 地址。inp 为结构体指针，该结构如下所示。

```
struct in_addr{
in_addr_t s_addr;
};
```

该结构用来保存经过转换之后的网络字节序 IP 地址。

```
#include <sys/socket.h>
#include <netinet/in.h>
#include <arpa/inet.h>
char *inet_ntoa(struct in_addr in);
```

inet_ntoa() 函数则与前两个函数功能刚好相反，用于将网络字节序 IP 地址转换为点分十进制 IP 地址。参数 in 表示的结构与上述 inet_aton() 函数中的参数一致。

函数使用如例 7-1 所示，将点分十进制 IP 地址与网络字节序的 IP 地址（32 位二进制）进行转换。

例 7-1　IPv4 函数实现 IP 地址转换。

```
 1 #include <stdio.h>
 2 #include <stdlib.h>
 3 #include <sys/socket.h>
 4 #include <arpa/inet.h>
 5
 6 int main(int argc, const char *argv[])
 7 {
 8     int i;
 9     char lo[] = "127.0.0.1";
10     struct in_addr netaddr;
11
12     netaddr.s_addr = inet_addr(lo);
13     printf("NetIP: 0x%x\n", netaddr.s_addr);
14
15     char *straddr = inet_ntoa(netaddr);
16     printf("StrIP: %s\n", straddr);
17
18     int ret = inet_aton(straddr, &netaddr);
19     printf("NetIP: 0x%x\n", netaddr.s_addr);
20     return 0;
21 }
```

运行结果如下所示，成功完成点分十进制与网络字节序地址的转换。

```
linux@Master:~/1000phone$ ./a.out
NetIP: 0x100007f
StrIP: 127.0.0.1
NetIP: 0x100007f
```

2. IPv4 和 IPv6 兼容的函数

```
#include <arpa/inet.h>
int inet_pton(int af, const char *src, void *dst);
```

inet_pton() 函数与之前的描述的 inet_aton() 函数类似，用于将文本字符串转换为网络字节序二进制地址。参数 af 用来设置 IPv4 协议与 IPv6 协议，可以被设置为 AF_INET（表示 IPv4）、AF_INET6（表示 IPv6）。参数 src 传入要转换的 IP 地址字符串。参数 dst 用来指定保存网络字节序结构的地址。

```
#include <arpa/inet.h>
const char *inet_ntop(int af, const void *src, char *dst, socklen_t size);
```

inet_ntop() 函数与 inet_pton() 函数功能刚好相反。用于将网络字节序的二进制地址转换为文本字符串。参数 size 表示用来保存转换之后文本字符串的区域大小。

函数使用如例 7-2 所示，同样可以实现点分十进制与网络字节序地址的转换。

例 7-2　IPv6 兼容函数实现 IP 地址转换。

```
 1 #include <stdio.h>
 2 #include <stdlib.h>
 3 #include <arpa/inet.h>
 4 int main(int argc, const char *argv[])
 5 {
 6     struct in_addr addr;
```

```
7
8     if(inet_pton(AF_INET, "127.0.0.1", &addr.s_addr) == 1)
9         printf("NetIP: %x\n", addr.s_addr);
10
11    char str[20];
12    if(inet_ntop(AF_INET, &addr.s_addr, str, sizeof(str)))
13        printf("StrIP: %s\n", str);
14    return 0;
15 }
```

运行结果如下，成功完成点分十进制与网络字节序地址的转换。

```
linux@Master:~/1000phone$ ./a.out
NetIP: 100007f
StrIP: 127.0.0.1
```

7.2.3 TCP/IP 端口

传输层协议的任务是向位于不同主机（有时候位于同一主机）上的应用程序提供端到端的通信服务。为了完成这个任务，传输层需要采用一种方法来区分一个主机上的应用程序。通俗地说，就是通过端口号来区别一台主机接收的数据包应该转交给哪个进程来处理。

端口号使用 2 个字节（16 位），其范围是 0～65536。按照端口号可以将端口分为以下三大类。

（1）公认端口：端口号 1～1023（1～255 为保留端口，256～1023 被 UNIX 系统占用）。

（2）已登记端口：端口号 1024～49151，分配给用户进程或应用程序。

（3）动态或私有端口：端口号 49152～65536，理论上不为服务分配这些端口。

7.2.4 字节序

字节序又称为主机字节序，是计算机中多字节整型数据的存储方式。字节序有两种：大端（高位字节存储在低位地址，低位字节存储在高位地址）和小端（高位字节存储在高位地址，低位字节存储在低位地址）。在网络通信中，发送方和接收方有可能使用不同的字节序，为了保证数据接收后能正确的解析处理，统一规定：数据以高位字节优先顺序在网络上传输。因此，数据在发送前和接收后都需要进行主机字节序和网络字节序之间的转换。

一般主机的字节序采用小端存储，而网络字节序采用大端存储。验证的示例代码如例 7-3 所示。

例 7-3 字节序测试。

```
1 #include <stdio.h>
2
3 int main(int argc, const char *argv[])
4 {
5     int a = 0x12345678;
6     char *p;
7
8     p = (char *)&a;
9
10    printf("*p = %#x\n", *p);
11
12    if(*p = 0x78){
```

```
13        printf("小端存储\n");
14    }
15    else{
16        printf("大端存储\n");
17    }
18    return 0;
19 }
```

运行结果如下，可知本次实验主机采用的是小端存储。

```
linux@Master:~/1000phone$ ./a.out
*p = 0x78
小端存储
```

字节序转换涉及函数字节序转换涉及 4 个函数：htons()、ntohs()、htonl() 和 ntohl()。这里的 h 代表 host，n 代表 network，s 代表 short，l 代表 long。通常 16 位的 IP 端口用前两个函数处理，而 IP 地址用后两个函数来转换。

```
#include <arpa/inet.h>
uint32_t htonl(uint32_t hostlong);
uint16_t htons(uint16_t hostshort);
```

htonl() 函数、htons() 函数同为将主机字节序转换为网络字节序。参数 hostlong 表示需要转换的主机字节序的长整型数据，参数 hostshort 表示需要转换的主机字节序的短整型数据。

```
#include <arpa/inet.h>
uint32_t ntohl(uint32_t netlong);
uint16_t ntohs(uint16_t netshort);
```

ntohl() 函数、ntohs() 函数同为将网络字节序转换为主机字节序。参数 netlong 表示需要转换的网络字节序的长整型数据，参数 netshort 表示需要转换的网络字节序的短整型数据。

7.3 本章小结

本章以概念性知识为主，主要介绍了关于网络编程所需要的掌握的网络技术，其目的是为了读者可以在后续网络编程中有更好地理解。网络是应用层开发的核心内容。读者需要掌握网络相关的概念性知识。在本章中，首先介绍了 OSI 参考模型，以及 TCP/IP 协议族的分层结构；其次介绍了套接字的分类以及 IP 地址、端口、字节序的基本概念。读者应仔细学习并理解掌握。

7.4 习题

1. 填空题

（1）"资源共享计算机网络"叫作_____。

（2）早期的"阿帕网"使用_____协议。

（3）网络体系结构指的是_____。

（4）OSI 参考模型分为_____层，TCP/IP 模型将其简化为_____层。

（5）在 OSI 参考模型中面向通信的是_____层。

2．选择题

（1）OSI 参考模型中，面向应用的层是（　　　）。

　　A．应用层　　　　　B．表示层　　　　　　C．会话层　　　　　　D．传输层

（2）TCP/IP 协议族体系结构中，不包括（　　　）。

　　A．应用层　　　　　B．会话层　　　　　　C．传输层　　　　　　D．网络层

（3）TCP、IP 分别属于体系结构中的（　　　）。

　　A．网络层、物理层　B．应用层、传输层　C．传输层、网络层　D．应用层、网络层

（4）（　　　）通信机制可以通过网络实现不同主机的进程间通信。

　　A．消息队列　　　　B．共享内存　　　　　C．套接字　　　　　　D．信号

（5）IP 地址中，C 类 IP 地址的子网掩码是（　　　）。

　　A．0.0.0.0　　　　　B．255.0.0.0　　　　　C．255.255.0.0　　　　D．255.255.255.0

3．思考题

（1）简述 TCP（传输控制协议）与 UDP（用户数据报协议）的区别。

（2）简述 TCP/IP 协议族体系结构分层及功能。

4．编程题

编写代码，测试当前自己主机的字节序属于小端存储还是大端存储（本章中示例除外）。

08 第8章 网络基础编程

本章学习目标
- 掌握 TCP、UDP 编程
- 掌握 TCP 连接与断开机制
- 掌握 TCP、UDP 数据包格式、封装及拆解方法
- 掌握 Wireshark 抓包工具使用方法以及数据分析

本章将开始介绍 TCP、UDP 网络基础编程，首先介绍其使用接口，并通过代码示例展示 TCP 编程、UDP 编程的基本框架与流程；其次介绍 TCP、UDP 的数据包格式，以及封装、拆解过程，包括 TCP 建立连接及断开的过程；最后介绍 Wireshark 抓包工具的基本使用，并简单分析 TCP 抓包过程。培养读者网络协议编程的能力。

8.1 TCP 编程

TCP 编程

8.1.1 TCP 编程流程

TCP（传输控制协议）是 TCP/IP 体系中的面向连接的传输层协议，在网络中提供全双工的、可靠的服务。由第 7 章的内容可知，TCP 通信是通过套接字通信机制实现的，具体为流式套接字，用来实现一个面向连接，可靠的数据传输服务。目前较为流行的网络编程模型是客户端、服务器的通信模式。服务器和客户端使用 TCP 通信（同时适用 UDP）的流程如图 8.1 所示。

套接字编程的基本函数有 socket()、bind()、listen()、accept()、send()、sendto()、recv() 及 recvfrom() 等。下面结合图 8.1 简单介绍上述函数的功能。

socket() 函数用于创建一个套接字，同时指定协议和类型。套接字是一个允许通信的"设备"，两个应用程序通过它完成数据的传递。

bind() 函数将保存在相应地址结构中的地址与套接字进行绑定。它主要用于服务器端。客户端创建的套接字可以不绑定地址。

listen() 函数表示监听，在服务器端程序成功创建套接字并与地址进行绑定之后，通过调用 listen() 函数将套接字设置为监听模式（被动模式），准备接收客户端的连接请求。

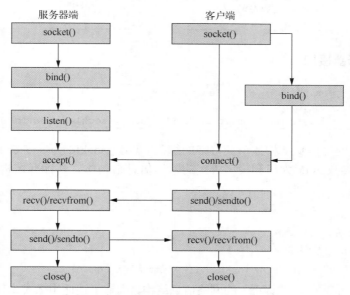

图 8.1　服务器和客户端使用 TCP 编程的流程

accept()函数表示接收，服务器通过调用 accept()函数等待并接收客户端的连接请求。当建立好 TCP 连接后，该操作将返回一个新的已连接套接字。

connect()函数表示连接，客户端通过该函数向服务器端的监听套接字发送连接请求。

send()和 recv()两个函数在 TCP 通信过程中用于发送和接收数据，也可以用在 UDP 中。

sendto()和 recvfrom()两个函数一般用在 UDP 通信中，用于发送和接收数据。

8.1.2　创建套接字

```
#include <sys/types.h>          /* See NOTES */
#include <sys/socket.h>
 int socket(int domain, int type, int protocol);
```

socket()函数创建一个端点用来通信，并返回一个文件描述符。

参数 domain 用来指定一个通信域，选择将使用的协议族通信。其可以设置为 AF_Unix 或者 AF_LOCAL，表示 UNIX 域协议，用于本地通信；也可以设置为 AF_INET 或 AF_INET6，表示 IPv4 协议或 IPv6 协议。

参数 type 用来设置套接字的类型。其可以设置为 SOCK_STREAM，表示套接字类型为流式套接字，用于 TCP 通信；可以设置为 SOCK_DGRAM，表示套接字类型为数据报套接字，用于 UDP 编程；可以设置为 SOCK_RAM，表示套接字类型为原始套接字。

参数 protocol 用来指定某个协议的特定类型。在某个协议中，通常只有一种特定类型，此时，参数 protocol 仅能设置为 0；但是有些协议有多种特定类型，此时就需要设置参数 protocol 来选择特定的类型。

socket()函数使用如例 8-1 所示。

例 8-1　socket()函数的使用。

```
int sockfd;
if ((sockfd = socket(AF_INET, SOCK_STREAM, 0)) < 0){
    perror("fail to socket");
```

```
        return -1;
    }
```

8.1.3　TCP 服务器接口

```
#include <sys/types.h>          /* See NOTES */
#include <sys/socket.h>
 int bind(int sockfd, const struct sockaddr *addr, socklen_t addrlen);
```

bind()函数实现网络信息结构体与套接字的绑定。参数 sockfd 为 socket()函数的返回值，表示套接字描述符。参数 addr 为与套接字绑定的网络信息结构体，其标准结构（通用）结构体如下所示。

```
struct sockaddr {
    sa_family_t sa_family;
    char        sa_data[14];
 }
```

但实际使用时，需要传入"真正"的网络信息结构，而非上述通用格式，其结构如下所示。

```
struct sockaddr_in
{
    __SOCKADDR_COMMON (sin_);
    in_port_t sin_port;          /* Port number. */
    struct in_addr sin_addr;      /* Internet address. */

    /* Pad to size of `struct sockaddr'. */
    unsigned char sin_zero[sizeof (struct sockaddr) -
            __SOCKADDR_COMMON_SIZE -
            sizeof (in_port_t) -
            sizeof (struct in_addr)];
 };
```

其中成员__SOCKADDR_COMMON (sin_)的原型定义如下。在宏定义中，##代表的是字符串的拼接。因此该成员的原型为 sa_family_t sin_family。

```
#define __SOCKADDR_COMMON(sa_prefix) \
                        sa_family_t sa_prefix##family
typedef unsigned short int sa_family_t;
```

成员 in_port_t sin_port 为端口。struct in_addr sin_addr 为 IP 地址，其结构如下所示。

```
struct in_addr{
    in_addr_t s_addr;
};
typedef uint32_t in_addr_t;
```

函数 bind()的第三个参数 addrlen 用来指定地址的长度。绑定时一般需要指定 IP 地址和端口，否则内核会随意给该套接字分配一个临时端口。

bind()函数使用如例 8-2 所示。

例 8-2　绑定函数 bind()的使用。

```
struct sockaddr_in serveraddr;
```

```
serveraddr.sin_family = AF_INET;
serveraddr.sin_addr.s_addr = inet_addr("127.0.0.1");
serveraddr.sin_port = htons(7777);

if(bind(sockfd, (struct sockadrr *)&serveraddr, sizeof(serveraddr)) < 0){
    perror("bind error");
    return -1;
}
```

绑定网络信息结构体之后，服务器端则可以进行监听，listen()函数用来将服务器端设置为监听状态。

```
#include <sys/types.h>          /* See NOTES */
#include <sys/socket.h>
 int listen(int sockfd, int backlog);
```

参数 sockfd 为 socket()函数的返回值，为套接字的文件描述符。参数 backlog 表示请求队列中允许的最大请求数（允许连接的最大的客户端数量），大多数系统默认值为 5。

```
#include <sys/types.h>          /* See NOTES */
#include <sys/socket.h>
 int accept(int sockfd, struct sockaddr *addr, socklen_t *addrlen);
```

accept()函数用于等待基于套接字类型的连接请求。直到有客户请求连接并建立连接之后，函数才返回一个新的套接字 sockfd。此后，服务器端即可通过新的套接字 sockfd 与客户端进行通信，而参数中的 sockfd 则继续用于等待接收其他客户端的连接请求。参数 addr 用于保存客户端的网络信息结构体，参数 addrlen 同样为指定地址的长度。

8.1.4　TCP 客户端接口

```
#include <sys/types.h>          /* See NOTES */
#include <sys/socket.h>
 int connect(int sockfd, const struct sockaddr *addr,
              socklen_t addrlen);
```

connect()函数用来通过套接字描述符与服务器建立连接。参数 addr 用来指定服务器端的信息结构体，参数 addrlen 用来指定地址的长度。

```
#include <sys/types.h>
#include <sys/socket.h>
 ssize_t send(int sockfd, const void *buf, size_t len, int flags);
```

send()函数用来通过套接字发送数据。参数 sockfd 为套接字描述符。发送的数据保存在参数 buf 所指向的区域中。参数 len 则用来指定发送数据的长度。flags 一般传递为 0。函数执行成功则返回实际发送的字节数。

```
#include <sys/types.h>
#include <sys/socket.h>
 ssize_t recv(int sockfd, void *buf, size_t len, int flags);
```

recv()函数用来通过套接字接收数据。参数 sockfd 为套接描述符。参数 buf 用来保存接收的数据。参数 len 用来指定接收数据的长度。flags 一般传递为 0。

8.1.5　TCP 编程通信实现

前面章节讲述了实现 TCP 通信的套接字编程接口，下面将通过示例展示其使用，并完成数据的传输。示例中客户端从终端输入信息，然后等待服务器端发送的信息；服务器端接收客户端发送的信息后，对数据进行修改（合并字符串），并发送给客户端。

注意代码运行，先运行服务器端，再运行客户端。本次示例运行命令行传入的 IP 地址为该 Linux 系统中自行设定的 IP 地址，读者可根据自己系统的 IP 地址，进行传参。同时命令行传入的端口为自行选定，注意不要与系统中已经使用的端口重复。

服务器端的代码如例 8-3 所示。

例 8-3　TCP 编程服务器端代码实现。

```
 1 #include <stdio.h>
 2 #include <sys/types.h>
 3 #include <sys/socket.h>
 4 #include <string.h>
 5 #include <netinet/in.h>
 6 #include <arpa/inet.h>
 7
 8 #define N 128
 9 #define errlog(errmsg) do{perror(errmsg);\
10                         printf("---%s---%s---%d---\n",\
11                         __FILE__, __func__, __LINE__);\
12                         return -1;\
13                         }while(0)
14 int main(int argc, const char *argv[])
15 {
16     int sockfd, acceptfd;
17
18     struct sockaddr_in serveraddr, clientaddr;
19     socklen_t addrlen = sizeof(serveraddr);
20     char buf[N] = "";
21
22     bzero(&serveraddr, addrlen);
23     bzero(&clientaddr, addrlen);
24
25     /*提示程序需要命令行传参*/
26     if(argc < 3){
27         fprintf(stderr, "Usage: %s ip port\n", argv[0]);
28         return -1;
29     }
30
31     /*创建套接字*/
32     if((sockfd = socket(AF_INET, SOCK_STREAM, 0)) < 0){
33         errlog("socket error");
34     }
35
36     /*填充网络信息结构体
37      *inet_addr：将点分十进制地址转换为网络字节序的整型数据
```

```
38          *htons: 将主机字节序转换为网络字节序
39          *atoi: 将数字型字符串转化为整型数据
40          */
41          serveraddr.sin_family = AF_INET;
42          serveraddr.sin_addr.s_addr = inet_addr(argv[1]);
43          serveraddr.sin_port = htons(atoi(argv[2]));
44
45          /*将套接字与服务器网络信息结构体绑定*/
46          if(bind(sockfd, (struct sockaddr *)&serveraddr, addrlen) < 0){
47              errlog("bind error");
48          }
49
50          /*将套接字设置为被动监听模式*/
51          if(listen(sockfd, 5) < 0){
52              errlog("listen error");
53          }
54
55          /*阻塞等待客户端的连接请求*/
56          /*可以将后两个参数设置为 NULL, 表示不关注客户端的信息, 不影响通信*/
57          if((acceptfd = accept(sockfd,\
58                          (struct sockaddr *)&clientaddr, &addrlen)) < 0){
59              errlog("accept error");
60          }
61
62          printf("ip: %s, port: %d\n",\
63                  inet_ntoa(clientaddr.sin_addr),\
64                  ntohs(clientaddr.sin_port));
65
66          ssize_t bytes;
67
68          while(1){
69              if((bytes = recv(acceptfd, buf, N, 0)) < 0){
70                  errlog("recv error");
71              }
72              else if(bytes == 0){
73                  errlog("no data");
74              }
75              else{
76                  if(strncmp(buf, "quit", 4) == 0){
77                      printf("client quit\n");
78                      goto err;
79                  }
80                  else{
81                      printf("client: %s\n", buf);
82                      strcat(buf, "-server");
83
84                      if(send(acceptfd, buf, N, 0) < 0){
85                          errlog("send error");
86                      }
87                  }
88              }
89          }
90
91          return 0;
92 err:
```

```
93     close(acceptfd);
94     close(sockfd);
95     return 0;
96 }
```

客户端代码如例 8-4 所示。

例 8-4 TCP 编程客户端代码实现。

```
 1 #include <stdio.h>
 2 #include <sys/types.h>
 3 #include <sys/socket.h>
 4 #include <string.h>
 5 #include <netinet/in.h>
 6 #include <arpa/inet.h>
 7
 8 #define N 128
 9 #define errlog(errmsg) do{perror(errmsg);\
10                         printf("---%s---%s---%d---\n",\
11                                __FILE__, __func__, __LINE__);\
12                         return -1;\
13                         }while(0)
14 int main(int argc, const char *argv[])
15 {
16     int sockfd;
17     struct sockaddr_in serveraddr;
18     socklen_t addrlen = sizeof(serveraddr);
19     char buf[N] = "";
20
21     /*提示程序需要命令行传参*/
22     if(argc < 3){
23         fprintf(stderr, "Usage: %s ip port\n", argv[0]);
24         return -1;
25     }
26
27     /*创建套接字*/
28     if((sockfd = socket(AF_INET, SOCK_STREAM, 0)) < 0){
29         errlog("socket error");
30     }
31
32     /*填充网络信息结构体
33      *inet_addr：将点分十进制地址转换为网络字节序的整型数据
34      *htons：将主机字节序转换为网络字节序
35      *atoi：将数字型字符串转化为整型数据
36      */
37     serveraddr.sin_family = AF_INET;
38     serveraddr.sin_addr.s_addr = inet_addr(argv[1]);
39     serveraddr.sin_port = htons(atoi(argv[2]));
40
41 #if 0
42     系统可以随机为客户端指定 IP 地址和端口，客户端也可以自己指定
43     struct sockaddr_in clientaddr;
44     clientaddr.sin_family = AF_INET;
45     clientaddr.sin_addr.s_addr = inet_addr(argv[3]);
```

```
46      clientaddr.sin_port = htons(atoi(argv[4]));
47
48      if(bind(sockfd, (struct sockaddr *)&clientaddr, addrlen) < 0){
49          errlog("bind error");
50      }
51  #endif
52
53      /*发送客户端连接请求*/
54      if(connect(sockfd, (struct sockaddr *)&serveraddr, addrlen) < 0){
55          errlog("connect error");
56      }
57
58      while(1){
59          fgets(buf, N, stdin);
60          buf[strlen(buf) - 1] = '\0';
61
62          if(send(sockfd, buf, N, 0) < 0){
63              errlog("send error");
64          }
65          else{
66              if(strncmp(buf,"quit", 4) == 0){
67                  goto err;
68              }
69
70              if(recv(sockfd, buf, N, 0) < 0){
71                  errlog("recv error");
72              }
73
74              printf("server: %s\n", buf);
75          }
76      }
77
78      return 0;
79  err:
80      close(sockfd);
81      return 0;
82  }
```

服务器运行结果如下所示。

```
linux@Master:~/1000phone/net/tcp$ ./server 192.168.44.134 7777
ip: 192.168.44.134, port: 45425
client: hello world
client quit
```

客户端运行结果如下所示，运行客户端发起连接请求。连接成功后，发送字符串。之后接收服务器端的发送的字符串。当输入"quit"时，进程断开连接并退出。

```
linux@Master:~/1000phone/net/tcp$ ./client 192.168.44.134 7777
hello world
server: hello world-server
quit
```

8.2 UDP 编程

UDP 编程

8.2.1 UDP 编程流程

UDP 不同于 TCP 的是面向无连接，使用 UDP 通信时服务器端和客户端无须建立连接，只需知道对方套接字的地址信息，就可以发送数据。服务器端只需创建一个套接字用于接收不同客户端发送的请求，经过处理之后再把结果发送给对应的客户端。

因此，UDP 编程服务器不需要使用 accept() 函数进行等待连接，客户端也不需要使用 connect() 函数进行连接操作。UDP 编程的流程如图 8.2 所示。

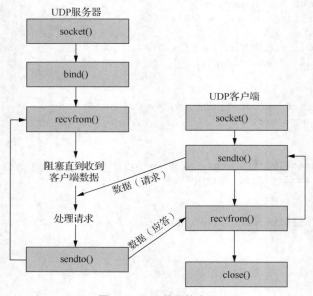

图 8.2 UDP 编程的流程

8.2.2 发送和接收数据

使用 UDP 编程进行通信时，发送、接收数据使用 sendto() 函数、recvfrom() 函数来完成。

```
#include <sys/types.h>
#include <sys/socket.h>
ssize_t sendto(int sockfd, const void *buf, size_t len, int flags,
               const struct sockaddr *dest_addr, socklen_t addrlen);
```

sendto() 函数用来实现数据的发送。参数 sockfd 为套接字的文件描述符。参数 buf 用来保存发送的数据。参数 len 表示发送数据的长度。flags 参数一般默认为 0。参数 dest_addr 指定数据接收方的网络信息结构体（IP 地址、端口）。参数 addrlen 用来指定网络信息结构体的长度。

```
#include <sys/types.h>
#include <sys/socket.h>
ssize_t recvfrom(int sockfd, void *buf, size_t len, int flags,
                 struct sockaddr *src_addr, socklen_t *addrlen);
```

recvfrom()函数用来接收数据。参数 sockfd 表示套接字的文件描述符。参数 buf 用来保存接收的数据。参数 len 表示数据的长度。flags 参数一般默认为 0。参数 src_addr 指定数据发送方的网络信息结构体（IP 地址、端口）。参数 addrlen 用来指定网络信息结构体的长度。

8.2.3　UDP 编程通信实现

下面将通过示例展示 UDP 通信的套接字编程，完成数据的传输。

服务器端的代码如例 8-5 所示。

例 8-5　UDP 编程服务器端代码实现。

```
1  #include <stdio.h>
2  #include <arpa/inet.h>
3  #include <sys/types.h>
4  #include <sys/socket.h>
5  #include <netinet/in.h>
6  #include <string.h>
7
8  #define N 128
9  #define errlog(errmsg) do{perror(errmsg);\
10                          printf("---%s---%s---%d---\n",\
11                              __FILE__, __func__, __LINE__);\
12                          return -1;\
13                          }while(0)
14 int main(int argc, const char *argv[])
15 {
16     int sockfd;
17
18     struct sockaddr_in serveraddr, clientaddr;
19     socklen_t addrlen = sizeof(serveraddr);
20     char buf[N] = "";
21
22     if(argc < 3){
23         fprintf(stderr, "Usage: %s ip port\n", argv[0]);
24         return -1;
25     }
26
27     /*创建套接字*/
28     if((sockfd = socket(AF_INET, SOCK_DGRAM, 0)) < 0){
29         errlog("socket error");
30     }
31
32     /*填充网络信息结构体
33      *inet_addr:将点分十进制 IP 地址转换为网络字节序的整型数据
34      *htons:将主机字节序转换为网络字节序
35      *atoi:将数字型字符串转换为整型数据
36      */
37     serveraddr.sin_family = AF_INET;
38     serveraddr.sin_addr.s_addr = inet_addr(argv[1]);
39     serveraddr.sin_port = htons(atoi(argv[2]));
40
41     /*将套接字与服务器网络信息结构体绑定*/
42     if(bind(sockfd, (struct sockaddr *)&serveraddr, addrlen) < 0){
```

```
43              errlog("bind error");
44      }
45
46      ssize_t bytes;
47
48      while(1){
49          if((bytes = recvfrom(sockfd, buf, N, 0,\
50                      (struct sockaddr *)&clientaddr, &addrlen)) < 0){
51              errlog("recvfrom error");
52          }
53          else{
54              printf("ip: %s, port: %d\n",
55                      inet_ntoa(clientaddr.sin_addr),
56                      ntohs(clientaddr.sin_port));
57
58              if(strncmp(buf, "quit", 4) == 0){
59                  printf("server quit\n");
60                  break;
61              }
62              else{
63                  printf("client: %s\n", buf);
64
65                  strcat(buf, "-server");
66
67                  if(sendto(sockfd, buf, N, 0,\
68                          (struct sockaddr *)&clientaddr, addrlen) < 0){
69                      errlog("sendto error");
70                  }
71              }
72          }
73      }
74
75      close(sockfd);
76      return 0;
77  }
```

客户端的代码如例 8-6 所示。

例 8-6　UDP 编程客户端代码实现。

```
1 #include <stdio.h>
2 #include <arpa/inet.h>
3 #include <sys/types.h>
4 #include <sys/socket.h>
5 #include <netinet/in.h>
6 #include <string.h>
7
8 #define N 128
9 #define errlog(errmsg) do{perror(errmsg);\
10                      printf("---%s---%s---%d---\n",\
11                              __FILE__, __func__, __LINE__);\
12                      return -1;\
13                      }while(0)
14 int main(int argc, const char *argv[])
15 {
16      int sockfd;
17      struct sockaddr_in serveraddr;
```

```
18      socklen_t addrlen = sizeof(serveraddr);
19      char buf[N] = "";
20
21      if(argc < 3){
22          fprintf(stderr, "Usage: %s ip port\n", argv[0]);
23          return -1;
24      }
25
26      /*创建套接字*/
27      if((sockfd = socket(AF_INET, SOCK_DGRAM, 0)) < 0){
28          errlog("socket error");
29      }
30
31      /*填充网络信息结构体
32       *inet_addr:将点分十进制 IP 地址转换为网络字节序的整型数据
33       *htons:将主机字节序转换为网络字节序
34       *atoi:将数字型字符串转换为整型数据
35       */
36      serveraddr.sin_family = AF_INET;
37      serveraddr.sin_addr.s_addr = inet_addr(argv[1]);
38      serveraddr.sin_port = htons(atoi(argv[2]));
39
40  #if 0
41      struct sockaddr_in clientaddr;
42      clientaddr.sin_family = AF_INET;
43      clientaddr.sin_addr.s_addr = inet_addr(argv[3]);
44      clientaddr.sin_port = htons(atoi(argv[4]));
45
46      if(bind(sockfd, (struct sockaddr *)&clientaddr, addrlen) < 0){
47          errlog("bind error");
48      }
49  #endif
50
51      while(1){
52          fgets(buf, N, stdin);
53          buf[strlen(buf) - 1] = '\0';
54
55          if(sendto(sockfd, buf, N, 0,\
56                      (struct sockaddr *)&serveraddr, addrlen) < 0){
57              errlog("sendto error");
58          }
59
60          if(strncmp(buf, "quit", 4) == 0){
61              printf("client quit\n");
62              break;
63          }
64          else{
65              if(recvfrom(sockfd, buf, N, 0,\
66                          (struct sockaddr *)&serveraddr, &addrlen) < 0){
67                  errlog("recv error");
68              }
69
70              printf("server: %s\n", buf);
71          }
72      }
```

```
73    return 0;
74 }
```

先运行服务器端，再运行客户端。客户端输入字符并发送，服务器端接收之后，进行修改（合并字符串），再发送给客户端。当客户端输入"quit"之后，进程退出。

服务器端运行如下所示。

```
linux@Master:~/1000phone/net/udp$ ./server 192.168.44.134 7777
ip: 192.168.44.134, port: 36224
client: hello world
ip: 192.168.44.134, port: 36224
server quit
```

客户端运行如下所示。

```
linux@Master:~/1000phone/net/udp$ ./client 192.168.44.134 7777
hello world
server: hello world-server
quit
client quit
```

8.3 数据包解析

8.3.1 TCP 三次握手和四次挥手

8.1 节介绍了使用 TCP 进行通信的编程流程，TCP 是面向连接且具有可靠传输的协议。因此在实现数据收发之前需要建立连接。建立 TCP 连接以及断开连接是一个较为复杂的过程。当建立一个 TCP 连接时，需要客户端和服务器端总共发送 3 个包以确认连接的建立，这个过程被称为"三次握手"。而当断开 TCP 连接时，需要客户端和服务器端总共发送 4 个包以确认连接的断开，这个过程被称为"四次挥手"。

三次握手的过程如下。

（1）服务器通常通过调用 socket()、bind()和 listen()这 3 个函数准备好接收外来的连接，称之为被动打开。

（2）客户端通过调用 connect()函数执行主动打开，这将导致客户端发送一个同步序列编号（Synchronize Sequence Numbers，SYN）分节，以告诉服务器客户端在（待建立的）连接中发送的数据的序列号。通常，SYN 分节不携带数据。

（3）服务器通过发送 ACK 报文确认客户端的 SYN，同时自己也发送一个 SYN 分节，这个 SYN 分节含有服务器将在同一连接中发送数据的初始序列号。

（4）客户端必须确认服务器的 SYN。

这种交换至少需要 3 个分组，因此称之为 TCP 的三次握手。TCP 的三次握手过程如图 8.3 所示，客户端的初始序列号为 J，服务器的初始序列号为 K。

TCP 建立一个连接需要 3 个分节，终止一个连接则需要 4 个分节。四次挥手的过程如下。

（1）某个应用进程首先调用 close()函数，称该端执行主动关闭。该端的 TCP 于是发送一个 FIN 分节，表示数据发送完毕。

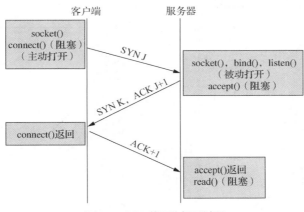

图 8.3　TCP 的三次握手过程

（2）接收这个 FIN 的对端执行被动关闭。它的接收也作为一个文件结束符传递给接收端应用进程。FIN 的接收意味着接收端应用进程在相应连接上再无额外数据可接收。

（3）一段时间后，接收这个文件结束符的应用进程将调用 close() 函数关闭它的套接字，这导致它的 TCP 也发送一个 FIN。

（4）接收这个最终的 FIN 的原发送端 TCP（执行主动关闭的那一端）确认这个 FIN。

类似 SYN，一个 FIN 也占据 1 字节的序列号空间。因此，每个 FIN 的 ACK 确认号就是这个 FIN 的序列号加 1。由于 TCP 连接是全双工的，因此，每个方向都必须单独进行关闭。这一原则是当一方完成数据发送任务之后，发送一个 FIN 来终止这一方向的连接，收到一个 FIN 只是意味着这一方向上没有数据流动，即不会再收到数据。但是这个 TCP 连接上仍然能够发送数据，直到这一方向也发送了 FIN。其挥手过程如图 8.4 所示。

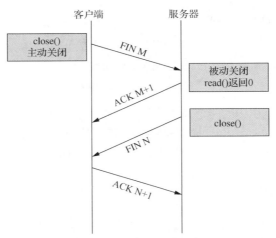

图 8.4　TCP 的四次挥手过程

TCP 涉及连接建立和连接终止的操作可以用状态转换图来说明，如图 8.5 所示。TCP 连接定义了 11 种状态，并且 TCP 规定如何基于当前状态及在该状态下所接收的分节从一个状态转换为另一个状态。例如，当某个应用进程在 CLOSED 状态下执行主动打开时，TCP 将主动发送一个 SYN，且新的状态是 SYN_SENT。如果这个 TCP 接着接收一个带 ACK 的 SYN，它将发送一个 ACK，且新的状态是 ESTABLISHED。这个最终状态是绝大多数数据传输发生的状态。

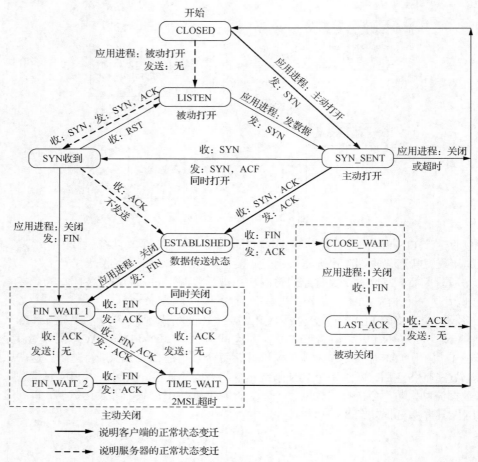

图 8.5　TCP 状态转换图

自 ESTABLISHED 状态引出的两个箭头处理连接的终止。如果某个应用进程在接收一个 FIN 之前调用 close()函数（主动关闭），则状态转换为 FIN_WAIT_1 状态。但如果某个应用进程在 ESTABLISHED 状态期间接收一个 FIN（被动关闭），那就转换到 CLOSE_WAIT 状态。

8.3.2　数据包封装与解析

7.1.3 节介绍了 TCP/IP 体系结构。该结构定义了分层的思想，一共分为四层，分别为应用层、传输层、网络层、网络接口和物理层。其中最重要的是，每层协议都使用下层协议提供的服务，并向自己的上层提供服务。而实现这一模式的方式叫作封装。应用程序数据在发送到物理网络上之前，将沿着协议栈从上往下依次传递。每层协议都将在上层数据的基础上加上自己的头部信息（有时还包括尾部信息），以实现该层的功能。这个过程就是封装。数据包自上向下封装如图 8.6 所示。

如图 8.6 所示，将 TCP 头部信息和数据合并，经过 TCP 封装后的数据称为 TCP 报文段。经过 UDP 封装后的数据称为 UDP 数据报。UDP 对应用程序数据的封装与 TCP 类似。不同的是，UDP 无须为应用程序数据保存副本，因为它提供的服务是不可靠的。

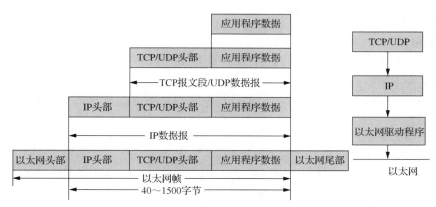

图 8.6　数据包自上向下封装

经过 IP 封装后的数据称为 IP 数据报。IP 数据报包括头部信息和数据部分，其中数据部分就是一个 TCP 报文段或 UDP 数据报。经过网络接口和物理层封装的数据称为帧。传输媒介不同，帧的类型不同。比如，以太网上传输的是以太网帧，而令牌环网络上传输的是令牌环帧。

数据报文经过以太网的封装后，就要通过网络或其他传输介质发送到另一端；另一端收到数据报后最先接触的是以太网层。该层协议负责把以太网头部解析掉。然后把解析后的数据报上送 IP 层，IP 层将 IP 头部解析掉，然后上传至 TCP 层。以此类推，每层协议解析其头部，并判断其头部中的协议标识，以确定接收数据的上层协议，然后送到上一层。

8.3.3　TCP、UDP、IP 封包格式

正如上一节介绍，应用程序数据在发送的过程中，会对其进行层层封装。例如，TCP/UDP 头部、IP 头部等，每一层的头部信息定义了该层的功能。本节将对这些常见的头部信息进行讨论，即封包格式。了解封包格式将有助于读者对协议有更深刻的认识。

1. TCP 报文格式

图 8.7 所示为 TCP 报文格式，包括其中的字段含义解释如下所示。

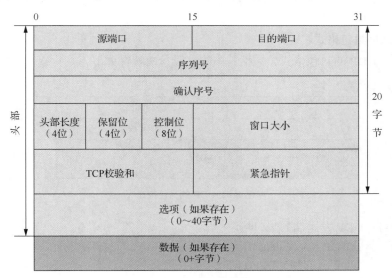

图 8.7　TCP 报文格式

（1）源端口号：TCP 发送端的端口号。

（2）目的端口号：TCP 接收端的端口号。

（3）序列号：该报文的序列号，标识从 TCP 发送端向 TCP 接收端发送的数据字节流。避免出现接收重复包，以及可以对乱序数据包进行重排序。

（4）确认序号：标识了报文发送端期望接收的字节序列。注意它是一个准备接收的包的序列号。

（5）头部长度：该字段用来表示 TCP 报文头部的长度，头部长度单位是 32 位（4 字节）。由于这个字段只占 4 位，因此头部总长度最大可达到 60 字节（15 个字长）。该字段使得 TCP 接收端可以确定变长的选项字段的长度，以及数据域的起始点。

（6）保留位：该字段包含 4 位（未使用，必须置为 0）。

（7）控制位：该字段由 8 位组成，用于进一步指定报文的含义。

① CWR：拥塞窗口减小标记。

② ECE：显式的拥塞通知回显标记。

③ URG：如果设置了该位，那么紧急指针字段包含的信息就是有效的。

④ ACK：如果设置了该位，那么确认序号字段包含的信息就是有效的（该字段用于确认由对端发送过来的上一个数据）。

⑤ PSH：将所有收到的数据发给接收的进程。

⑥ RST：重置连接。该字段用来处理多种错误情况。

⑦ SYN：同步序列号。在建立连接时，双方需要交换该位的报文。这样使得 TCP 连接的两端可以指定初始序列号，稍后用于双向传输数据。

⑧ FIN：发送端提示已经完成了发送任务。

（8）窗口大小：该字段用在接收端发送 ACK 确认时提示自己可接收数据的空间大小。

（9）TCP 校验和：奇偶校验，此校验和是针对整个的 TCP 报文段，包括 TCP 头部和 TCP 数据。由发送端计算，接收端进行验证。

（10）紧急指针：如果设定了 URG 位，那么就表示从发送端到接收端传输的数据为紧急数据。

（11）选项：这是一个变长的字段，包括了控制 TCP 连接操作的选项。

（12）数据：这个字段包含了该报文段中传输的用户数据。如果报文段没有包含任何数据的话，这个字段的长度就为 0。

2. UDP 数据报封包格式

图 8.8 所示为 UDP 的封包格式，包括其中的字段含义解释如下。

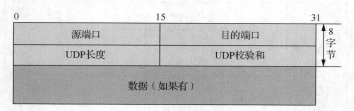

图 8.8 UDP 的封包格式

（1）源端口号：UDP 发送端的端口号。

（2）目的端口号：UDP 接收端的端口号。

（3）UDP 长度：UDP 头部和 UDP 数据的字节长度。

（4）UDP 校验和：UDP 校验和是一个端到端的检验和。它由发送端计算，然后由接收端验证。

其目的是为了发现 UDP 首部和数据在发送端到接收端之间发生的任何改动。

3. IP 数据报的格式

图 8.9 所示为 IP 数据报的封包格式，普通的 IP 头部长为 20 字节。

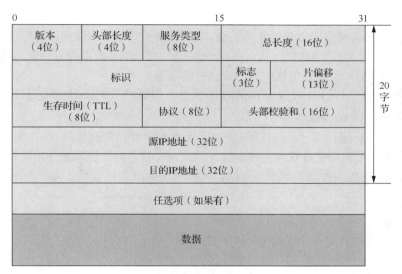

图 8.9　IP 数据报的封包格式

（1）版本。目前协议的版本号为 4，因此 IP 有时也称为 IPv4。

（2）头部长度。头部长度指 IP 头部的大小，包括任何选项，其单位为 32 位（4 字节）。由于它是一个 4 位字段，因此头部最长为 60 字节（4 位头部长度字段所能表示的最大值为 1111，转化为十进制为 15，15×32/8 = 60）。

（3）服务类型。服务类型字段包括一个 3 位的优先权子字段，4 位的 TOS 子字段和 1 位未用位（但必须置 0）。TOS 字段为 4 位，第 1 位表示最小时延，第 2 位表示最大吞吐量，第 3 位表示最高可靠性，第 4 位表示最小费用。如果修改这个字段，只能选择 4 位中的 1 位进行操作。如果所有 4 位均为 0，那么就意味着是一般服务。

（4）总长度。总长度指整个 IP 数据报的长度，以字节为单位。利用头部长度字段和总长度字段，就可以知道 IP 数据报中数据内容的起始位置和长度。由于该字段长 16 位，所以 IP 数据报最长可达 65535 字节。总长度字段是 IP 头部中必要的内容，因为一些数据链路（如以太网）需要填充一些数据以达到最小长度。尽管以太网的最小帧长为 46 字节，但是 IP 数据可能会更短。如果没有总长度字段，那么 IP 层就无法知道 46 字节中 IP 数据报的内容长度。

（5）标识。标识是指主机发送的每一份数据报。通常每发送一份报文，其值就会加 1。

（6）生存时间（TTL）。生存时间字段设置了数据报可以经过的最多路由器数。它指定了数据报的生存时间。TTL 的初始值由源主机设置（通常为 32 或 64），一旦经过一个处理它的路由器，它的值就减 1。当该字段的值为 0 时，数据报就会被丢弃，并发送 ICMP 报文通知源主机。

（7）任选项。任选项是数据报中的一个可变长的可选信息。目前，这些任选项包括安全和处理限制、记录路径、时间戳、宽松的源站选路、严格的源站选路（与宽松的源站选路类似，但是要求只能经过指定的这些地址，不能经过其他的地址）。这些选项很少被使用，并非所有的主机和路由器都支持这些选项。选项字段一直都是以 32 位作为界限，在必要的时候插入值为 0 的填充字节。这样就保证 IP 头部始终是 32 位的整数倍（这是头部长度字段所要求的）。

8.4 Wireshark 工具

Wireshark 工具

8.4.1 Wireshark 工具安装

Wireshark 是著名的网络通信抓包分析工具。其功能十分强大，可以截取各种网络封包，显示网络封包的详细信息。Wireshark 适用于许多场合，典型的应用案包括解决网络问题、检测安全隐患、测试诸如即时通信软件的协议执行情况等。

因此本节将首先介绍在 Linux 及 Windows 系统下，如何对 Wireshark 抓包工具进行安装。

1. Linux 系统安装 Wireshark

首先在 Linux（Ubuntu）系统上进行安装，具体的步骤如下所示。

（1）由于系统采用的安装方式为在线安装，因此，安装之前需要确保连接网络。首先更新系统源，因为 Wireshark 抓包需要监控网卡等资源，所以使用 root 权限安装。如下所示。

```
linux@Master:~$ sudo apt-get update
[sudo] password for linux:
忽略 http://archive.ubuntu.com precise InRelease
忽略 http://ppa.launchpad.net precise InRelease
命中 http://archive.ubuntu.com precise Release.gpg
命中 http://archive.ubuntu.com precise Release
......
命中 http://archive.ubuntu.com precise/universe Translation-en
下载 88.7 kB, 耗时 27 秒 (3,212 B/s)
正在读取软件包列表... 完成
```

（2）安装 Wireshark：sudo apt-get install wireshark。如遇到询问是否继续时，选择输入"y"，表示继续（截取部分），如下所示。

```
linux@Master:~$ sudo apt-get install wireshark
正在读取软件包列表... 完成
正在分析软件包的依赖关系树
正在读取状态信息... 完成
下列软件包是自动安装的并且现在不需要了：
  libmessaging-menu0 libcamel-1.2-40
使用'apt-get autoremove'来卸载它们
建议安装的软件包：
  snmp-mibs-downloader wireshark-doc
升级了 0 个软件包，新安装了 8 个软件包，要卸载 0 个软件包，有 17 个软件包未被升级。
需要下载 14.9 MB 的软件包。
解压缩后会消耗掉 62.2 MB 的额外空间。
您希望继续执行吗？[Y/n]y
......
下载 14.1 MB, 耗时 12 分 0 秒 (19.6 kB/s)
正在预设定软件包 ...
Selecting previously unselected package libc-ares2.
(正在读取数据库 ... 系统当前共安装有 183722 个文件和目录。)
```

```
正在解压缩 libc-ares2 (从 .../libc-ares2_1.7.5-1_amd64.deb) ...
Selecting previously unselected package libsmi2ldbl.
正在解压缩 wireshark (从 .../wireshark_1.6.7-1_amd64.deb) ...
正在处理用于 man-db 的触发器...
正在处理用于 desktop-file-utils 的触发器...
正在处理用于 bamfdaemon 的触发器...
Rebuilding /usr/share/applications/bamf.index...
正在处理用于 gnome-menus 的触发器...
正在处理用于 hicolor-icon-theme 的触发器...
......
正在处理用于 libc-bin 的触发器...
ldconfig deferred processing now taking place
```

（3）安装完成后，在终端使用管理员身份执行 Wireshark（终端输入 sudo wireshark），然后就会出现 Wireshark 的图形界面了，如图 8.10 所示。如果出现错误信息可以忽略。

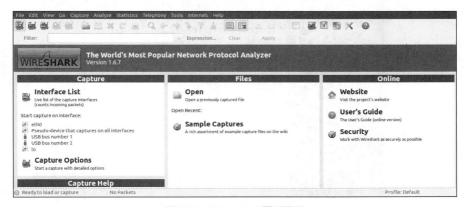

图 8.10　Wireshark 图形界面

2. Windows 系统安装 Wireshark

在 Windows 环境下安装 Wireshark 工具，可以选择登录 Wireshark 官方网站，根据需要选择下载 32 位或 64 位版本，如图 8.11 所示。

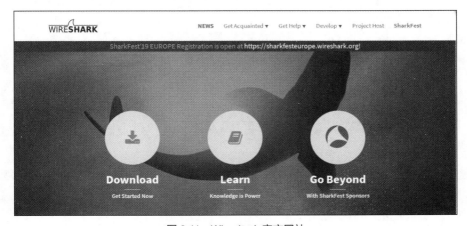

图 8.11　Wireshark 官方网站

选择"Download"选项，进入下载界面，在下载区可选择新旧版本进行下载。Wireshark 软件下载如图 8.12 所示。

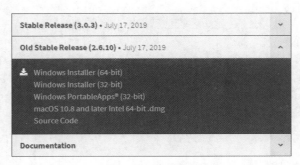

图 8.12　Wireshark 软件下载

以下展示的是 64 位 2.6.2 版本安装，具体步骤如下所示。

（1）运行安装程序，单击"Next"按钮，进入安装界面，如图 8.13 所示。

图 8.13　运行安装程序

（2）进入之后，单击"I Agree"按钮，同意条件，进入下一步，如图 8.14 所示。

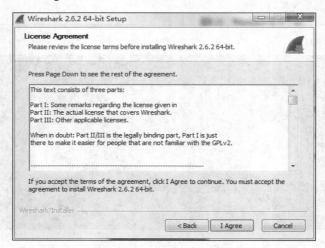

图 8.14　Wireshark 安装（1）

（3）进入之后，全部选项默认即可，无须自行选配，单击"Next"按钮，进入下一界面，如图 8.15 所示。

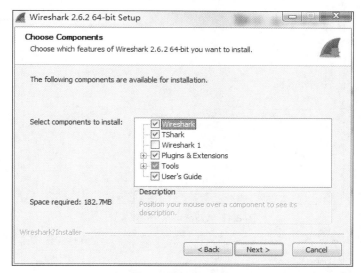

图 8.15　Wireshark 安装（2）

（4）勾选"Wireshark Desktop Icon"选项，生成桌面图标。单击"Next"按钮，进入下一界面，如图 8.16 所示。

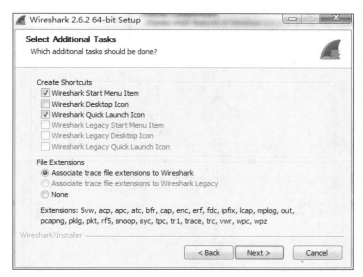

图 8.16　Wireshark 安装（3）

（5）选择安装的路径，一般情况下，不建议安装在中文路径下。单击"Next"按钮，进入下一界面，如图 8.17 所示。

（6）勾选"Install WinPcap4.1.3"选项，单击"Next"按钮，如图 8.18 所示。

（7）单击"Next"按钮，如遇到"Install"则单击进入安装，则程序开始进行安装，安装时间因计算机配置而异，如图 8.19 所示。

（8）直到最后出现"Finish"按钮，单击该按钮，然后，一般会提示是否立即重新启动计算机。重启计算机之后即可运行 Wireshark，进入主界面，如图 8.20 所示。

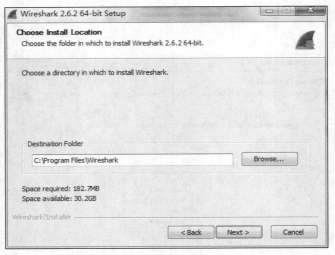

图 8.17　Wireshark 安装（4）

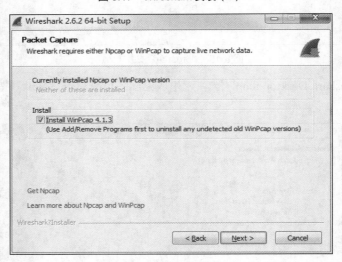

图 8.18　Wireshark 安装（5）

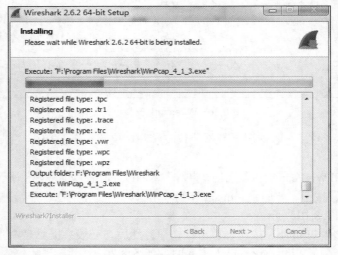

图 8.19　Wireshark 安装（6）

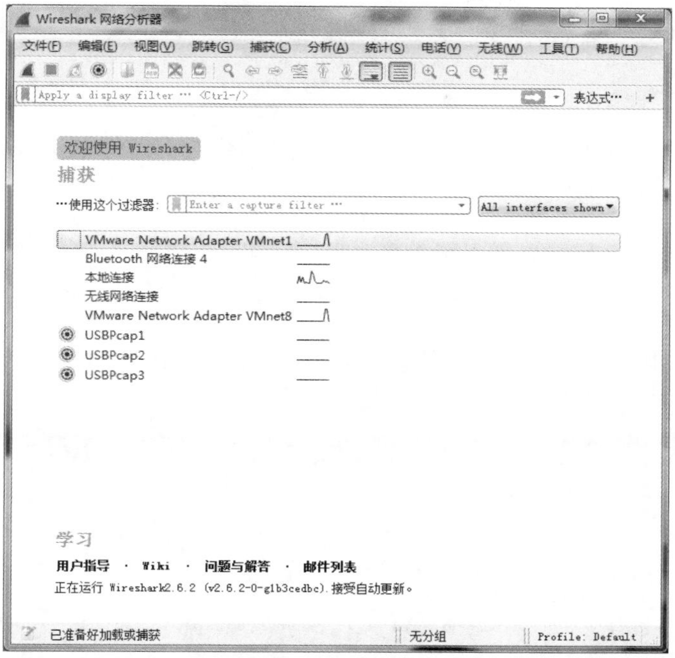

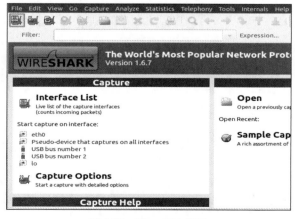

图 8.20　Wireshark 运行

8.4.2　Wireshark 实现抓包

1. Ubuntu 系统运行 Wireshark 实现抓包

本次将使用在 Ubuntu 系统中运行的 Wireshark 进行数据抓包演示，并选用在 8.1.5 节中的 TCP 编程示例，演示抓包的方法。

在 Ubuntu 系统中安装完成 Wireshak 工具之后，在终端以管理员身份运行 Wireshark 指令，进入抓包工具界面，打开可以进行抓包的网卡列表，由于本次是在一个主机的系统中进行抓包，并没有使用真实的物理网卡，因此选择虚拟网卡进行抓包。

单击图 8.21 展示的左上角的网卡选择列表图标，则出现图 8.22 所示的选择列表。在此列表中选择 eth0，单击"Start"按钮开始抓包。需要注意的是，抓包动作一定要先开始运行，否则发送数据完成再进行抓包，就无法捕获任何数据了。

图 8.21　Wireshark 抓包

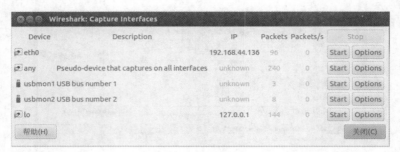

图 8.22　网卡选择列表

单击"Start"按钮开始抓包之后，则自动进入抓包界面，如图 8.23 所示，可能会显示许多数据包的信息。之后再运行 8.1.5 节的程序，然后进行数据抓包。

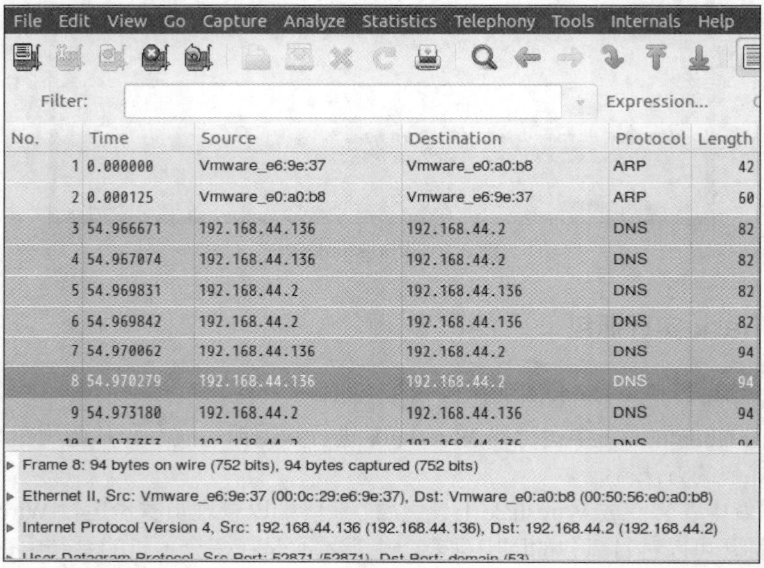

图 8.23　抓包界面

在终端运行 8.1.5 节的程序，实现基于 TCP 的套接字通信，先客户端发送数据，服务器接收数据之后，再发送数据给客户端，之后选择退出。执行结果如下所示。

```
服务器端运行
linux@Master:~/1000phone/net/tcp$ ./server 192.168.44.136 7777
ip: 192.168.44.136, port: 35801
client: hello world
client quit
客户端运行
linux@Master:~/1000phone/net/tcp$ ./client 192.168.44.136 7777
hello world
server: hello world-server
quit
```

当程序运行成功之后，再次切换到图 8.23 的抓包页面。在这里，由于数据包的信息太多，因此可以使用 Wireshark 对数据包信息的筛选功能，查找需要获得的数据包，在 Filter 中输入筛选条件，如图 8.24 所示。

图 8.24　抓包结果

在 Filter 中输入的筛选条件"tcp and tcp.port == 7777",表示查询 TCP,并且查询使用的端口为 7777 的数据包,这里的结果为没有任何数据包。因此,需要注意的是,在实际项目中,可能会遇到客户端和服务端在同一台机器,要对抓包两边的通信等进行分析,此时 Wireshark 是不能抓到客户端和服务端在同一台机器的数据包的。一般可以采用添加虚拟的网卡设备的方法,而对本次使用的基于 Linux 的 Ubuntu 系统而言,因为在本机中实现客户端和服务器的通信,所以可以选择使用本地环回地址 lo 进行抓包,而非网卡 eth0。可以理解为 lo 为本地主机内部的一个地址,而 eth0 为可以实现对外通信的网卡之一。

因此,为了实现在本机内服务器与客户端的通信的抓包,可以继续在图 8.21 的 Wireshark 的主界面下,单击左上角的网卡选择列表或者选择最上面的"capture"选项中"Interfaces List",进入网卡选择列表,选择本地地址 lo(127.0.0.1),单击"Start"按钮开始抓包,如图 8.25 所示。

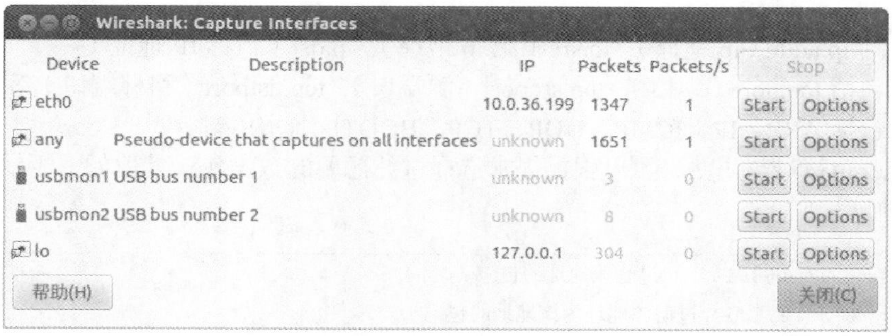

图 8.25　网卡选择列表

运行之前的程序(8.1.5 节代码),如下所示,先运行服务器端,在客户端终端输入发送数据,之后输入"quit"退出,断开连接。

```
服务器端运行
linux@Master:~/1000phone/net/tcp$ ./server 127.0.0.1 7777
ip: 127.0.0.1, port: 48043
client: hello world
client quit
客户端运行
linux@Master:~/1000phone/net/tcp$ ./client 127.0.0.1 7777
hello world
server: hello world-server
quit
```

此时,在 Filter 中输入筛选条件"tcp and tcp.port == 7777",则可以看到抓取的数据包的信息,如图 8.26 所示,成功抓取到本地地址的数据包。

显示过滤器设置,即设置筛选条件,可以有很多种方式。在上述示例中则使用了协议与端口共同确认抓包范围。设置筛选需要了解一些筛选的语法以及符号。

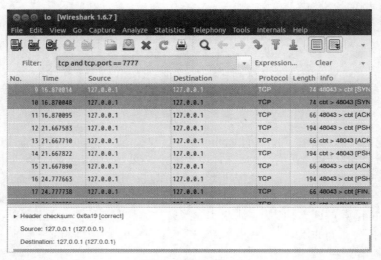

图 8.26　抓包结果

比较符包括 ==（等于）、!=（不等于）、>（大于）、<（小于）、>=（大于等于）、<=（小于等于）。

逻辑运算符包括 and（与，同时满足）、or（或，其中一个满足）、xor（有且仅有一个满足）、not（没有条件满足）。

ip 地址包括 ip.addr（ip 地址）、ip.src（源 ip 地址）、ip.dst（目标 IP 地址）。

端口过滤包括 tcp.port（端口）、tcp.srcport（源端口）、tcp.dstport（目标端口）等。

协议过滤包括 ARP、IP、ICMP、UDP、TCP、BOOTP、DNS 等。

根据上述逻辑符号与语法，可以根据需求选择过滤想要的数据包，具体如下所示。

过滤 IP 地址：

```
ip.addr == 192.168.1.1    过滤该地址的包
ip.src == 172.16.1.1  过滤源地址为该地址的包
```

过滤端口：

```
tcp.port == 80 过滤 TCP 中端口为 80 的包
tcp.srcport == 80 过滤 TCP 中源端口为 80 的包
```

结合逻辑符综合过滤：

```
ip.src == 192.168.1.1 and ip.dst == 172.16.1.1
```

2. Windows 系统运行 Wireshark 实现抓包

前面介绍了在虚拟机运行的 Ubuntu 系统中，同时运行服务器和客户端进行 TCP 通信，并完成抓包的实验。其抓包工具选用的是 Ubuntu 中运行的 Wireshark。

下面将展示使用 Windows 下运行 Wireshark 进行抓包处理。其通信客户端程序与服务器端程序，一个在 Ubuntu 中运行，一个在 Windows 下运行。

本次示例将在 Ubuntu 环境中运行 8.1.5 节中使用的客户端程序，在 Windows 下运行服务器程序。Windows 下的服务器程序运行，将通过使用网络调试助手来完成，具体步骤如下。

（1）下载用于通信代表服务器程序的网络调试助手，直接在网络中搜索"Net Assist"，进入其官方网站进行下载。图 8.27 所示为其官方网站下载入口。

NetAssist - Download

NetAssist, free download. NetAssist: CutterRunner... NetAssist has not been rated by our users yet. Write a review for NetAssist!Latest updates 10/12...

图 8.27　网络调试助手

（2）运行 Windows 下的 Wireshark 抓包工具，进入其主界面，选择网卡列表中的网卡设备。由于本次使用 Ubuntu 中运行的客户端序访问服务器时，其目的地址为 Windows 设置的 IP 地址，因此选择"本地连接"，如图 8.28 所示。

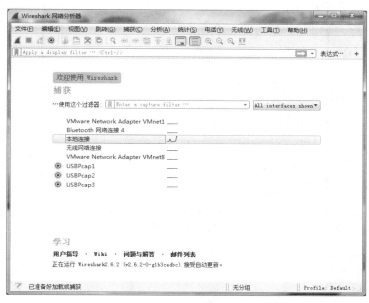

图 8.28　Wireshark 抓包

（3）进入之后可以看到数据包列表中，有大量网络数据包信息，表示此时可以正常抓取数据包，如图 8.29 所示。

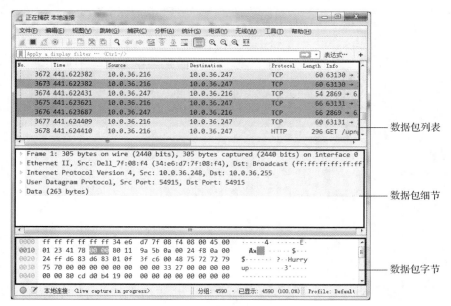

图 8.29　数据包列表信息

（4）运行表示服务器端的网络调试助手，设置协议类型为 TCP Server，本地 IP 地址为当前 Windows 配置的网络地址（可以为静态或自动寻址），端口可自行设定，本次设置为 8080。并单击"连接"按钮，如图 8.30 所示。

图 8.30　网络调试助手

（5）在 Linux 系统中，运行客户端，选择服务器地址为 Windows 下的 IP 地址，端口为 8080。并输入字符串进行发送，如下所示。

```
linux@Master:~/1000phone/net/tcp$ ./client 10.0.36.247 8080
hello world
```

此时，可以看到网络调试助手的显示窗口中显示了接收的数据，如图 8.31 所示。

图 8.31　接收客户端发送

（6）关闭连接，再次进入 Wireshark，停止抓包。在筛选中输入"ip.addr == 10.0.36.199 and tcp.port == 8080"进行筛选，其中"10.0.36.199"为客户端 IP 地址，即 Ubuntu 中配置的 eth0 网卡地址，可通过输入 Shell 命令"ifconfig"查看，如下所示。

```
linux@Master:~/1000phone/net/tcp$ ifconfig
eth0      Link encap:以太网   硬件地址 00:0c:29:e6:9e:37
          inet 地址:10.0.36.199  广播:10.0.36.255  掩码:255.255.255.0
          inet6 地址: fe80::20c:29ff:fee6:9e37/64 Scope:Link
          UP BROADCAST RUNNING MULTICAST  MTU:1500  跃点数:1
          接收数据包:84613 错误:0 丢弃:0 过载:0 帧数:0
          发送数据包:4196 错误:0 丢弃:0 过载:0 载波:0
          碰撞:0 发送队列长度:1000
          接收字节:26900931 (26.9 MB)  发送字节:319117 (319.1 KB)

lo        Link encap:本地环回
          inet 地址:127.0.0.1  掩码:255.0.0.0
          inet6 地址: ::1/128 Scope:Host
          UP LOOPBACK RUNNING  MTU:16436  跃点数:1
          接收数据包:6958 错误:0 丢弃:0 过载:0 帧数:0
          发送数据包:6958 错误:0 丢弃:0 过载:0 载波:0
          碰撞:0 发送队列长度:0
          接收字节:478862 (478.8 KB)  发送字节:478862 (478.8 KB)
```

图 8.32 中，可以看到数据包列表中抓取成功的数据包信息。

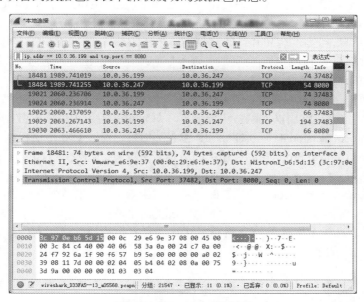

图 8.32　Wireshark 抓包结果

8.4.3　Wireshark 显示封装信息

前面讲解了 Wireshark 的安装以及使用其进行抓包演示。本节将以一次抓包的数据为例，对抓包的数据进行解释，以便于可以更快速地分析其他的数据包内容。具体的分析如下。

（1）Wireshark 窗口界面。抓包后的窗口界面及界面描述。如图 8.33 所示。

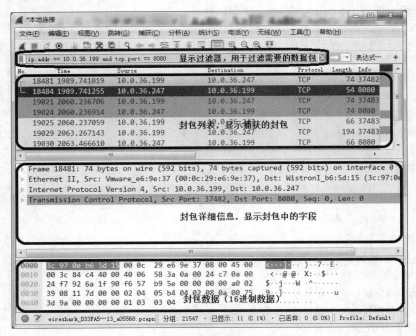

图 8.33　抓包后的窗口界面及界面描述

（2）封包列表的面板上显示的内容包括编号、时间戳、源地址、目标地址、协议、长度及封包信息。不同的协议会使用不同颜色，可以自行在 View 选项中的 Color Rules 中修改显示颜色的规则。

（3）封包详细信息，是最重要的信息，用来查看协议中每一个字段。OSI 七层模型分别为物理层、数据链路层、网络层、传输层、会话层、表示层、应用层。在封包信息中，每行对应的含义及在 OSI 参考模型中的对应关系如下。

① Frame：物理层的数据帧概况，对应 OSI 七层模型中的物理层。

② Ethernet II：数据链路层以太网帧头部信息，对应 OSI 七层模型中的数据链路层。

③ Internet Protocol Version 4：互联网层 IP 包头部信息，对应 OSI 七层模型中的网络层。

④ Transmission Control Protocol：传输层的数据段头信息，此处是 TCP，对应的是 OSI 七层模型中的传输层。

⑤ Hypertext Transfer Protocol：应用层的信息，对应 OSI 七层模型中的应用层。

（4）针对上述封包详细信息，逐一进行解读，选取示例为随机选取，根据数据包的不同以及抓包工具的不同，其信息显示格式可能会略有不同。读者可自行抓包进行对比查看。数据包物理层 Frame 层解析，及注释如下。

```
-Frame 5: 66 bytes on wire (528 bits), 66 bytes captured(捕获) (528 bits) on interface 0
//5 号帧，对方发送 66 字节，实际收到 66 字节

-Interface id: 0 (\Device\NPF_{37239901-4A63-419C-9693-97957A8232CD})  //接口 id 为 0

-Encapsulation type: Ethernet (1)  //封装类型
```

```
-Arrival Time: May  31, 2019 15:14:31.719446000 //捕获日期和时间（中国标准时间）

-[Time shift for this packet: 0.000000000 seconds]
-Epoch Time: 1499238871.865685000 seconds
-[Time delta from previous captured frame: 0.006861000 seconds]  //与前一包时间间隔
-[Time delta from previous displayed frame: 0.006861000 seconds]
-[Time since reference or first frame: 0.613985000 seconds] //#此包与第一帧的时间间隔

-Frame Number: 5                        //帧序号
-Frame Length: 66 bytes (528 bits)    //帧长度
-Capture Length: 66 bytes (528 bits)  //捕获字节长度
-[Frame is marked: False]             //是否做了标记
-[Frame is ignored: False]            //是否被忽略
-[Protocols in frame: eth:ethertype:ip:tcp] //帧内封装的协议层次结构
-[Coloring Rule Name: HTTP]   //着色标记的协议名称
-[Coloring Rule String: http || tcp.port == 80 || http2] //着色规则显示的字符串
```

数据链路层以太网帧头信息解析及注释如下。

```
-Ethernet II, Src: Vmware_e6:9e:37 (00:0c:29:e6:9e:37),
 Dst: WistronI_b6:5d:15 (3c:97:0e:b6:5d:15)

- Destination: WistronI_b6:5d:15 (3c:97:0e:b6:5d:15) //目的 MAC 地址
- Source: Vmware_e6:9e:37 (00:0c:29:e6:9e:37)//源 MAC 地址
- Type: IPv4 (0x0800)    //0x0800 表示使用 IP 协议
```

网络层 IP 包头部信息解析及注释如下。

```
Internet Protocol Version 4, Src: 10.0.36.199, Dst: 10.0.36.250
    0100 .... = Version: 4                  //IPv4 协议
    .... 0101 = Header Length: 20 bytes (5)  //包头长度

-Differentiated Services Field: 0x00 (DSCP: CS0, ECN: Not-ECT)
//差分服务字段
-Total Length: 52                  //IP 包总长度
-Identification: 0x3849 (14409)         //标识字段
-Flags: 0x02 (Don't Fragment)         //标记字段
-Fragment offset: 0                    //分段偏移量
-Time to live: 128                    //生存期 TTL
-Protocol: TCP (6)                   //此包内封装的上层协议为 TCP
-Header checksum: 0xd100 [validation disabled] //头部数据的校验和
-[Header checksum status: Unverified] //头部数据校验状态
-Source: 10.0.36.199             //源 IP 地址
-Destination: 10.0.36.250         //目的 IP 地址
-[Source GeoIP: Unknown]           //基于地理位置的 IP
-[Destination GeoIP: Unknown]
```

传输层 TCP 数据段头部信息解析及注释如下。

```
Transmission Control Protocol, Src Port: 60606, Dst Port: 80, Seq: 0, Len: 0

-Source Port: 60606          //源端口（ecbe）
-Destination Port: 80        //目的端口（0050）
-[Stream index: 0]
-[TCP Segment Len: 0]
-Sequence number: 0 (relative sequence number)  //序列号（相对序列号）（4字节 fd 3e dd a2）
-Acknowledgment number: 0    //确认号（4字节 00 00 00 00）
-Header Length: 32 bytes     //头部长度(0x80)
-Flags: 0x002 (SYN)          //TCP 标记字段
-Window size value: 8192     //流量控制的窗口大小（20 00）
-[Calculated window size: 8192]
-Checksum: 0x97ad [unverified]   //数据段的校验和(97 ad)
-[Checksum Status: Unverified]
-Urgent pointer: 0           //紧急指针(00 00)
-Options: (12 bytes), Maximum segment size, No-Operation (NOP), Window scale, No-Operation
(NOP), No-Operation (NOP), SACK permitted  //选项（可变长度）
```

UDP 数据段头部信息及注释如下。

```
User Datagram Protocol, Src Port: 7273, Dst Port: 15030
-Source Port: 7273              //源端口(1c 69)
-Destination Port: 15030        //目的端口(3a 6b)
-Length: 1410                   //长度（05 82）
-Checksum: 0xd729 [unverified]  //校验和(d7 29)
-[Checksum Status: Unverified]
-[Stream index: 6335]
```

根据上述的抓包信息解读，可以明显地看到数据封包的头信息内容，这一点刚好与 8.3.3 节中介绍的封包格式一一对应。通过这样抓包分析，我们可以更好地理解数据封包的格式，便于更好的理解协议的本质。

8.4.4 Wireshark 抓包分析 TCP

根据 8.3.3 节中介绍的协议封包格式，将封包格式中的字段信义与 Wireshark 捕获的 TCP 包中的数据参数进行对照，可以更直观地理解 TCP 的通信过程。本次将使用 8.1.5 节中的 TCP 编程程序，在 Ubuntu 系统中直接运行本地客户端与服务器端进行抓包分析。从而获得关于 TCP 的三次握手与四次挥手的具体情况。

图 8.34 中的 3 条数据包是一次 TCP 建立连接的过程，即三次握手的情况。

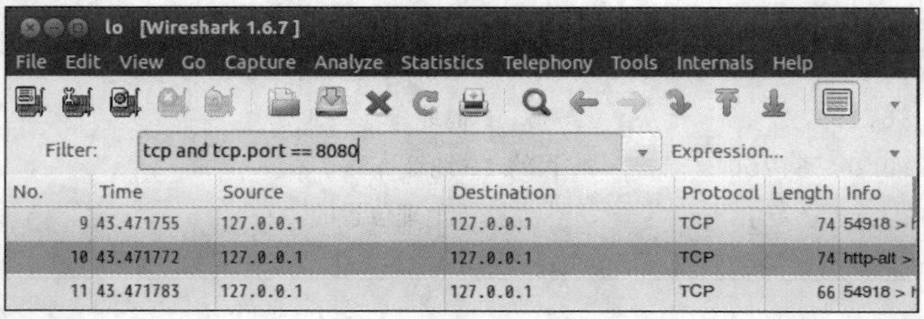

图 8.34　三次握手数据包

第一次握手，客户端发送一个 TCP，标志位（SYN）为 1，序列号 seq 为 0（假设此 seq 为 i，i==0），源端口为 54918，目的端口为 8080。代表客户端请求建立连接，如图 8.35 所示。可以看出这里的 Flags（12 位）与 TCP 封包格式头信息（参照图 8.7）中的保留位（4 位）和控制位（8 位）一一对应。Flags 值为 0x002（0000 0000 0010），其中表示 SYN 的位在低位第二位，因此 SYN 值为 1。

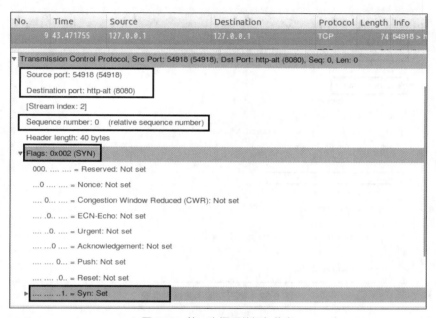

图 8.35　第一次握手数据包信息

第二次握手，服务器向客户端返回一个数据包，标志位 SYN 为 1，建立回复确认序列号 ACK 设置为 i+1（为 1）。同时会选选取一个序列号为 0（假设为 j，j==0）源端口为 8080，目的端口为 54918，如图 8.36 所示。

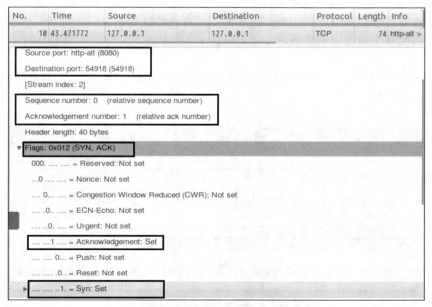

图 8.36　第二次握手数据包信息

第三次握手，客户端接收服务器发送的数据包后，检查其确认序列号是否正确，即 i+1（为 1）。若正确，客户端会向服务器发送一个数据包，其 SYN 为 0，确认序列号 ACK 为服务器端发送的序列号 j+1（为 1），和本次需要发送的序列号为 i+1（为 1）。至此，一次 TCP 连接就此建立，则可以开始传输数据。如图 8.37 所示。

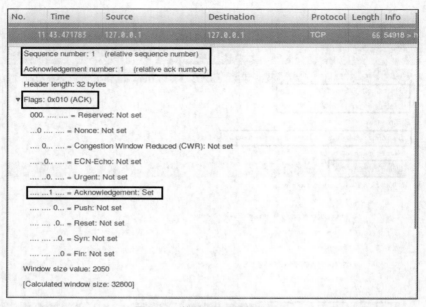

图 8.37　第三次握手数据包信息

根据上述解析，可以清楚地看到 TCP 三次握手的具体信息参数。同时，在此基础上，可以更好地理解三次握手的过程及原因。TCP 客户端之所以最后要发送一次确认，通过三次握手建立连接，主要是为了防止已经失效的连接请求报文又发送到了服务器，再次建立 TCP 连接产生错误。

假设在这样一个场景中，客户端发送请求报文后，在网络中的某个节点滞留一段时间，TCP 客户端迟迟没有收到服务器的确认报文会重新向服务器发送这条报文，经过两次握手建立连接之后，传输数据，关闭连接。而之前滞留的请求报文到达服务器之后也会与服务器再次建立连接。如果是三次握手，客户端就不会发出确认报文，服务器收不到确认报文，就不会建立连接，减少不必要的错误。

TCP 断开连接通过发送 FIN 报文来告诉对方数据已经发送完毕，可以释放连接。其 Wireshark 抓包列表如图 8.38 所示。

No.	Time	Source	Destination	Protocol	Length	Info
9	30.482005	127.0.0.1	127.0.0.1	TCP	74	54923 > http-alt [SYN] Seq=0 Win=32792
10	30.482039	127.0.0.1	127.0.0.1 三次握手	TCP	74	http-alt > 54923 [SYN, ACK] Seq=0 Ack=1
11	30.482053	127.0.0.1	127.0.0.1	TCP	66	54923 > http-alt [ACK] Seq=1 Ack=1 Win=
12	36.077908	127.0.0.1	127.0.0.1	HTTP	194	Continuation or non-HTTP traffic
13	36.077959	127.0.0.1	127.0.0.1	TCP	66	http-alt > 54923 [ACK] Seq=1 Ack=129 Win
14	36.077995	127.0.0.1	127.0.0.1	HTTP	194	Continuation or non-HTTP traffic
15	36.078054	127.0.0.1	127.0.0.1	TCP	66	54923 > http-alt [ACK] Seq=129 Ack=129 V
16	41.357584	127.0.0.1	127.0.0.1	HTTP	194	Continuation or non-HTTP traffic
17	41.357676	127.0.0.1	127.0.0.1	TCP	66	54923 > http-alt [FIN, ACK] Seq=257 Ack=
18	41.397533	127.0.0.1	127.0.0.1	TCP	66	http-alt > 54923 [ACK] Seq=129 Ack=258
19	42.358593	127.0.0.1	127.0.0.1 四次挥手	TCP	66	http-alt > 54923 [FIN, ACK] Seq=129 Ack=
20	42.358631	127.0.0.1	127.0.0.1	TCP	66	54923 > http-alt [ACK] Seq=258 Ack=130

图 8.38　三次握手、四次挥手数据包列表

本次示例使用的是一个 Ubuntu 系统运行服务器与客户端并进行通信。因此，通信使用的地址为本地主机地址（环回地址）。由于监听本地环回，速度太快，导致服务器收到 FIN 以后，调用 close() 函数的时候，会清除 socket() 函数缓存区的 ACK 应答，这将导致无法捕获四次挥手的情况。因此需要在服务器收到 FIN 之后，休眠一点时间再调用 close() 函数，这样就可以通过 Wireshark 看到完整的四次挥手消息。

如图 8.38 所示，第一次挥手，当客户端的数据发送完毕之后，会向服务器端发送一个 FIN（==257）的报文，用来关闭客户端到服务器端的数据传送。

第二次挥手，服务器端收到 FIN 后，发送一个 ACK 给客户端，确认序号为 FIN（==257）+1。此时，服务器端进入关闭等待状态。

第三次挥手，服务器端发送一个 FIN（==129），用来关闭服务器端到客户端的数据传送。

第四次挥手，客户端收到 FIN 之后，接着发送一个 ACK 给服务器端，确认序列号为收到序列号（==129）+1，此时服务器进入关闭状态，完成四次挥手。

TCP 断开连接之所以采用四次挥手，则是因为服务器端在监听状态下，收到连接请求 SYN 报文后，把 ACK 和 SYN 放在一个报文里发送给客户端。而关闭连接时，当收到对方的 FIN 报文之后，仅仅表示对方不再发送数据了但是还能接收数据。此时己方也有可能没有将全部数据发送给对方，因此己方可以发送完剩余数据之后，再发送 FIN 报文给对方表示同意关闭连接。因此，己方 ACK 和 FIN 一般都会分开发送。

8.5　本章小结

本章内容属于重点内容，首先需要读者熟练掌握基于 TCP、UDP 的套接字网络编程，这其中涉及较多函数接口；其次本章从数据包的角度分析了 TCP、UDP、IP 的头部信息，以及这些数据包在数据传输时，封装以及拆解的过程，包括关注度较高的三次握手、四次挥手操作过程，以便读者对网络协议有更深的认识。在之后章节中，又介绍了典型抓包工具 Wireshark 的使用，通过工具抓取数据包，是学习网络协议的重要手段。读者可以通过本章学习认识网络协议的同时，熟悉实际的编程操作。

8.6　习题

1．填空题

（1）用来创建一个端点进行网络通信，并返回文件描述符的编程步骤是＿＿＿＿＿。

（2）经过 TCP 封装后的数据，称为＿＿＿＿＿。

（3）经过 UDP 封装后的数据，称为＿＿＿＿＿。

（4）经过 IP 封装后的数据，称为＿＿＿＿＿。

（5）每层协议都使用下层协议提供的服务，并向自己的上层提供服务。实现这一模式的方式叫作＿＿＿＿＿。

2．选择题

（1）TCP 编程流程中，服务器的流程中不包括以下哪个步骤（　　　）。

　　A．绑定　　　　　　B．监听　　　　　　C．连接　　　　　　D．接收

（2）TCP 编程流程中，客户端的流程中不包括以下哪个步骤（　　　）。

　　A．socket　　　　　B．绑定　　　　　　C．连接　　　　　　D．accept

（3）TCP 报文格式中，哪一项不属于头部的信息（　　　）。

    A. 生存时间　　　　　　B. 端口　　　　　　　　C. 序列号　　　　　　D. 校验和

（4）UDP 封包格式中，表示头部和数据的字节长度的选项是（　　　）。

    A. 保留位　　　　　　　B. 控制位　　　　　　　C. 长度　　　　　　　　D. 校验和

（5）Wireshark 抓包工具，对数据包进行过滤时，选取基于 TCP，端口为 7777 的数据包应设置为（　　　）。

    A. tcp and tcp.port = 7777　　　　　　　　　　B. tcp or tcp.port == 7777

    C. tcp.port == 7777　　　　　　　　　　　　　　D. tcp and tcp.port == 7777

3. 思考题

（1）简述 TCP 的三次握手、四次挥手。

（2）简述网络通信时数据包的封装与解析过程。

4. 编程题

实现基于 TCP 的套接字编程，完成客户端向服务器端发送数据，数据格式类型可以自行设定。

第9章　服务器模型

本章学习目标

- 理解 I/O 模型的概念及思想
- 掌握 I/O 多路复用的使用方法
- 理解服务器模型的思想
- 掌握服务器模型的实现方法

　　本章介绍两个独立的模块，一个是 I/O 模型，另一个是 TCP 服务器模型。前半部分是对 I/O 的进一步讨论，前面的章节已经介绍了 I/O 的各种接口及使用，本章继续深入讨论 I/O 的几种访问文件的方式，通常称为 I/O 模型。后半部分是针对 TCP 编程的进一步讨论，使用 TCP 编程结合其他技术实现循环或并发服务器模型。网络编程在实际应用层开发中使用率较高，因此本章在最后结合服务器模型介绍 TCP、UDP 的经典编程案例。望读者在理解基础概念的前提下，熟练编程并加以应用。

9.1　I/O 模型

9.1.1　阻塞 I/O

　　第 2 章介绍了文件 I/O 这种采用系统调用的方式对文件进行读写操作，这其中涉及 CPU 状态的切换、空间进程的切换以及数据的传递。对于一次 I/O 访问（如 read()函数、write()函数等）来说，数据会先被复制到操作系统内核的存储区域中，然后再从操作系统内核的存储区域中复制到应用程序的地址空间。因此，当一个 read()函数操作发生时，通常会经历两个阶段：第一阶段是等待数据准备；第二阶段是将数据从内核空间中复制给进程。

　　综上所述，阻塞 I/O 就是当用户进程发起一个 I/O 请求操作（以读取为例），内核将会查看读取的数据是否准备就绪，如果没有准备好，则当前进程被挂起（睡眠），阻塞等待结果返回。

　　例如，下面所述的例 9-1，则是一个典型的阻塞 I/O。如果 fgets()函数读取终端输入时，没有输入，则 printf()函数将不会执行。程序将会在 fgets()函数处一直等待，直到有终端输入为止。

I/O 模型

例 9-1 阻塞 I/O 测试。

```
while(1){
    fgets(buf, N, stdin);
    printf("********\n");
}
```

I/O 根据操作对象的不同可以分为内存 I/O、网络 I/O 和磁盘 I/O 三种，通常情况下，所指的 I/O 为后两者。例 9-1 则属于磁盘 I/O 的范畴。在网络 I/O（如 UDP 编程）中，当用户进程调用 recvfrom() 这个系统调用，内核就开始 I/O 的第一阶段：准备数据。对于网络 I/O 来说，很多时候数据在一开始并没有到达，这个时候内核就要等待足够的数据到来。磁盘 I/O 的情况则是等待磁盘数据从磁盘上读取到内核所访问的内存区域中。这个过程需要等待，也就是说数据被复制到操作系统内的存储区域是需要一个过程的。而在用户进程这边，整个进程会被阻塞。当内核等到数据准备就绪，它就会将数据从内核访问区域中复制到用户进程使用的内存中，之后内核返回结果。用户进程解除阻塞状态，重新运行。

进程调用 recvfrom() 阻塞等待的过程如图 9.1 所示。

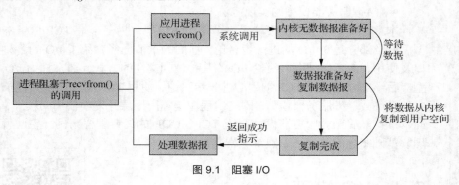

图 9.1　阻塞 I/O

9.1.2　非阻塞 I/O

非阻塞 I/O 与阻塞 I/O 不同的是，当用户进程执行读操作时，如果内核中的数据没有准备就绪，那么它并不会阻塞用户进程，而是立刻返回一个错误码。从用户进程角度讲，它发起一个读操作后，并不需要等待，而是马上得到一个结果。用户进程判断结果是一个错误码时，它就知道数据还没有准备就绪，于是它可以再次发送读操作。一旦内核中的数据准备好了，并且再次收到用户进程的系统调用请求，则它会立刻将数据复制到用户进程使用的内存。

I/O 操作函数将不断地测试数据是否已经准备就绪，如果没有准备就绪则继续，直到数据准备就绪为止。整个 I/O 请求的过程中，虽然用户程序每次发起 I/O 请求后可以立即返回，但是为了得到数据，仍需要不断地轮询、重复请求，这消耗了大量的 CPU 的资源。所以，非阻塞 I/O 的特点是用户进程需要不断的主动询问内核数据是否准备就绪。在数据复制阶段，用户进程还是阻塞的。

在套接字编程中，如果设置参数为 NONBLOCK（非阻塞，准确为 SOCK_NONBLOCK）就是告诉内核，当所请求的 I/O 操作无法完成时，不要将进程睡眠，而是返回一个错误码（EWOULDBLOCK），这样请求就不会阻塞。

如图 9.2 所示，当用户进程执行 recvform() 系统调用时，如果没有准备就绪的数据报，内核则会向用户进程立刻返回错误码。当用户进程访问数据报，且数据报准备就绪时，内核将数据立刻读到用户进程的内存空间中，函数执行返回成功。

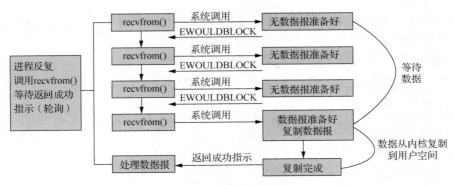

图 9.2　非阻塞 I/O

上面讨论的是网络 I/O 的情况。磁盘 I/O 思想与网络 I/O 完全一致。只是在磁盘 I/O 中，采用文件 I/O 的方式对硬件设备或文件进行操作时，其操作的核心为文件描述符，因此任何的读写操作都围绕文件描述符展开。当用户程序在对文件或硬件设备进行访问时，不希望采用等待（阻塞）的方式接收或发送数据，则需要通过一些设置，将访问的机制设置为非阻塞。使用 fcntl() 函数，会每次轮询访问阻塞的函数，所以若函数阻塞，则会设置为非阻塞状态，进而使阻塞函数不会再阻塞。fcntl() 函数操作的对象就是文件描述符。

```
#include <unistd.h>
#include <fcntl.h>
 int fcntl(int fd, int cmd, ... /* arg */ );
```

fcntl() 函数用来执行对一个已经打开的文件进行操作。参数 fd 为已经打开的文件描述符，参数 cmd 用来指定具体的操作，可选参数 arg 是否需要取决于参数 cmd。

fcntl() 有 5 种功能，这取决于 cmd 的取值。表 9.1 所示为 cmd 参数选项及 fcntl() 函数的功能。

表 9.1　　　　　　　　　　　　cmd 参数选项及 fcntl() 函数的功能

cmd 的取值	fcntl() 函数的功能
F_DUPFD	复制一个现有的描述符
F_GETFD 或 F_SETFD	获得/设置文件描述符标记
F_GETFL 或 F_SETFL	获得/设置文件状态标记
F_GETOWN 或 F_SETOWN	获得/设置异步 I/O 所有权
F_GETLK、F_SETLK 或 F_SETLKW	获得/设置记录锁

当选择为获取状态的操作时，一般不需要第三个参数。本次设置对文件操作为非阻塞时，选用 F_GETFL 与 F_SETFL，获取文件的状态标记并设置为非阻塞状态。其修改状态的方式遵循读、改、写原则，其使用示例如例 9-2 所示。

例 9-2　fcntl 设置非阻塞。

```
/*读*/
int  flags = 0;
flags = fcntl(fd, F_GETFL);
/*改，采用位或运算，添加非阻塞标志位*/
flags = flags | O_NONBLOCK;
/*写*/
fcntl(fd, F_SETFL, flags);
```

下面通过例 9-3 展示 **fcntl()** 函数的操作。其功能为设置文件描述符 0 为非阻塞状态，然后对该文件描述符执行读操作，查看在没有终端输入的情况下，读取操作能否成功。

例 9-3　fcntl 操作文件描述符。

```
1  #include <stdio.h>
2  #include <fcntl.h>
3  #include <string.h>
4  #include <stdlib.h>
5
6  #define N 32
7  int main(int argc, const char *argv[])
8  {
9      char buf[N] = "";
10     int flags;
11
12     /*修改文件描述符 0,即标准输入*/
13     flags = fcntl(0, F_GETFL);
14
15     /*修改其标志位*/
16     flags |= O_NONBLOCK;
17
18     /*重新设置修改后的标志位*/
19     fcntl(0, F_SETFL, flags);
20
21     while(1){
22         read(0, buf, N);
23         buf[strlen(buf) - 1] = '\0';
24         printf("read : %s\n", buf);
25
26         sleep(1);
27     }
28     return 0;
29 }
```

运行结果如下所示，程序在未进行终端输入的情况，读操作依然可以进行。此时为非阻塞 I/O 的情况。

```
linux@Master:~/1000phone$ ./a.out
read :
read :
read :
```

9.1.3　I/O 多路复用

I/O 多路复用指的是在一个程序中，跟踪处理多条独立的 I/O 流。所谓 I/O 流，可以理解为建立一次读或者写的操作，I/O 多路复用意在处理多个独立的输入/输出操作，其操作对象为文件描述符。I/O 多路复用的出现很好地解决了服务器的吞吐能力。原因就在于，当不使用 I/O 多路复用时，程序虽然可以处理完所有的 I/O 流，但是如果某个 I/O 流被设置为阻塞的，那么很可能会导致其他 I/O 操作无法执行。例如，在上一节中讨论的例 9-1，当 fgets() 函数读取终端输入时，没有任何输入，则直接导致 printf() 函数的输出无法执行。

```
while(1){
    fgets(buf, N, stdin);
    printf("********\n");
}
```

　　另一方面，假设所有的 I/O 流被设置为非阻塞，那么在资源并没有准备就绪的情况下，只能采用轮询的机制访问，CPU 将一直被用来判断资源是否准备就绪，这无疑增加了资源的浪费。

　　硬件的发展，产生了多核的概念，也产生了多线程的概念。这样的话，就可以执行一条 I/O 流，则打开一个线程，因此不需要执行轮询的操作。然而，管理线程是要消耗系统资源的，尤其难以处理的是线程之间的交互问题。虽然 I/O 的效率在提高，但同时软件开发的难度也提高了。

　　而 I/O 多路复用的特点是，并不会将 I/O 流（I/O 操作）设置为阻塞或非阻塞。而是采用监听的方式监测所有 I/O 操作的对象（文件描述符），检测其是否可以被执行访问。当某一个文件描述符的状态为准备就绪时，则可以进行 I/O 操作。此时，并不影响其他的 I/O 流。

　　应用程序实现 I/O 多路复用可以采用 select()函数实现，select()函数的工作原理为阻塞监听所有的文件描述符的状态是否发生变化，原型如下。

```
#include <sys/time.h>
#include <sys/types.h>
#include <unistd.h>
 int select(int nfds, fd_set *readfds, fd_set *writefds,
                fd_set *exceptfds, struct timeval *timeout);
```

　　select()函数用来阻塞监听一个集合，该集合类型为 fd_set（实际上是一个位图）。这个集合中存放的是文件描述符（文件句柄）。当集合中的文件描述符准备就绪时，函数立刻返回，其返回值为准备就绪的文件描述符的个数。select()函数做了一个很重要的工作，即将准备就绪的文件描述符留在原有的监听集合中，而集合中没有准备就绪的文件描述符将会被从集合中清除。因此，程序只需要判断文件描述符是否在集合中即可，如果文件描述符在集合中，表示该文件描述符准备就绪；反之，则未准备就绪。

　　参数 nfds 表示监视的文件描述符集合中最大的文件描述符加 1，而参数 readfds、writefds、exceptfds 分别表示存放文件描述符的集合。readfds 表示读操作集合，writefds 为写操作结合，exceptfds 为异常处理集合。

　　参数 timeout 为 select()函数的超时时间。当 timeout 值设置为 NULL 时，即表示不传入时间结构，也就是将 select()函数设置为阻塞状态，一直等到监视的文件描述符集合中某个文件描述符发生变化为止。若 timeout 值设为 0 秒 0 毫秒，就变成一个纯粹的非阻塞函数，无论文件描述符是否发生变化，都立刻返回可继续执行。若 timeout 的值大于 0，则为设置等待超时的时间，即 select()函数在 timeout 时间内阻塞，超过这一时间之后，函数立刻返回。timeout 结构如下所示，用来代表时间值，它有两个成员，分别为秒数及微秒数。

```
struct timeval {
    long  tv_sec;    /* seconds 秒 */
    long  tv_usec;   /* microseconds 微秒 */
};
```

　　由于 select()函数会阻塞监视文件描述符集合中的文件描述符的状态变化，因此这将导致文件描述符集合发生变化。例如，将准备就绪的文件描述符留在集合中，将其他文件描述符从集合中清除。系统中提供了与 select()函数配合使用的一些宏，具体如下所示。

```
    #include <sys/select.h>
    #include <sys/time.h>
    #include <sys/types.h>
    #include <unistd.h>
    void FD_CLR(int fd, fd_set *set);
    int  FD_ISSET(int fd, fd_set *set);
    void FD_SET(int fd, fd_set *set);
    void FD_ZERO(fd_set *set);
```

FD_CLR()表示将一个给定的文件描述符从集合中删除。其中，fd 为指定的文件描述符，set 为指定的文件描述符集合。

FD_ISSET()表示判断指定的文件描述符是否在集合中。其中，fd 为指定的文件描述符，set 为指定的文件描述符集合。

FD_SET()表示将指定的文件描述符添加到指定的集合中。其中，fd 为指定的文件描述符，set 为指定的文件描述符集合。

FD_ZERO()表示清空整个文件描述符集合。

select()函数除在操作底层驱动硬件时有应用外，在套接字网络编程中也比较重要。在一般的开发中，有时习惯性地使用阻塞操作（如 accept()函数、recv()函数、recvfrom()函数等）并不能解决所有的问题。

下面将通过一个示例展示 select()函数的基本使用，服务器端将同时处理客户端的请求，以及终端的输入两个 I/O 流，采用多路复用进行操作，其重要的特点为多路 I/O 之间相互独立，互不影响。服务器端操作流程如图 9.3 所示。

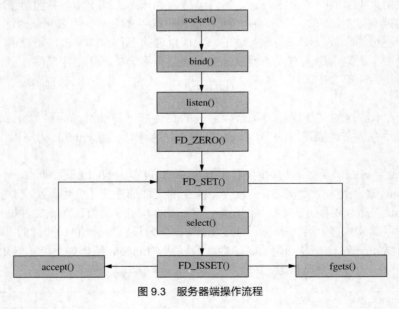

图 9.3　服务器端操作流程

服务器端的代码如例 9-4 所示。

例 9-4　select 实现多路复用服务器端代码实现。

```
 1 #include <stdio.h>
 2 #include <arpa/inet.h>
 3 #include <sys/types.h>
 4 #include <sys/socket.h>
 5 #include <netinet/in.h>
```

```
 6 #include <stdlib.h>
 7 #include <unistd.h>
 8 #include <string.h>
 9 #include <strings.h>
10 #include <sys/select.h>
11 #include <sys/time.h>
12
13 #define N 128
14 #define errlog(errmsg) do{perror(errmsg);\
15                           printf("%s--%s--%d\n",\
16                              __FILE__, __func__, __LINE__);\
17                           exit(1);\
18                           }while(0)
19
20 int main(int argc, const char *argv[])
21 {
22     int sockfd, acceptfd;
23     struct sockaddr_in serveraddr, clientaddr;
24     socklen_t addrlen = sizeof(serveraddr);
25     char buf[N] = {};
26
27     /*初始化结构体*/
28     bzero(&serveraddr, addrlen);
29     bzero(&clientaddr, addrlen);
30
31     if(argc < 3)
32     {
33         fprintf(stderr, "Usage: %s ip port\n", argv[0]);
34         exit(1);
35     }
36
37     /*第一步：创建套接字*/
38     if((sockfd = socket(AF_INET, SOCK_STREAM, 0)) < 0)
39     {
40         errlog("fail to socket");
41     }
42
43     /*
44     *第二步：填充服务器网络信息结构体
45     *inet_addr:将点分十进制IP地址转化为网络字节序的整型数据
46     *htons:将主机字节序转化为网络字节序
47     *atoi:将数字型字符串转化为整型数据
48     */
49     serveraddr.sin_family = AF_INET;
50     serveraddr.sin_addr.s_addr = inet_addr(argv[1]);
51     serveraddr.sin_port = htons(atoi(argv[2]));
52
53     /*第三步：将套接字与服务器网络信息结构体绑定*/
54     if(bind(sockfd, (struct sockaddr *)&serveraddr, addrlen) < 0)
55     {
56         errlog("fail to bind");
57     }
58
59     /*第四步：将套接字设置为被动监听模式*/
```

```
60      if(listen(sockfd, 5) < 0)
61      {
62          errlog("fail to listen");
63      }
64
65      /*
66      *使用 select()函数实现 I/O 多路复用
67      *注意：当 select()函数运行结束之后，
68      *会移除当前准备就绪的文件描述符以外其他所有的文件描述符
69      *注意：由于会移除集合里面的文件描述符，所以需要每次都添加
70      */
71      fd_set readfds;
72      int maxfd, ret;
73
74      /*第一步：清空集合*/
75      FD_ZERO(&readfds);
76
77      maxfd = sockfd;
78
79      while(1)
80      {
81          /*第二步：将需要的文件描述符添加到集合里面*/
82          FD_SET(0, &readfds);
83          FD_SET(sockfd, &readfds);
84
85          /*第三步：阻塞等待文件描述符准备就绪*/
86          if((ret = select(maxfd + 1, &readfds, NULL, NULL, NULL)) < 0)
87          {
88              errlog("fail to select");
89          }
90
91          printf("ret = %d\n", ret);
92
93          /*
94          *第四步：判断是哪个文件描述符准备就绪并执行对应的 I/O 操作
95          *由于 select()函数运行结束后，集合里面只剩下准备就绪的，
96          *因此只要判断到底是哪个文件描述还在集合里面即可
97          */
98          if(FD_ISSET(0, &readfds) == 1)
99          {
100             fgets(buf, N, stdin);
101             buf[strlen(buf) - 1] = '\^_^_0';
102
103             printf("buf = %s\n", buf);
104         }
105
106         if(FD_ISSET(sockfd, &readfds) == 1)
107         {
108             if((acceptfd = accept(sockfd,\
109                 (struct sockaddr *)&clientaddr, &addrlen)) < 0)
110             {
111                 errlog("fail to accept");
112             }
113
```

```
114                printf("ip: %s, port: %d\n",\
115                       inet_ntoa(clientaddr.sin_addr),\
116                       ntohs(clientaddr.sin_port));
117         }
118     }
119
120     close(acceptfd);
121     close(sockfd);
122
123     return 0;
124 }
```

如上述代码所示，服务器端并没有直接采用阻塞的方式等待终端输入或者客户端的连接。本次 select 操作将监听默认输入的文件描述符 0 以及套接字的文件描述符 sockfd。由于 select 操作会将准备就绪的文件描述符留在集合中，并清除其他的文件描述符，因此程序在后续只需要判定文件描述符是否在集合中，如果在集合中则进行操作。采用 while 循环，每次循环进行 select 操作之前，都需要重新将监听的文件描述符添加到集合中，这似乎已成为一种固定的编写方式。

客户端的代码如例 9-5 所示。

例 9-5 select 实现多路复用客户端代码实现。

```
 1 #include <stdio.h>
 2 #include <arpa/inet.h>
 3 #include <sys/types.h>
 4 #include <sys/socket.h>
 5 #include <netinet/in.h>
 6 #include <stdlib.h>
 7 #include <unistd.h>
 8 #include <string.h>
 9
10 #define N 128
11 #define errlog(errmsg) do{perror(errmsg);\
12                          printf("%s--%s--%d\n",\
13                                 __FILE__, __func__, __LINE__);\
14                          exit(1);\
15                          }while(0)
16
17 int main(int argc, const char *argv[])
18 {
19     int sockfd;
20     struct sockaddr_in serveraddr;
21     socklen_t addrlen = sizeof(serveraddr);
22
23     if(argc < 3)
24     {
25         fprintf(stderr, "Usage: %s ip port\n", argv[0]);
26         exit(1);
27     }
28
29     /*第一步：创建套接字*/
30     if((sockfd = socket(AF_INET, SOCK_STREAM, 0)) < 0)
31     {
32         errlog("fail to socket");
33     }
34
```

```
35      /*
36      *第二步：填充服务器网络信息结构体
37      *inet_addr:将点分十进制 IP 地址转化为网络字节序的整型数据
38      *htons:将主机字节序转化为网络字节序
39      *atoi:将数字型字符串转化为整型数据
40      */
41      serveraddr.sin_family = AF_INET;
42      serveraddr.sin_addr.s_addr = inet_addr(argv[1]);
43      serveraddr.sin_port = htons(atoi(argv[2]));
44
45      /*系统可以随机为客户端指定 IP 地址和端口,客户端也可以自己指定*/
46 #if 0
47      struct sockaddr_in clientaddr;
48      clientaddr.sin_family = AF_INET;
49      clientaddr.sin_addr.s_addr = inet_addr(argv[3]);
50      clientaddr.sin_port = htons(atoi(argv[4]));
51
52      if(bind(sockfd, (struct sockaddr *)&clientaddr, addrlen) < 0)
53      {
54          errlog("fail to bind");
55      }
56 #endif
57
58      /*第三步：发送客户端连接请求*/
59      if(connect(sockfd, (struct sockaddr *)&serveraddr, addrlen) < 0)
60      {
61          errlog("fail to connect");
62      }
63
64      close(sockfd);
65
66      return 0;
67 }
```

先运行服务器端，在终端输入字符串，操作文件描述符 0。可以执行，终端执行了输出，ret 表示此时准备就绪的文件描述符个数。运行结果如下。

```
linux@Master:~/1000phone/select$ ./server 10.0.36.199 7777
hello
ret = 1
buf = hello
```

再运行客户端，进行连接，同样可以连接，运行结果如下。

```
linux@Master:~/1000phone/select$ ./client 10.0.36.199 7777
linux@Master:~/1000phone/select$
```

此时，服务器端得到客户端的 IP 地址及端口。运行结果如下所示。

```
linux@Master:~/1000phone/select$ ./server 10.0.36.199 7777
hello
ret = 1
buf = hello
```

```
ret = 1
ip: 10.0.36.199, port: 53374
```

9.1.4　信号驱动 I/O

信号驱动 I/O 就是指进程预先告知内核、向内核注册一个信号处理函数，然后用户进程返回不阻塞。当内核数据准备就绪时会发送一个信号给进程，用户进程接收信号后，在信号处理函数中调用 I/O 操作读取数据。信号驱动 I/O 涉及 Linux 内核驱动内容，本书不再详述，读者可以查询 Linux 驱动 I/O 模型进行学习。图 9.4 所示为信号驱动 I/O 的设计模型。

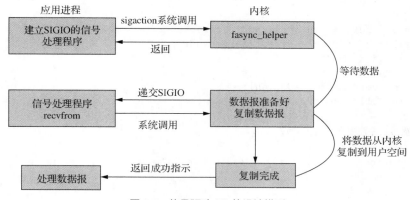

图 9.4　信号驱动 I/O 的设计模型

9.2　TCP 服务器模型

9.2.1　循环服务器

在网络通信中，服务器通常需要处理多个客户端。由于多个客户端的请求可能会同时到来，服务器端可采用不同的方式来处理。目前最常用的服务器模型为循环服务器模型与并发服务器模型。

循环服务器模型是指服务器端依次处理每个客户端，直到当前客户端的所有请求处理完毕，再处理下一个客户端。此类模型的特点是简单，但也容易造成除当前客户端外的其他客户端等待时间过长的情况。

循环服务器的实现其实很简单，通常可以采用循环嵌套的方式实现。即外层循环依次接收客户端的请求，建立 TCP 连接。内层循环接收并处理客户端的所有数据，直到客户端关闭连接。如果当前客户端没有处理结束，其他客户端必须一直等待。因此，需要特别注意的是循环服务器不能在同一时刻响应多个客户端的请求。

下面将展示 TCP 的循环服务器的基本功能。服务器接收客户端的数据之后，对数据加以修改，再发送给客户端。循环服务器，服务器端的代码如例 9-6 所示。

例 9-6　循环服务器服务器端代码实现。

```
1 #include <stdio.h>
2 #include <sys/types.h>
3 #include <sys/socket.h>
4 #include <string.h>
```

```
5 #include <netinet/in.h>
6 #include <arpa/inet.h>
7
8 #define N 128
9 #define errlog(errmsg) do{perror(errmsg);\
10                          printf("---%s---%s---%d---\n",\
11                                __FILE__, __func__, __LINE__);\
12                          return -1;\
13                          }while(0)
14 int main(int argc, const char *argv[])
15 {
16     int sockfd, acceptfd;
17
18     struct sockaddr_in serveraddr, clientaddr;
19     socklen_t addrlen = sizeof(serveraddr);
20     char buf[N] = "";
21
22     bzero(&serveraddr, addrlen);
23     bzero(&clientaddr, addrlen);
24
25     /*提示程序需要命令行传参*/
26     if(argc < 3){
27         fprintf(stderr, "Usage: %s ip port\n", argv[0]);
28         return -1;
29     }
30
31     /*创建套接字*/
32     if((sockfd = socket(AF_INET, SOCK_STREAM, 0)) < 0){
33         errlog("socket error");
34     }
35
36     /*填充网络信息结构体
37      *inet_addr：将点分十进制地址转换为网络字节序的整型数据
38      *htons：将主机字节序转换为网络字节序
39      *atoi：将数字型字符串转化为整型数据
40      */
41     serveraddr.sin_family = AF_INET;
42     serveraddr.sin_addr.s_addr = inet_addr(argv[1]);
43     serveraddr.sin_port = htons(atoi(argv[2]));
44
45     /*将套接字与服务器网络信息结构体绑定*/
46     if(bind(sockfd, (struct sockaddr *)&serveraddr, addrlen) < 0){
47         errlog("bind error");
48     }
49
50     /*将套接字设置为被动监听模式*/
51     if(listen(sockfd, 5) < 0){
52         errlog("listen error");
53     }
54
55     /*循环的方式接收客户端的请求*/
56     while(1){
57         /*可以将后两个参数设置为 NULL,
58          *表示不关注客户端的信息，不影响通信
```

```
59              */
60          if((acceptfd = accept(sockfd,\
61              (struct sockaddr *)&clientaddr, &addrlen)) < 0){
62              errlog("accept error");
63          }
64
65          printf("ip: %s, port: %d\n",\
66              inet_ntoa(clientaddr.sin_addr),\
67              ntohs(clientaddr.sin_port));
68
69          ssize_t bytes;
70
71          while(1){
72              if((bytes = recv(acceptfd, buf, N, 0)) < 0){
73                  errlog("recv error");
74              }
75              else if(bytes == 0){
76                  errlog("no data");
77              }
78              else{
79                  if(strncmp(buf, "quit", 4) == 0){
80                      printf("client quit\n");
81                      break;
82                  }
83                  else{
84                      printf("client: %s\n", buf);
85                      strcat(buf, "-server");
86
87                      if(send(acceptfd, buf, N, 0) < 0){
88                          errlog("send error");
89                      }
90                  }
91              }
92          }
93      }
94      return 0;
95 }
```

客户端的代码如例 9-7 所示。一旦连接成功之后，客户端可以持续向服务器发送数据，直到输入 "quit" 才退出。

例 9-7　循环服务器客户端代码实现。

```
1 #include <stdio.h>
2 #include <sys/types.h>
3 #include <sys/socket.h>
4 #include <string.h>
5 #include <netinet/in.h>
6 #include <arpa/inet.h>
7
8 #define N 128
9 #define errlog(errmsg) do{perror(errmsg);\
10                      printf("---%s---%s---%d---\n",\
11                          __FILE__, __func__, __LINE__);\
12                      return -1;\
13                      }while(0)
14 int main(int argc, const char *argv[])
```

```
15 {
16     int sockfd;
17     struct sockaddr_in serveraddr;
18     socklen_t addrlen = sizeof(serveraddr);
19     char buf[N] = "";
20
21     /*提示程序需要命令行传参*/
22     if(argc < 3){
23         fprintf(stderr, "Usage: %s ip port\n", argv[0]);
24         return -1;
25     }
26
27     /*创建套接字*/
28     if((sockfd = socket(AF_INET, SOCK_STREAM, 0)) < 0){
29         errlog("socket error");
30     }
31
32     /*填充网络信息结构体
33      *inet_addr: 将点分十进制地址转换为网络字节序的整型数据
34      *htons: 将主机字节序转换为网络字节序
35      *atoi: 将数字型字符串转化为整型数据
36      */
37     serveraddr.sin_family = AF_INET;
38     serveraddr.sin_addr.s_addr = inet_addr(argv[1]);
39     serveraddr.sin_port = htons(atoi(argv[2]));
40
41 #if 0
42     系统可以随机为客户端指定 IP 地址和端口，客户端也可以自己指定
43     struct sockaddr_in clientaddr;
44     clientaddr.sin_family = AF_INET;
45     clientaddr.sin_addr.s_addr = inet_addr(argv[3]);
46     clientaddr.sin_port = htons(atoi(argv[4]));
47
48     if(bind(sockfd, (struct sockaddr *)&clientaddr, addrlen) < 0){
49         errlog("bind error");
50     }
51 #endif
52
53     /*发送客户端连接请求*/
54     if(connect(sockfd, (struct sockaddr *)&serveraddr, addrlen) < 0){
55         errlog("connect error");
56     }
57
58     while(1){
59         fgets(buf, N, stdin);
60         buf[strlen(buf) - 1] = '\0';
61
62         if(send(sockfd, buf, N, 0) < 0){
63             errlog("send error");
64         }
65         else{
66             if(strncmp(buf,"quit", 4) == 0){
67                 break;
68             }
```

```
69
70              if(recv(sockfd, buf, N, 0) < 0){
71                  errlog("recv error");
72              }
73
74              printf("server: %s\n", buf);
75          }
76      }
77
78      return 0;
79 }
```

先运行服务器，等待客户端的连接。再运行客户端，发送信息，并执行退出。可多次运行客户端，发送数据，之后退出。服务器可以一直循环接收连接，并处理发送数据。

服务器运行结果如下所示，接收两次客户端的连接请求。

```
linux@Master:~/1000phone/net/tcp_echo$ ./server 10.0.36.199 7777
ip: 10.0.36.199, port: 53383
client: hello
client quit
ip: 10.0.36.199, port: 53384
client: world
client quit
```

客户端一运行结果如下所示，发送数据，并接收服务器修改之后的数据。

```
linux@Master:~/1000phone/net/tcp_echo$ ./client 10.0.36.199 7777
hello
server: hello-server
quit
```

客户端二运行结果如下所示，发送数据，并接收服务器修改之后的数据。

```
linux@Master:~/1000phone/net/tcp_echo$ ./client 10.0.36.199 7777
world
server: world-server
quit
```

9.2.2　fork()实现并发服务器

为了提高服务器的并发处理能力，在这里又引入并发服务器的模型。并发服务器解决了循环服务器的缺陷，即可以在同一时刻响应多个客户端的请求。其基本设计思想是在服务器端采用多任务机制（多进程或多线程），分别为每一个客户端创建一个任务处理。也可以使用 select()函数实现并发服务器。

首先介绍使用父子进程实现并发服务器（多线程与之类似），具体设计细节为：父进程接收客户端的连接请求但不处理具体消息，子进程处理客户端的消息。也就是说，服务器端父进程一旦接收客户端的连接请求，便建立好连接并创建新的子进程。这意味着每个客户端在服务器端有一个专门的子进程为其服务。

父子进程实现并发服务器的流程如图 9.5 所示。

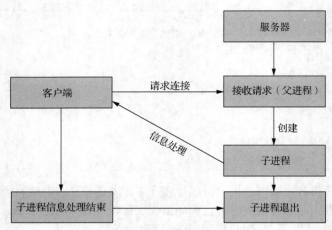

图 9.5　父子进程实现并发服务器的流程

根据图 9.5 的展示的过程，服务器端编程的示例代码如例 9-8 所示。

例 9-8　fork 实现并发服务器的服务器端代码实现。

```
 1 #include <stdio.h>
 2 #include <sys/types.h>
 3 #include <sys/socket.h>
 4 #include <string.h>
 5 #include <netinet/in.h>
 6 #include <arpa/inet.h>
 7 #include <stdlib.h>
 8 #include <sys/wait.h>
 9 #include <unistd.h>
10 #include <signal.h>
11
12 #define N 128
13 #define errlog(errmsg) do{perror(errmsg);\
14                         printf("---%s---%s---%d---\n",\
15                         __FILE__, __func__, __LINE__);\
16                         return -1;\
17                 }while(0)
18 void handler(int sig){
19     /*通过信号使父进程执行等待回收子进程的资源的操作*/
20     wait(NULL);
21 }
22 int main(int argc, const char *argv[])
23 {
24     int sockfd, acceptfd;
25
26     struct sockaddr_in serveraddr, clientaddr;
27     socklen_t addrlen = sizeof(serveraddr);
28     char buf[N] = "";
29     pid_t pid;
30
31     bzero(&serveraddr, addrlen);
32     bzero(&clientaddr, addrlen);
33
34     /*提示程序需要命令行传参*/
35     if(argc < 3){
```

```
36          fprintf(stderr, "Usage: %s ip port\n", argv[0]);
37          return -1;
38      }
39
40      /*创建套接字*/
41      if((sockfd = socket(AF_INET, SOCK_STREAM, 0)) < 0){
42          errlog("socket error");
43      }
44
45      /*填充网络信息结构体
46       *inet_addr: 将点分十进制地址转换为网络字节序的整型数据
47       *htons: 将主机字节序转换为网络字节序
48       *atoi: 将数字型字符串转化为整型数据
49       */
50      serveraddr.sin_family = AF_INET;
51      serveraddr.sin_addr.s_addr = inet_addr(argv[1]);
52      serveraddr.sin_port = htons(atoi(argv[2]));
53
54      /*将套接字与服务器网络信息结构体绑定*/
55      if(bind(sockfd, (struct sockaddr *)&serveraddr, addrlen) < 0){
56          errlog("bind error");
57      }
58
59      /*将套接字设置为被动监听模式*/
60      if(listen(sockfd, 5) < 0){
61          errlog("listen error");
62      }
63
64      /*注册信号*/
65      signal(SIGUSR1, handler);
66
67      while(1){
68          /*阻塞等待客户端的连接请求*/
69          if((acceptfd = accept(sockfd,\
70                  (struct sockaddr *)&clientaddr, &addrlen)) < 0){
71              errlog("accept error");
72          }
73
74          printf("ip: %s, port: %d\n",\
75                  inet_ntoa(clientaddr.sin_addr),\
76                  ntohs(clientaddr.sin_port));
77
78          pid = fork();
79
80          if(pid < 0){
81              errlog("fork error");
82          }
83          else if(pid == 0){
84              /*子进程专门负责处理客户端的消息，不负责客户端的连接*/
85
86              /*释放资源，子进程不需要接收客户端的连接请求*/
87              close(sockfd);
88              while(1){
```

```
89              ssize_t bytes;
90              if((bytes = recv(acceptfd, buf, N, 0)) < 0){
91                  errlog("recv error");
92              }
93              else if(bytes == 0){
94                  errlog("no data\n");
95              }
96              else{
97                  if(strncmp(buf, "quit", 4) == 0){
98                      printf("client quit\n");
99                      sleep(1);
100                     break;
101                 }
102                 else{
103                     printf("client: %s\n", buf);
104                     strcat(buf, "-server");
105
106                     if(send(acceptfd, buf, N, 0) < 0){
107                         errlog("send error");
108                     }
109                 }
110             }
111         }
112         kill(getppid(), SIGUSR1);
113         exit(0);
114     }
115     else{
116         /*
117          *父进程的执行代码段释放资源，不需要收发信息
118          *关闭收发信息的文件描述符
119          */
120         close(acceptfd);
121     }
122 }
123 return 0;
124 }
```

客户端的代码如例 9-9 所示。

例 9-9　fork 实现并发服务器的客户端代码实现。

```
1 #include <stdio.h>
2 #include <sys/types.h>
3 #include <sys/socket.h>
4 #include <string.h>
5 #include <netinet/in.h>
6 #include <arpa/inet.h>
7
8 #define N 128
9 #define errlog(errmsg) do{perror(errmsg);\
10                 printf("---%s---%s---%d---\n",\
11                     __FILE__, __func__, __LINE__);\
12                 return -1;\
13                 }while(0)
14 int main(int argc, const char *argv[])
15 {
```

```
16      int sockfd;
17      struct sockaddr_in serveraddr;
18      socklen_t addrlen = sizeof(serveraddr);
19      char buf[N] = "";
20
21      /*提示程序需要命令行传参*/
22      if(argc < 3){
23          fprintf(stderr, "Usage: %s ip port\n", argv[0]);
24          return -1;
25      }
26
27      /*创建套接字*/
28      if((sockfd = socket(AF_INET, SOCK_STREAM, 0)) < 0){
29          errlog("socket error");
30      }
31
32      /*填充网络信息结构体
33       *inet_addr: 将点分十进制地址转换为网络字节序的整型数据
34       *htons: 将主机字节序转换为网络字节序
35       *atoi: 将数字型字符串转化为整型数据
36       */
37      serveraddr.sin_family = AF_INET;
38      serveraddr.sin_addr.s_addr = inet_addr(argv[1]);
39      serveraddr.sin_port = htons(atoi(argv[2]));
40
41 #if 0
42      /*系统可以随机为客户端指定IP地址和端口，客户端也可以自己指定*/
43      struct sockaddr_in clientaddr;
44      clientaddr.sin_family = AF_INET;
45      clientaddr.sin_addr.s_addr = inet_addr(argv[3]);
46      clientaddr.sin_port = htons(atoi(argv[4]));
47
48      if(bind(sockfd, (struct sockaddr *)&clientaddr, addrlen) < 0){
49          errlog("bind error");
50      }
51 #endif
52
53      /*发送客户端连接请求*/
54      if(connect(sockfd, (struct sockaddr *)&serveraddr, addrlen) < 0){
55          errlog("connect error");
56      }
57
58      while(1){
59          fgets(buf, N, stdin);
60          buf[strlen(buf) - 1] = '\0';
61
62          if(send(sockfd, buf, N, 0) < 0){
63              errlog("send error");
64          }
65          else{
66              if(strncmp(buf,"quit", 4) == 0){
67                  break;
68              }
```

```
69
70              if(recv(sockfd, buf, N, 0) < 0){
71                  errlog("recv error");
72              }
73
74              printf("server: %s\n", buf);
75          }
76      }
77
78      return 0;
79  }
```

先运行服务器，等待客户端的连接。再运行客户端，不同于循环服务器，此时可同时运行多个客户端发起连接。服务器将不断通过创建子进程完成与客户端的对话。

服务器运行结果如下所示，同时接收两次客户端的连接请求。

```
linux@Master:~/1000phone/net/tcp_concurrent$ ./server 10.0.36.199 7777
ip: 10.0.36.199, port: 53385
ip: 10.0.36.199, port: 53386
client: hello
client: world
client quit
client quit
```

客户端一的运行结果如下所示。发送数据，并接收服务器端发送修改之后的数据。

```
linux@Master:~/1000phone/net/tcp_concurrent$ ./client 10.0.36.199 7777
hello
server: hello-server
quit
```

客户端二的运行结果如下所示。发送数据，并接收服务器端发送修改之后的数据。

```
linux@Master:~/1000phone/net/tcp_concurrent$ ./client 10.0.36.199 7777
world
server: world-server
quit
```

9.2.3　select()实现并发服务器

上一节中，展示了如何通过多任务的方式（多进程）实现同时处理客户端请求的服务器模型。实现这种服务器的方式还有其他的方法，例如通过多线程的方式。由于创建多线程与创建子进程的处理模式是一样的，唯一不同可能是资源使用问题。因此本节将展示使用 9.1.3 节中介绍的 select()来实现并发服务器。

使用 select()完成并发服务器，在代码实现的难度上比多任务的方式要复杂一点。但相较于多进程或多线程，I/O 多路复用的方式大大地降低了系统的开销。在本次示例中，服务器通过 select()监听用于接收请求的 sockfd，以及用于收发信息的 acceptfd，判断其是否准备就绪，从而选择进行接收请求或收发数据。随着连接的客户端逐渐增多，其监听集合中的文件描述符也逐渐增多。由于客户端作为一个连接测试功能的示例，可以使用上一节中的客户端示例，因此本次将不展示客户端示例代码。并发服务器服务器端的代码如例 9-10 所示。

例 9-10　select 实现并发服务器的服务器端代码实现。

```
 1 #include <stdio.h>
 2 #include <arpa/inet.h>
 3 #include <sys/types.h>
 4 #include <sys/socket.h>
 5 #include <netinet/in.h>
 6 #include <stdlib.h>
 7 #include <unistd.h>
 8 #include <string.h>
 9 #include <strings.h>
10 #include <sys/select.h>
11 #include <sys/time.h>
12
13 #define N 128
14 #define errlog(errmsg) do{perror(errmsg);\
15                           printf("%s--%s--%d\n",\
16                                  __FILE__, __func__, __LINE__);\
17                           exit(1);\
18                          }while(0)
19
20 int main(int argc, const char *argv[])
21 {
22     int sockfd, acceptfd;
23     struct sockaddr_in serveraddr, clientaddr;
24     socklen_t addrlen = sizeof(serveraddr);
25     char buf[N] = {};
26     ssize_t bytes;
27
28     //初始化结构体
29     bzero(&serveraddr, addrlen);
30     bzero(&clientaddr, addrlen);
31
32     if(argc < 3)
33     {
34         fprintf(stderr, "Usage: %s ip port\n", argv[0]);
35         exit(1);
36     }
37
38     //第一步：创建套接字
39     if((sockfd = socket(AF_INET, SOCK_STREAM, 0)) < 0)
40     {
41         errlog("fail to socket");
42     }
43     printf("sockfd = %d\n", sockfd);
44
45     //第二步：填充服务器网络信息结构体
46     //.../a.out 127.0.0.1 9999
47     //inet_addr:将点分十进制 IP 地址转化为网络字节序的整型数据
48     //htons:将主机字节序转化为网络字节序
49     //atoi:将数字型字符串转化为整型数据
50     serveraddr.sin_family = AF_INET;
51     serveraddr.sin_addr.s_addr = inet_addr(argv[1]);
```

```
52        serveraddr.sin_port = htons(atoi(argv[2]));
53
54        //第三步：将套接字与服务器网络信息结构体绑定
55        if(bind(sockfd, (struct sockaddr *)&serveraddr, addrlen) < 0)
56        {
57            errlog("fail to bind");
58        }
59
60        //第四步：将套接字设置为被动监听模式
61        if(listen(sockfd, 5) < 0)
62        {
63            errlog("fail to listen");
64        }
65
66        //使用 select() 函数实现 TCP 并发服务器
67
68        fd_set readfds, tempfds;
69        int maxfd, ret, i;
70
71        //第一步：清空集合
72        FD_ZERO(&readfds);
73
74        //第二步：将需要的文件描述符添加到集合里面
75        FD_SET(sockfd, &readfds);
76
77        maxfd = sockfd;
78
79        while(1)
80        {
81            tempfds = readfds;
82
83            //第三步：阻塞等待文件描述符准备就绪
84            if((ret = select(maxfd + 1, &tempfds, NULL, NULL, NULL)) < 0)
85            {
86                errlog("fail to select");
87            }
88
89            //printf("ret = %d\n", ret);
90
91            /*第四步：判断是哪个文件描述符准备就绪并执行对应的 I/O 操作
92             *由于 select() 函数运行结束后，集合里面只剩下准备就绪的，
93             *因此只要判断到底是哪个文件描述符还在集合里面即可
94             */
95            for(i = 0; i < maxfd + 1; i++)
96            {
97                if(FD_ISSET(i, &tempfds) == 1)
98                {
99                    if(i == sockfd)
100                   {
101                       if((acceptfd = accept(sockfd,\
102                           (struct sockaddr *)&clientaddr, &addrlen)) < 0)
103                       {
104                           errlog("fail to accept");
```

```
105                           }
106
107                         printf("ip: %s, port: %d\n",\
108                                 inet_ntoa(clientaddr.sin_addr),\
109                                 ntohs(clientaddr.sin_port));
110                         printf("acceptfd = %d\n", acceptfd);
111
112                         //将需要执行I/O操作的文件描述符添加到集合里面
113                         FD_SET(acceptfd, &readfds);
114
115                         //需要获取最大的文件描述符
116                         maxfd = acceptfd > maxfd ? acceptfd : maxfd;
117                     }
118                 else
119                     {
120                         if((bytes = recv(i, buf, N, 0)) < 0)
121                         {
122                             errlog("fail to recv");
123                         }
124                         else if(bytes == 0)
125                         {
126                             printf("NO DATA\n");
127
128                             FD_CLR(i, &readfds);
129                             close(i);
130                             break;
131                         }
132                         else
133                         {
134                             if(strncmp(buf, "quit", 4) == 0)
135                             {
136                                 printf("client quit\n");
137
138                                 FD_CLR(i, &readfds);
139                                 close(i);
140                                 break;
141                             }
142                             else
143                             {
144                                 printf("client: %s\n", buf);
145
146                                 strcat(buf, " *_*");
147
148                                 if(send(i, buf, N, 0) < 0)
149                                 {
150                                     errlog("fail to send");
151                                 }
152                             }
153                         }
154                     }
155             }
156         }
157     }
158
159     close(acceptfd);
```

```
160    close(sockfd);
161
162    return 0;
163 }
```

先运行服务器等待客户端的连接，再运行客户端。不同于循环服务器，此时可同时运行多个客户端发起连接。服务器同时接收两次客户端的连接请求。服务器运行结果如下所示。

```
linux@Master:~/1000phone/tcp_concurrent_select$ ./server 10.0.36.199 7777
sockfd = 3
ip: 10.0.36.199, port: 53401
acceptfd = 4
ip: 10.0.36.199, port: 53402
acceptfd = 5
client: hello
client: world
client quit
client quit
```

客户端一的运行结果如下所示。发送数据，并接收服务器端发送修改之后的数据。

```
linux@Master:~/1000phone/tcp_concurrent_select$ ./client 10.0.36.199 7777
hello
server: hello *_*
quit
client is quited
```

客户端二的运行结果如下所示。发送数据，并接收服务器端发送修改之后的数据。

```
linux@Master:~/1000phone/tcp_concurrent_select$ ./client 10.0.36.199 7777
world
server: world *_*
quit
client is quited
```

9.3 TCP 文件服务器

TCP 文件服务器

9.3.1 功能说明

本节将通过一个示例进一步讨论 TCP 编程。该示例使用循环服务器的设计思想，实现一个功能类似于数据库的文件服务器，如图 9.6 所示。该文件服务器支持对文件的保存，实现客户端与服务器交互的三大功能。

（1）实现客户端查看服务器的目录的所有文件名。

（2）实现客户端可以下载服务器的目录的文件。

（3）实现客户端能够上传文件到服务器。

根据上述模块功能需求的描述，设计文件服务器的代码实现流程，其客户端的流程如图 9.7 所示。

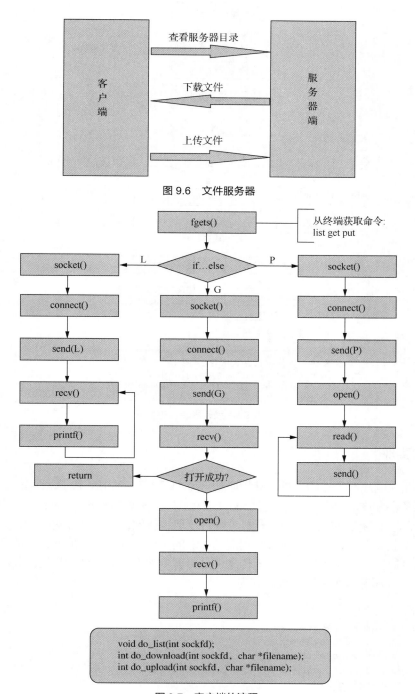

图 9.6 文件服务器

图 9.7 客户端的流程

　　如图 9.7 所示，客户端功能选择分支中，"L"表示 list，即查看服务器的目录的文件；"G"表示 get，即从服务器的目录下载所需文件；"P"表示 put，即向服务器上传文件。函数 do_list()为自定义函数，用来实现查看功能；函数 do_download()同样为自定义函数，用来实现从服务器中下载文件；函数 do_upload()同样为自定义函数，用来实现上传文件。

　　服务器端的流程如图 9.8 所示。

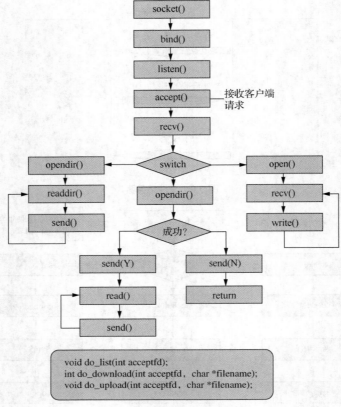

图 9.8　服务器端的流程

9.3.2　功能实现

　　服务器端用来响应客户端的请求，其代码如例 9-11 所示。其中，基于 TCP 的套接字编程需要熟练掌握。服务器端核心操作为查看文件 do_list()函数、下载文件 do_download()函数、上传文件 do_upload()函数。查看文件的方式为打开目录进行读取，获取目录中文件的名称，并将文件名称发送给客户端。下载文件的方式则是将客户端需要下载的文件打开，并读取文件中的数据发送给客户端，客户端则将数据写入新文件即可。上传文件是将客户端发送的文件数据写入新的文件。

　　例 9-11　文件服务器服务器端代码实现。

```
 1 #include <stdio.h>
 2 #include <arpa/inet.h>
 3 #include <sys/types.h>
 4 #include <sys/socket.h>
 5 #include <netinet/in.h>
 6 #include <stdlib.h>
 7 #include <unistd.h>
 8 #include <string.h>
 9 #include <dirent.h>
10 #include <sys/stat.h>
11 #include <fcntl.h>
12 #include <errno.h>
13
14 #define N 128
```

```
15 #define errlog(errmsg) do{perror(errmsg);\
16                      printf("%s--%s--%d\n",\
17                            __FILE__, __func__, __LINE__);\
18                      exit(1);\
19                      }while(0)
20
21 void do_list(int acceptfd);
22 int do_download(int acceptfd, char *filename);
23 void do_upload(int acceptfd, char *filename);
24
25 int main(int argc, const char *argv[])
26 {
27     int sockfd, acceptfd;
28     struct sockaddr_in serveraddr, clientaddr;
29     socklen_t addrlen = sizeof(serveraddr);
30     char buf[N] = "";
31
32     if(argc < 3){
33         fprintf(stderr, "Usage: %s ip port\n", argv[0]);
34         return -1;
35     }
36
37     /*创建套接字*/
38     if((sockfd = socket(AF_INET, SOCK_STREAM, 0)) < 0){
39         errlog("socket error");
40     }
41
42     /*填充网络信息结构体
43      *inet_addr:将点分十进制 IP 地址转换为网络字节序的整型数据
44      *htons:将主机字节序转换为网络字节序
45      *atoi:将数字型字符串转换为整型数据
46      */
47     serveraddr.sin_family = AF_INET;
48     serveraddr.sin_addr.s_addr = inet_addr(argv[1]);
49     serveraddr.sin_port = htons(atoi(argv[2]));
50
51     /*将套接字与服务器网络信息结构体绑定*/
52     if(bind(sockfd, (struct sockaddr *)&serveraddr, addrlen) < 0){
53         errlog("bind error");
54     }
55
56     /*将套接字设置为被动监听模式*/
57     if(listen(sockfd, 5) < 0){
58         errlog("listen error");
59     }
60
61     while(1){
62         /*阻塞等待客户端的连接请求*/
63         if((acceptfd = accept(sockfd,\
64                 (struct sockaddr *)&clientaddr, &addrlen)) < 0){
65             errlog("accept error");
66         }
67
68         printf("ip: %s, port = %d\n",\
```

```
69                  inet_ntoa(clientaddr.sin_addr),\
70                  ntohs(clientaddr.sin_port));
71
72      ssize_t bytes;
73      while(1){
74          /*接收数据并处理*/
75          if((bytes = recv(acceptfd, buf, N, 0)) < 0){
76              errlog("recv error");
77          }
78          /*recv 返回值为 0,则客户端退出，服务器继续等待新的客户端的连接*/
79          else if(bytes == 0){
80              printf("client quit\n");
81              break;
82          }
83          else{
84              printf("recv data: %s\n", buf);
85
86              switch(buf[0]){
87                  case 'L':
88                      /*查看服务器文件*/
89                      do_list(acceptfd);
90                      break;
91                  case 'G':
92                      /*下载文件*/
93                      do_download(acceptfd, buf+2);
94                      break;
95                  case 'P':
96                      /*上传文件*/
97                      do_upload(acceptfd, buf+2);
98                      break;
99              }
100         }
101     }
102     }
103
104     close(acceptfd);
105     close(sockfd);
106     return 0;
107 }
108
109 void do_list(int acceptfd){
110     /*获取当前所有的文件名,并发送给客户端*/
111     DIR *dirp;
112     struct dirent *dirent;
113     char buf[N] = "";
114
115     /*打开目录*/
116     if((dirp = opendir(".")) == NULL){
117         errlog("opendir error");
118     }
119
120     /*读取文件名并发送*/
121     while((dirent = readdir(dirp)) != NULL){
122         if(dirent->d_name[0] == '.'){
```

```
123              continue;
124          }
125          else{
126              strcpy(buf, dirent->d_name);
127              send(acceptfd, buf, N, 0);
128          }
129      }
130
131      /*发送结束标志, 使 recv 结束循环*/
132      strcpy(buf, "**OVER**");
133      send(acceptfd, buf, N, 0);
134
135      printf("文件名发送完毕\n");
136
137      return ;
138  }
139
140  int do_download(int acceptfd, char *filename){
141      char buf[N] = "";
142      int fd;
143      ssize_t bytes;
144
145      /*打开文件, 判断文件是否存在*/
146      if((fd = open(filename, O_RDONLY)) < 0){
147          /*如果文件不存在, 则通知客户端*/
148          if(errno == ENOENT){
149              strcpy(buf, "NO_EXIST");
150              send(acceptfd, buf, N, 0);
151              return -1;
152          }
153          else{
154              errlog("open error");
155          }
156      }
157
158      /*如果文件存在, 也需要告诉客户端*/
159      strcpy(buf, "YES_EXIST");
160      send(acceptfd, buf, N, 0);
161
162      /*读取文件内容并发送*/
163      while((bytes = read(fd, buf, N)) > 0){
164          send(acceptfd, buf, bytes, 0);
165      }
166
167      /*防止数据粘包*/
168      sleep(1);
169      strcpy(buf, "**OVER**");
170      send(acceptfd, buf, N, 0);
171
172      printf("文件发送完毕\n");
173      return 0;
174  }
175  void do_upload(int acceptfd, char *filename){
176      int fd;
```

```
177      char buf[N] = "";
178      ssize_t bytes;
179
180      /*创建文件*/
181      if((fd = open(filename,\
182                      O_RDWR|O_CREAT|O_TRUNC, 0664)) < 0){
183          errlog("open error");
184      }
185
186      /*接收内容并写入文件*/
187      while((bytes = recv(acceptfd, buf, N, 0)) > 0){
188          if(strncmp(buf, "**OVER**", 8) == 0){
189              break;
190          }
191          write(fd, buf, bytes);
192      }
193
194      printf("文件接收完毕\n");
195      return ;
196  }
```

　　客户端用来向服务器端发送请求，代码如例 9-12 所示。其 do_help()函数为打印提示。do_list()函数接收服务器发送的文件名并打印。do_download()函数的实现的功能是向服务器发送下载文件指令，之后读取服务器发送的文件数据，并将数据写入新文件即可。do_upload()函数用来实现上传文件，即读取文件中的数据，并发送给服务器，之后服务器将接收的数据写入新文件即可。

　　例 9-12　文件服务器客户端代码实现。

```
 1 #include <stdio.h>
 2 #include <arpa/inet.h>
 3 #include <sys/types.h>
 4 #include <sys/socket.h>
 5 #include <netinet/in.h>
 6 #include <stdlib.h>
 7 #include <unistd.h>
 8 #include <string.h>
 9 #include <dirent.h>
10 #include <sys/stat.h>
11 #include <fcntl.h>
12 #include <errno.h>
13
14 #define N 128
15 #define errlog(errmsg) do{perror(errmsg);\
16                      printf("%s--%s--%d\n",\
17                      __FILE__, __func__, __LINE__);\
18                      exit(1);\
19                      }while(0)
20 void do_help();
21 void do_list(int sockfd);
22 int do_download(int sockfd, char *filename);
23 int do_upload(int sockfd, char *filename);
24
25 int main(int argc, const char *argv[])
26 {
27     int sockfd;
```

```
28      struct sockaddr_in serveraddr;
29      socklen_t addrlen = sizeof(serveraddr);
30      char buf[N] = "";
31
32      if(argc < 3){
33          fprintf(stderr, "Usage:%s ip port\n", argv[0]);
34          return -1;
35      }
36      /*创建套接字*/
37      if((sockfd = socket(AF_INET, SOCK_STREAM, 0)) < 0){
38          errlog("socket error");
39      }
40
41      /*填充服务器网络信息结构体
42       *inet_addr:将点分十进制 IP 地址转换为网络字节序的整型数据
43       *htons:将主机字节序转换为网络字节序
44       *atoi:将数字型字符串转换为整型数据
45       */
46      serveraddr.sin_family = AF_INET;
47      serveraddr.sin_addr.s_addr = inet_addr(argv[1]);
48      serveraddr.sin_port = htons(atoi(argv[2]));
49
50  #if 0
51      系统可以随机为客户端指定 IP 地址和端口，客户端也可以自行设定
52      struct sockaddr_in clientaddr;
53      clientaddr.sin_family = AF_INET;
54      clientaddr.sin_addr.s_addr = inet_addr(argv[3]);
55      clientaddr.sin_port = htons(atoi(argv[4]));
56  #endif
57
58      /*发送客户端连接请求*/
59      if(connect(sockfd, (struct sockaddr *)&serveraddr, addrlen) < 0){
60          errlog("connect error");
61      }
62
63      printf("***********************************\n");
64      printf("*********请输入 help 查看选项********\n");
65      printf("***********************************\n");
66
67      while(1){
68          printf(">>> ");
69          /*输入数据并做出相应的判断*/
70          fgets(buf, N, stdin);
71          buf[strlen(buf) - 1] = '\0';
72
73          /*判断输入的内容*/
74          if(strncmp(buf, "help", 4) == 0){
75              do_help();
76          }
77          else if(strncmp(buf, "list", 4) == 0){
78              do_list(sockfd);
79          }
80          else if(strncmp(buf, "get", 3) == 0){
81              do_download(sockfd, buf+4);
```

```
82              }
83          else if(strncmp(buf, "put", 3) == 0){
84              do_upload(sockfd, buf+4);
85          }
86          else if(strncmp(buf, "quit", 4) == 0){
87              printf("client quit\n");
88              close(sockfd);
89              return -1;
90          }
91          else{
92              printf("输入有误，请重新输入!!! \n");
93          }
94      }
95      return 0;
96 }
97
98 void do_help(){
99      printf("****************************************************\n");
100     printf("***        输入  /  功能 ***********************\n");
101     printf("***        list  /  查看服务器所在目录的文件名 *\n");
102     printf("*** get filename  /  下载服务器所在目录的文件 ***\n");
103     printf("*** put filename  /  上传文件到服务器 ***********\n");
104     printf("***        quit  /  退出 ***********************\n");
105     printf("****************************************************\n");
106
107     return ;
108 }
109
110 void do_list(int sockfd){
111     char buf[N] = "";
112
113     /*发送指令报告服务器执行查看目录文件名的功能*/
114     strcpy(buf, "L");
115     send(sockfd, buf, N, 0);
116
117     /*接收文件名并打印*/
118     while(recv(sockfd, buf, N, 0) > 0){
119         if(strncmp(buf, "**OVER**", 8) == 0){
120             break;
121         }
122         printf("%s\n", buf);
123     }
124
125     printf("文件名接收完毕\n");
126
127     return ;
128 }
129
130 int do_download(int sockfd, char *filename){
131     /*发送指令以及文件名告知服务器执行下载的功能*/
132     char buf[N] = "";
133     int fd;
134     ssize_t bytes;
135
```

```
136         sprintf(buf, "G %s", filename);
137         send(sockfd, buf, N, 0);
138
139         /*接收数据，获取文件是否存在的信息*/
140         recv(sockfd, buf, N, 0);
141
142         /*如果文件不存在，则退出函数*/
143         if(strncmp(buf, "NO_EXIST", 8) == 0){
144             printf("文件%s不存在，请重新输入!!! \n", filename);
145             return -1;
146         }
147
148         /*如果文件存在，创建文件*/
149         if((fd = open(filename, O_RDWR|O_CREAT|O_TRUNC, 0664)) < 0){
150             errlog("open error");
151         }
152
153         /*接收内容并写入文件*/
154         while((bytes = recv(sockfd, buf, N, 0)) > 0){
155             if(strncmp(buf, "**OVER**", 8) == 0){
156                 break;
157             }
158             write(fd, buf, bytes);
159         }
160
161         printf("文件下载完毕\n");
162         return 0;
163 }
164
165 int do_upload(int sockfd, char *filename){
166     int fd;
167     char buf[N] = "";
168     ssize_t bytes;
169
170         /*打开文件，判断文件是否存在*/
171         if((fd = open(filename, O_RDONLY)) < 0){
172             if(errno == ENOENT){
173                 printf("文件%s不存在，请重新输入\n", filename);
174                 return -1;
175             }
176             else{
177                 errlog("open error");
178             }
179         }
180
181         /*如果文件存在，将指令以及文件名发送给服务器*/
182         sprintf(buf, "P %s", filename);
183         send(sockfd, buf, N, 0);
184
185         /*读取文件内容并发送*/
186         while((bytes = read(fd, buf, N)) > 0){
187             send(sockfd, buf, bytes, 0);
188         }
189
```

```
190        /*发送结束标志*/
191        sleep(1);
192        strcpy(buf, "**OVER**");
193        send(sockfd, buf, N, 0);
194
195        printf("文件上传完毕\n");
196
197        return 0;
198    }
```

运行结果如下所示。先运行服务器端，之后运行客户端。客户端运行如下所示，为测试各功能是否成功，通过 touch 命令先创建一个新文件，并写入数据。运行客户端将创建的文件上传，并查看；然后再下载该文件，同样成功；之后选择退出。

```
linux@Master:~/1000phone/ftp$ touch test
linux@Master:~/1000phone/ftp$ echo "hello" > test
linux@Master:~/1000phone/ftp$ cat test
hello
linux@Master:~/1000phone/ftp$ ./client 10.0.36.199 7777
*************************************
*********请输入 help 查看选项*********
*************************************
>>> help
*****************************************************
***        输入  /  功能 ************************
***         list  /  查看服务器所在目录的文件名 *
*** get filename  /  下载服务器所在目录的文件 ***
*** put filename  /  上传文件到服务器 ***********
***         quit  /  退出 ***********************
*****************************************************
>>> put test
文件上传完毕
>>> list
client
test
server.c
client.c
server
文件名接收完毕
>>> get test
文件下载完毕
>>> quit
client quit
```

服务端根据客户端的请求，运行结果如下所示。服务器不退出，可以继续等待其他客户端的连接。

```
linux@Master:~/1000phone/ftp$ ./server 10.0.36.199 7777
ip: 10.0.36.199, port = 37733
recv data: P test
文件接收完毕
recv data: L
```

文件名发送完毕
```
recv data: G test
```
文件发送完毕
```
client quit
```

9.4　UDP 网络聊天室

UDP 网络聊天室

9.4.1　功能说明

上一节介绍了使用 TCP 的套接字编程实现文件服务器的案例。本节将继续通过网络聊天室的示例，帮助读者巩固基于 UDP 的套接字编程。该示例类似于在线群聊通信，主要包括以下几个功能。

（1）如果用户登录，其他在线的用户可以收到该用户的登录信息。

（2）如果用户发送信息，其他在线的用户可以收到该信息。

（3）如果用户退出，其他在线用户可以收到退出信息。

（4）同时，服务器可以发送系统信息。

其中客户端、服务器发送信息以及接收信息的情况如图 9.9 所示。由图 9.9 可以看出，客户端发送信息，其他客户端并非直接接收该信息，收到的是通过服务器进行转发的消息。同时，服务器也可以向所有连接的客户端发送系统信息。

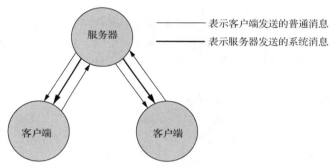

图 9.9　局域网聊天室

根据上述功能需求，可以简单设计服务器与客户端的程序运行流程。其服务器端的程序运行流程如图 9.10 所示。服务器端通过创建子进程完成发送系统消息，通过父进程完成接收客户端的信息。

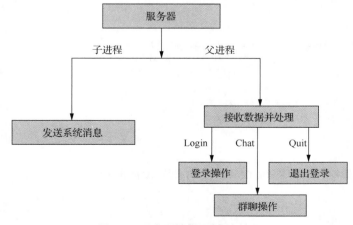

图 9.10　服务器端的程序运行流程

客户端的流程如图 9.11 所示，父进程用来接收数据，子进程用来发送数据。

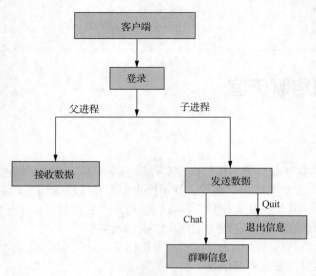

图 9.11　客户端的程序运行流程

9.4.2　功能实现

服务器的代码实现如例 9-13 所示，do_login()函数为客户端登录时服务器执行的操作，将用户信息发送给其他在线用户，用户的存储是通过建立链表实现的，并将新登录的用户存储在链表中。do_chat()函数实现将用户发送的信息转发给其他用户。do_quit()函数用来将用户删除，以此来实现退出。

例 9-13　网络聊天室服务器端代码实现。

```
 1 #include <stdio.h>
 2 #include <arpa/inet.h>
 3 #include <sys/types.h>
 4 #include <sys/socket.h>
 5 #include <netinet/in.h>
 6 #include <stdlib.h>
 7 #include <unistd.h>
 8 #include <string.h>
 9
10 #define N 128
11 #define errlog(errmsg) do{perror(errmsg);\
12                         printf("%s--%s--%d\n",\
13                              __FILE__, __func__, __LINE__);\
14                         exit(1);\
15                         }while(0)
16 #define L 1 //login
17 #define C 2 //chat
18 #define Q 3 //quit
19
20 //注意:服务器和客户端如果通信的结构体一样,必须保证成员顺序一样
21 typedef struct{
22     int type;
23     char name[N];
24     char text[N];
```

```
25  }MSG;
26
27  //创建链表结构体,保存用户信息
28  typedef struct node{
29      struct sockaddr_in addr;
30      struct node *next;
31  }linklist_t;
32
33  linklist_t *linklist_create();
34  void do_login(MSG msg, linklist_t *h,\
35              int sockfd, struct sockaddr_in clientaddr);
36  void do_chat(MSG msg, linklist_t *h,\
37              int sockfd, struct sockaddr_in clientaddr);
38  void do_quit(MSG msg, linklist_t *h,\
39              int sockfd, struct sockaddr_in clientaddr);
40
41  int main(int argc, const char *argv[])
42  {
43      int sockfd;
44      struct sockaddr_in serveraddr, clientaddr;
45      socklen_t addrlen = sizeof(serveraddr);
46
47      if(argc < 3){
48          fprintf(stderr, "Usage: %s ip port\n", argv[0]);
49          exit(1);
50      }
51      //第一步:创建套接字
52      if((sockfd = socket(AF_INET, SOCK_DGRAM, 0)) < 0){
53          errlog("fail to socket");
54      }
55
56      //第二步:填充服务器网络信息结构体
57      //inet_addr:将点分十进制 IP 地址转化为网络字节序整型数据
58      //htons:将主机字节序转化为网络字节序
59      //atoi:将数字型字符串转化为整型数据
60      serveraddr.sin_family = AF_INET;
61      serveraddr.sin_addr.s_addr = inet_addr(argv[1]);
62      serveraddr.sin_port = htons(atoi(argv[2]));
63
64      //第三步:将套接字与服务器网络信息结构体绑定
65      if(bind(sockfd, (struct sockaddr *)&serveraddr, addrlen) < 0){
66          errlog("fail to bind");
67      }
68
69      MSG msg;
70
71      //创建父子进程,实现一边发送系统信息,一边接收数据并处理
72      pid_t pid;
73      if((pid = fork()) < 0){
74          errlog("fail to fork");
75      }
76      else if(pid == 0){ //子进程负责发送系统信息
77          msg.type = C;
78          strcpy(msg.name, "server");
```

```
79   //发送系统信息是通过将子进程当作客户端，将数据发送给服务器，再由服务器转发实现的
80       while(1){
81           fgets(msg.text, N, stdin);
82           msg.text[strlen(msg.text) - 1] = '\0';
83
84           sendto(sockfd, &msg, sizeof(msg), 0,\
85                   (struct sockaddr*)&serveraddr, addrlen);
86       }
87   }
88   else{ //父进程负责接收数据并处理
89       linklist_t *h = linklist_create();
90
91       while(1){
92           recvfrom(sockfd, &msg, sizeof(msg), 0,\
93                   (struct sockaddr *)&clientaddr, &addrlen);
94
95           printf("%d -- %s -- %s\n", msg.type, msg.name, msg.text);
96
97           //根据接收的数据中的类型分别进行处理
98           switch(msg.type){
99               case L:
100                  do_login(msg, h, sockfd, clientaddr);
101                  break;
102              case C:
103                  do_chat(msg, h, sockfd, clientaddr);
104                  break;
105              case Q:
106                  do_quit(msg, h, sockfd, clientaddr);
107                  break;
108          }
109      }
110  }
111  return 0;
112 }
113 //创建一个空的链表
114 linklist_t *linklist_create(){
115  linklist_t *h = (linklist_t *)malloc(sizeof(linklist_t));
116
117  h->next = NULL;
118
119  return h;
120 }
121
122 void do_login(MSG msg, linklist_t *h, int sockfd,\
123                      struct sockaddr_in clientaddr)
124 {
125  linklist_t *p = h;
126
127  //将用户登录的信息发送给其他在线的用户
128  sprintf(msg.text, "-------- %s login ------------", msg.name);
129  //遍历链表并发送数据
130  while(p->next != NULL){
131    sendto(sockfd, &msg, sizeof(msg), 0,\
132     (struct sockaddr *)&p->next->addr, sizeof(struct sockaddr_in));
133
```

```
134            p = p->next;
135        }
136    //将新登录的用户的信息保存在链表里面
137    linklist_t *temp = (linklist_t *)malloc(sizeof(linklist_t));
138
139    temp->addr = clientaddr;
140    temp->next = h->next;
141    h->next = temp;
142
143    return ;
144 }
145
146 void do_chat(MSG msg, linklist_t *h,\
147            int sockfd, struct sockaddr_in clientaddr)
148 {
149    char buf[N] = {};
150    linklist_t *p = h;
151
152    //将用户发送的信息发送给其他在线的用户
153    sprintf(buf, "%s : %s", msg.name, msg.text);
154    strcpy(msg.text, buf);
155
156    //发送数据
157    while(p->next != NULL){
158        //自己不接收自己发送的数据
159        if(memcmp(&clientaddr, &p->next->addr,\
160                sizeof(clientaddr)) == 0){
161            p = p->next;
162        }
163        else{
164            sendto(sockfd, &msg, sizeof(msg), 0,\
165                (struct sockaddr *)&p->next->addr,\
166                sizeof(struct sockaddr_in));
167            p = p->next;
168        }
169    }
170
171    return ;
172 }
173 void do_quit(MSG msg, linklist_t *h,\
174            int sockfd, struct sockaddr_in clientaddr)
175 {
176    linklist_t *p = h;
177    linklist_t *temp;
178
179    //将用户退出的信息发送给其他用户并将其信息从链表删除
180
181    sprintf(msg.text, "-------- %s offline --------", msg.name);
182
183    while(p->next != NULL){
184    //如果找到自己的信息,则将其从链表删除
185        if(memcmp(&clientaddr, &p->next->addr,\
186                sizeof(clientaddr)) == 0){
187            temp = p->next;
188            p->next = temp->next;
```

```
189
190            free(temp);
191            temp = NULL;
192        }
193        else{
194            sendto(sockfd, &msg, sizeof(msg), 0,\
195                (struct sockaddr *)&p->next->addr,\
196                 sizeof(struct sockaddr_in));
197
198            p = p->next;
199        }
200    }
201
202    return ;
203 }
```

客户端的代码如例 9-14 所示，创建的子进程负责发送信息，也可选择退出群聊。父进程用来接收从客户端发送的系统信息，或者接收服务器转发其他客户端发送的信息。

例 9-14　网络聊天室客户端代码实现。

```
 1 #include <stdio.h>
 2 #include <arpa/inet.h>
 3 #include <sys/types.h>
 4 #include <sys/socket.h>
 5 #include <netinet/in.h>
 6 #include <stdlib.h>
 7 #include <unistd.h>
 8 #include <string.h>
 9 #include <strings.h>
10 #include <signal.h>
11
12 #define N 128
13 #define errlog(errmsg) do{perror(errmsg);\
14                      printf("%s--%s--%d\n",\
15                          __FILE__, __func__, __LINE__);\
16                      exit(1);\
17                      }while(0)
18
19 #define L 1 //login
20 #define C 2 //chat
21 #define Q 3 //quit
22
23 typedef struct{
24    int type;
25    char name[N];
26    char text[N];
27 }MSG;
28
29 int main(int argc, const char *argv[])
30 {
31    int sockfd;
32    struct sockaddr_in serveraddr;
33    socklen_t addrlen = sizeof(serveraddr);
34
35    if(argc < 3){
36        fprintf(stderr, "Usage: %s ip port\n", argv[0]);
```

```
37          exit(1);
38      }
39
40      //第一步:创建套接字
41      if((sockfd = socket(AF_INET, SOCK_DGRAM, 0)) < 0){
42          errlog("fail to socket");
43      }
44
45      //第二步:填充服务器网络信息结构体
46      //inet_addr:将点分十进制 IP 地址转化为网络字节序的整型数据
47      //htons:将主机字节序转化为网络字节序
48      //atoi:将数字型字符串转化为整型数据
49      serveraddr.sin_family = AF_INET;
50      serveraddr.sin_addr.s_addr = inet_addr(argv[1]);
51      serveraddr.sin_port = htons(atoi(argv[2]));
52
53      MSG msg;
54      bzero(&msg, sizeof(msg));
55
56      //登录操作
57      //将指令以及用户名发送给服务器
58      msg.type = L;
59
60      printf("请输入您的姓名: ");
61      fgets(msg.name, N, stdin);
62      msg.name[strlen(msg.name) - 1] = '\0';
63
64      sendto(sockfd, &msg, sizeof(msg), 0,\
65              (struct sockaddr *)&serveraddr, addrlen);
66
67      //创建父子进程,实现一边发送数据,一边接收数据
68      pid_t pid;
69
70      if((pid = fork()) < 0){
71          errlog("fail to fork");
72      }
73      else if(pid == 0){  //子进程负责发送数据
74          while(1){
75              fgets(msg.text, N, stdin);
76              msg.text[strlen(msg.text) - 1] = '\0';
77
78              //退出信息
79              if(strncmp(msg.text, "quit", 4) == 0){
80                  msg.type = Q;
81                  sendto(sockfd, &msg, sizeof(msg), 0,\
82                          (struct sockaddr *)&serveraddr, addrlen);
83                  close(sockfd);
84                  kill(getppid(), SIGKILL);
85                  exit(1);
86              }
87              //群聊信息
88              msg.type = C;
89              sendto(sockfd, &msg, sizeof(msg), 0,\
```

```
 90                  (struct sockaddr *)&serveraddr, addrlen);
 91          }
 92      }
 93      else{ //父进程负责接收数据
 94          //服务器将数据保存在 MSG 结构体的 text 里面
 95          while(1){
 96              recvfrom(sockfd, &msg, sizeof(msg), 0,\
 97                      (struct sockaddr *)&serveraddr, &addrlen);
 98
 99              printf("%s\n", msg.text);
100          }
101      }
102
103      return 0;
104 }
```

先运行服务器，再运行客户端，客户端可以重复执行模拟多个用户。

运行客户端，输入用户名称"beijing"，可以看到服务器端可以显示用户"beijing"登录信息。

再运行客户端，输入用户名称"shanghai"，可以看到服务器与用户"beijing"都可以看到用户"shanghai"登录。

用户"shanghai"发送信息"hello"，服务器和用户"beijing"都收到此信息。

用户"beijing"发送信息"world"，服务器和用户"shanghai"都收到此信息。

服务器发送系统信息"qianfeng"，用户都可以收到此信息。

用户"beijing"输入"quit"退出，服务器与用户"shanghai"都可以收到退出通知。

客户端（用户"beijing"）运行如下所示。

```
linux@Master:~/1000phone/chatroom$ ./client 10.0.36.199 7777
请输入您的姓名: beijing
-------- shanghai login ------------
shanghai : hello
world
server : qianfeng
quit
已杀死
```

客户端（用户"shanghai"）运行如下所示。

```
linux@Master:~/1000phone/chatroom$ ./client 10.0.36.199 7777
请输入您的姓名: shanghai
hello
beijing : world
server : qianfeng
-------- beijing offline --------
quit
已杀死
```

服务器端运行如下所示。

```
linux@Master:~/1000phone/chatroom$ ./server 10.0.36.199 7777
1 -- beijing --
1 -- shanghai --
```

```
2 -- shanghai -- hello
2 -- beijing -- world
qianfeng
2 -- server -- qianfeng
3 -- beijing -- quit
3 -- shanghai -- quit
```

9.5 本章小结

本章可以分为两部分解读。第一部分主要介绍了 I/O 的模型。从磁盘或网络 I/O 的角度简单地阐述了四个常规 I/O 模型：阻塞、非阻塞、I/O 多路复用以及信号驱动 I/O。在 Linux 系统中，无论是磁盘 I/O 还是网络 I/O，其应用都十分广泛。因此，灵活地使用 I/O 的模型完成相应的功能需求则尤为重要。第二部分主要介绍了基于 TCP 编程实现的服务器模型——循环服务器及并发服务器。服务器模型的目的就是为了响应多客户端的请求任务。本章还通过实际的代码示例展示了服务器模型的实现。读者应熟练掌握。

9.6 习题

1. 填空题

（1）就使用环境而言，I/O 除内存 I/O、磁盘 I/O 外还有_____。

（2）fcntl()函数中用来设置文件状态标记的宏是_____。

（3）在一个程序中，跟踪处理多条独立的 I/O 流的 I/O 模型是_____。

（4）select()的工作原理是_____。

（5）用于将文件描述符添加到操作的集合中的宏是_____。

2. 选择题

（1）I/O 模型不包括以下哪一种（　　）。

    A. 阻塞　　　　　　　B. I/O 多路复用　　　　C. 非阻塞　　　　　　　D. 轮询 I/O

（2）fcntl()设置文件的状态标志为非阻塞使用的标志为（　　）。

    A. O_NONBLOCK　　　　　　　　　　B. SOCK_NONBLOCK

    C. O_EXCL　　　　　　　　　　　　D. NONBLOCK

（3）用于清空整个文件描述符集合的宏函数是（　　）。

    A. FD_ISSET　　　B. FD_ZERO　　　C. FD_CLR　　　D. FD_SET

（4）用于将指定的文件描述符添加到集合中的宏函数是（　　）。

    A. FD_ISSET　　　B. FD_ZERO　　　C. FD_CLR　　　D. FD_SET

（5）用于检测判断指定的文件描述符是否在集合中的宏函数是（　　）。

    A. FD_ISSET　　　B. FD_ZERO　　　C. FD_CLR　　　D. FD_SET

3. 思考题

（1）简述 I/O 多路复用的概念及工作原理。

（2）简述循环服务器与并发服务器的概念及工作原理。

4. 编程题

编程采用多线程实现 TCP 并发服务器（只写服务器端核心步骤。）

第10章 网络高级编程

本章学习目标
- 掌握网络超时检测的编程方法
- 掌握广播、组播的概念及设置流程
- 掌握 UNIX 域套接字的编程方法
- 掌握原始套接字的创建及帧数据的发送与接收方法

本章将对前面章节涉及的网络知识做更加深入的讨论。从编程角度来看，本章内容属于重点及难点。我们首先介绍在网络编程中设置超时检测的方法，即通过设置属性、多路复用以及定时器分别来实现网络超时检测；然后介绍向局域网中所有主机发送数据的方式（广播）以及只向一些特定主机发送数据的方式（组播）；再在流式、数据报套接字实现网络通信的基础上介绍这两种套接字如何实现本地通信，也就是 UNIX 域套接字的编程问题；最后介绍第三种类型套接字——原始套接字，并实现数据接收与发送。本章内容有一定难度，望读者仔细研读。

10.1 网络超时检测

10.1.1 setsockopt()函数实现超时检测

在网络编程中，创建好套接字以后以阻塞的方式进行读写操作，如果没有数据准备就绪的话，程序会一直阻塞。在实际网络通信中，经常会出现各种不可预知的情况，例如，网络线路突发故障，通信一方异常结束等。一旦产生上述情况，很可能很长时间无法收到数据，且无法判断是没有数据还是数据无法到达。因此在程序中有必要对这种情况进行检测，从而及时做出响应。如果使用的是 TCP，可以检测出来。但如果使用 UDP 的话，则需要在程序中进行相关检测。这种检测可以称为超时检测，其可以有效地避免进程在没有数据时无限制地阻塞，当设定的时间到时，进程将从原操作返回继续运行。

设置超时检测，可以使用 setsockopt()函数。用于获取和设置套接字选项的是 getsockopt()函数和 setsockopt()函数。

```
#include <sys/types.h>
```

```
#include <sys/socket.h>
 int getsockopt(int sockfd, int level, int optname,
                         void *optval, socklen_t *optlen);
 int setsockopt(int sockfd, int level, int optname,
                         const void *optval, socklen_t optlen);
```

setsockopt()函数用来设置网络属性。其中，参数 sockfd 表示套接字描述符，参数 level 表示选项所属协议层，而 optname 表示选项的名称。参数 optval 用来保存选项值，optlen 为选项值的长度。getsockopt()函数的参数与上述一致。

套接字常用选项及说明如表 10.1 所示。

表 10.1　　　　　　　　　　　套接字常用选项及说明

level 选项所属协议层	optname 选项名称	说明	数据类型
SOL_SOCKET	SO_BROADCAST	允许发送广播数据	int
	SO_DEBUG	允许调试	int
	SO_DONTROUTE	不查找路由	int
	SO_ERROR	获得套接字错误	int
	SO_KEEPALIVE	保持连接	int
	SO_LINGER	延迟关闭连接	struct linger
	SO_OOBINLINE	带完数据放入正常数据流	int
	SO_RCVBUF	接收缓存区大小	int
	SO_SNDBUF	发送缓存区大小	int
	SO_RCVTIMEO	接收超时	struct timeval
	SO_SNDTIMEO	发送超时	struct timeval
	SO_REUSERADDR	允许重用本地地址和端口	int
	SO_TYPE	获得套接字类型	int
IPPROTO_IP	IP_HDRINCL	在数据包中包含 IP 首部	int
	IP_OPTINOS	IP 首部选项	int
	IP_TOS	服务类型	int
	IP_TTL	生存时间	int
IPPROTO_TCP	TCP_MAXSEG	TCP 最大数据段的大小	int
	TCP_NODELAY	不使用 Nagle 算法	int

当以上两个函数第三个参数 optname 设置为 SO_RCVTIMEO 或 SO_SNDTIMEO 时，可以实现超时检测。超时时间通过第四个参数设定，其值的类型为 struct timeval。struct timeval 中成员如下。

```
struct timeval {
    __kernel_time_t    tv_sec;    /* seconds 秒 */
    __kernel_suseconds_t    tv_usec;   /* microseconds 微秒 */
};
```

因此可设计服务器端代码（不需客户端，主要为了测试超时问题），实现套接字的接收超时检测，如例 10-1 所示。

例 10-1　setsockopt 设置超时检测。

```
1 #include <stdio.h>
2 #include <arpa/inet.h>
3 #include <sys/types.h>
```

```
 4  #include <sys/socket.h>
 5  #include <netinet/in.h>
 6  #include <string.h>
 7
 8  #define N 128
 9  #define errlog(errmsg) do{perror(errmsg);\
10                          printf("---%s---%s---%d---\n",\
11                                 __FILE__, __func__, __LINE__);\
12                          return -1;\
13                          }while(0)
14  int main(int argc, const char *argv[])
15  {
16      int sockfd;
17
18      struct sockaddr_in serveraddr, clientaddr;
19      socklen_t addrlen = sizeof(serveraddr);
20      char buf[N] = "";
21
22      /*设置超时时间为 5 秒*/
23      struct timeval t = {5, 0};
24
25      if(argc < 3){
26          fprintf(stderr, "Usage: %s ip port\n", argv[0]);
27          return -1;
28      }
29
30      /*创建套接字*/
31      if((sockfd = socket(AF_INET, SOCK_DGRAM, 0)) < 0){
32          errlog("socket error");
33      }
34
35      /*填充网络信息结构体
36       *inet_addr:将点分十进制 IP 地址转换为网络字节序的整型数据
37       *htons:将主机字节序转换为网络字节序
38       *atoi:将数字型字符串转换为整型数据
39       */
40      serveraddr.sin_family = AF_INET;
41      serveraddr.sin_addr.s_addr = inet_addr(argv[1]);
42      serveraddr.sin_port = htons(atoi(argv[2]));
43
44      /*将套接字与服务器网络信息结构体绑定*/
45      if(bind(sockfd, (struct sockaddr *)&serveraddr, addrlen) < 0){
46          errlog("bind error");
47      }
48
49      /*设置接收超时检测*/
50      if(setsockopt(sockfd, SOL_SOCKET, SO_RCVTIMEO, &t, sizeof(t)) < 0){
51          errlog("setsockopt error");
52      }
53
54      ssize_t bytes;
55
56      while(1){
57          if((bytes = recvfrom(sockfd, buf, N, 0,\
```

```
58                        (struct sockaddr *)&clientaddr, &addrlen)) < 0){
59                errlog("recvfrom error");
60            }
61            else{
62                printf("ip: %s, port: %d\n",
63                        inet_ntoa(clientaddr.sin_addr),
64                        ntohs(clientaddr.sin_port));
65
66                if(strncmp(buf, "quit", 4) == 0){
67                    printf("server quit\n");
68                    break;
70                else{
71                    printf("client: %s\n", buf);
72
73                    strcat(buf, "-server");
74
75                    if(sendto(sockfd, buf, N, 0,\
76                            (struct sockaddr *)&clientaddr, addrlen) < 0){
77                        errlog("sendto error");
78                    }
79                }
80            }
81        }
82
83        close(sockfd);
84        return 0;
85 }
```

例 10-1 在接收数据前设置了 5s 的数据接收超时，如果 5s 之内没有数据包到来，程序会从 recvfrom()
函数返回，进行相应的错误处理。

运行结果如下所示，在程序开始运行时，函数阻塞等待，等到 5s 时，recvfrom()函数立刻返回，
提示资源暂时不可用，不再持续等待。

```
linux@Master:~/1000phone/net/timeo$ ./server 10.0.36.199 7777
recvfrom error: Resource temporarily unavailable
---server.c---main---59---
```

10.1.2 select()函数实现超时检测

使用 select()函数与 setsockopt()函数实现超时检测很类似，因为 select()函数本身就带有超时检
测功能。由在 9.1.3 节中介绍的 select()函数可知，函数本身为阻塞函数，当 select()函数检测到有文
件描述符状态发生变化时，函数立即返回。

```
#include <sys/time.h>
#include <sys/types.h>
#include <unistd.h>
 int select(int nfds, fd_set *readfds, fd_set *writefds,
            fd_set *exceptfds, struct timeval *timeout);
```

参数 timeout 如果设置时间值时，情况则是：在时间到达之前，有文件描述符准备就绪，那么
返回准备就绪的文件描述符的个数；反之，时间到达之前，没有文件描述符准备就绪，那么返回 0。
因此，只需要判定 select()函数的返回值即可。其测试的服务器端代码如例 10-2 所示（客户端代码

不再展示，可参考 8.2.3 节中的示例）。

例 10-2　select() 函数实现超时检测。

```
1  #include <stdio.h>
2  #include <arpa/inet.h>
3  #include <sys/types.h>
4  #include <sys/socket.h>
5  #include <netinet/in.h>
6  #include <string.h>
7  #include <sys/time.h>
8  #include <unistd.h>
9
10 #define N 128
11 #define errlog(errmsg) do{perror(errmsg);\
12                          printf("---%s---%s---%d---\n",\
13                              __FILE__, __func__, __LINE__);\
14                          return -1;\
15                          }while(0)
16 int main(int argc, const char *argv[])
17 {
18     int sockfd, maxfd, ret;
19     struct sockaddr_in serveraddr, clientaddr;
20     socklen_t addrlen = sizeof(serveraddr);
21     char buf[N] = "";
22     fd_set readfds;
23     struct timeval t;
24     ssize_t bytes;
25
26     if(argc < 3){
27         fprintf(stderr, "Usage: %s ip port\n", argv[0]);
28         return -1;
29     }
30
31     /*创建套接字*/
32     if((sockfd = socket(AF_INET, SOCK_DGRAM, 0)) < 0){
33         errlog("socket error");
34     }
35
36     /*填充网络信息结构体
37      *inet_addr:将点分十进制 IP 地址转换为网络字节序的整型数据
38      *htons:将主机字节序转换为网络字节序
39      *atoi:将数字型字符串转换为整型数据
40      */
41     serveraddr.sin_family = AF_INET;
42     serveraddr.sin_addr.s_addr = inet_addr(argv[1]);
43     serveraddr.sin_port = htons(atoi(argv[2]));
44
45     /*将套接字与服务器网络信息结构体绑定*/
46     if(bind(sockfd, (struct sockaddr *)&serveraddr, addrlen) < 0){
47         errlog("bind error");
48     }
49
50     FD_ZERO(&readfds);
51     FD_SET(sockfd, &readfds);
```

```
52     maxfd = sockfd;
53
54     /*
55      *使用 select()函数实现超时检测
56      *注意: select()函数设置时间只会有效一次,需要每次都设置
57      */
58     while(1){
59         t.tv_sec = 5;
60         t.tv_usec = 0;
61
62         if((ret = select(maxfd+1, &readfds, NULL, NULL, &t)) < 0){
63             errlog("select error");
64         }
65         else if(ret == 0){
66             printf("select timeout\n");
67         }
68         else{
69             if((bytes = recvfrom(sockfd, buf, N, 0,\
70                     (struct sockaddr *)&clientaddr, &addrlen)) < 0){
71                 errlog("recvfrom error");
72             }
73             else{
74                 printf("ip: %s, port: %d\n",
75                     inet_ntoa(clientaddr.sin_addr),
76                     ntohs(clientaddr.sin_port));
77
78                 if(strncmp(buf, "quit", 4) == 0){
79                     printf("server quit\n");
80                     break;
81                 }
82                 else{
83                     printf("client: %s\n", buf);
84
85                     strcat(buf, "-server");
86
87                     if(sendto(sockfd, buf, N, 0,\
88                             (struct sockaddr *)&clientaddr, addrlen) < 0){
89                         errlog("sendto error");
90                     }
91                 }
92             }
93         }
94     }
95
96     close(sockfd);
97     return 0;
98 }
```

上述服务器代码,通过 select()函数设置超时时间为 5 秒。如果 5 秒没有数据准备就绪,则通过 select()函数的返回值为 0,执行相关的处理。并且程序还可以循环检测。其运行结果如下所示,每隔 5 秒输出超时提醒,表示超时检测一次。

```
linux@Master:~/1000phone/net/timeo_select$ ./server 10.0.36.199 7777
select timeout
select timeout
```

10.1.3 定时器超时检测

5.3 节介绍了信号机制的原理和编程。利用定时器信号 SIGALRM，可以在程序中创建一个闹钟。当到达目标时间之后，指定的信号处理函数被执行。在 5.3.2 节中，介绍了注册信号的 sigaction() 函数和相关数据类型 struct sigaction，具体参数本节将不再描述。

本节将通过设置闹钟定时的方式实现超时检测。服务器的代码如例 10-3 所示，可参考 8.2.3 节 UDP 编程示例。

例 10-3 实时器实现超时检测。

```
 1 #include <stdio.h>
 2 #include <arpa/inet.h>
 3 #include <sys/types.h>
 4 #include <sys/socket.h>
 5 #include <netinet/in.h>
 6 #include <string.h>
 7 #include <signal.h>
 8
 9 #define N 128
10 #define errlog(errmsg) do{perror(errmsg);\
11                          printf("---%s---%s---%d---\n",\
12                          __FILE__, __func__, __LINE__);\
13                          return -1;\
14                          }while(0)
15 /*设置信号处理函数*/
16 void handler(int sig){
17    printf("SIGALRM INTERRUPTED\n");
18 }
19 int main(int argc, const char *argv[])
20 {
21    int sockfd;
22
23    struct sockaddr_in serveraddr, clientaddr;
24    socklen_t addrlen = sizeof(serveraddr);
25    char buf[N] = "";
26    struct sigaction act;
27    if(argc < 3){
28       fprintf(stderr, "Usage: %s ip port\n", argv[0]);
29       return -1;
30    }
31
32    /*创建套接字*/
33    if((sockfd = socket(AF_INET, SOCK_DGRAM, 0)) < 0){
34       errlog("socket error");
35    }
36
37    /*填充网络信息结构体
38     *inet_addr:将点分十进制 IP 地址转换为网络字节序的整型数据
39     *htons:将主机字节序转换为网络字节序
40     *atoi:将数字型字符串转换为整型数据
41     */
42    serveraddr.sin_family = AF_INET;
43    serveraddr.sin_addr.s_addr = inet_addr(argv[1]);
```

```
44        serveraddr.sin_port = htons(atoi(argv[2]));
45
46        /*将套接字与服务器网络信息结构体绑定*/
47        if(bind(sockfd, (struct sockaddr *)&serveraddr, addrlen) < 0){
48            errlog("bind error");
49        }
50        /*消除之前的信号处理，设置当前的信号处理为空，类似于初始化*/
51        sigaction(SIGALRM, NULL, &act);
52        /*指定信号处理函数，信号到来时，执行该函数*/
53        act.sa_handler = handler;
54        /*清除自启动标志，即取消自启动*/
55        act.sa_flags &= ~SA_RESTART;
56        /*设置本次的信号处理*/
57        sigaction(SIGALRM, &act, NULL);
58
59        ssize_t bytes;
60
61        while(1){
62            /*设置闹钟，5s 之后程序收到 SIGALRM 信号*/
63            alarm(5);
64            if((bytes = recvfrom(sockfd, buf, N, 0,\
65                        (struct sockaddr *)&clientaddr, &addrlen)) < 0){
66                errlog("recvfrom error");
67            }
68            else{
69                printf("ip: %s, port: %d\n",
70                        inet_ntoa(clientaddr.sin_addr),
71                        ntohs(clientaddr.sin_port));
72
73                if(strncmp(buf, "quit", 4) == 0){
74                    printf("server quit\n");
75                    break;
76                }
77                else{
78                    printf("client: %s\n", buf);
79
80                    strcat(buf, "-server");
81
82                    if(sendto(sockfd, buf, N, 0,\
83                            (struct sockaddr *)&clientaddr, addrlen) < 0){
84                        errlog("sendto error");
85                    }
86                }
87            }
88            /*取消定时器信号*/
89            alarm(0);
90        }
91
92        close(sockfd);
93        return 0;
94    }
```

上述示例程序在接收数据前设置了 5s 后触发定时器，当到达目标时间时，程序执行信号处理函数，并且从 recvfrom() 函数返回错误码，错误码为 EINTR。运行结果如下所示。

```
linux@Master:~/1000phone/net/alarm_timeo$ ./server 10.0.36.199 7777
SIGALRM INTERRUPTED
recvfrom error: Interrupted system call
---server.c---main---66---
```

10.2　广播

广播

10.2.1　广播概述

网络信息传输主要有 4 种方式：单播、任播、组播、广播。在之前章节的介绍中，采用的都是单播（唯一的发送方和接收方）的方式。但实际上很多时候，需要把数据同时发送给局域网中的所有主机。广播（与组播）可以为应用程序提供两种服务，包括数据分组发送至多个目的地，以及通过客户端请求发现服务器。

发送到多个目的地，指的是应用程序将信息发送至多个收件方。例如，邮件或新闻分发给多个收件方。如果没有广播（或组播）这些类型的服务，服务器则需要向每一个客户单独发送数据，效率非常低。

通过客户端请求发现服务器，即通过广播（或组播）应用程序可以向服务器发送一个请求，而不用知道任何特定服务器的 IP 地址。这种功能在网络配置过程中非常有用。例如，嵌入式系统通过 DHCP 获取其 IP 地址等。

本节将介绍的广播指的是将报文发送到网络中的所有可能的接收者。从原理上这很容易实现：路由器简单地将它接收的任何广播报文转发到除该报文到达接口以外的每个接口。

10.2.2　广播地址

IP 地址用来标识网络中的一台主机。IPv4 协议用一个 32 位的无符号数表示网络地址，包括网络号和主机号。子网掩码表示 IP 地址中的网络号占几字节。对于一个 C 类地址而言，子网掩码为 255.255.255.0。

每个网段都有其对应的广播地址。以 C 类网段 192.168.1.x 为例，其中最小的地址 192.168.1.0 代表该网段，而最大的地址 192.168.1.255 则是该网段中的广播地址。当向这个地址发送数据包时，该网段中所有的主机都会接收并处理。

10.2.3　广播的发送与接收

广播的发送与接收通过 UDP 编程来实现的。广播包发送的流程如下：

（1）创建 UDP 套接字。

（2）指定目标地址和端口（填充广播信息结构体）。

（3）设置套接字选项允许发送广播包。

（4）发送广播消息。

发送广播包的示例代码如例 10-4 所示，需要通过 setsockopt()函数设置网络属性，允许进行广播。

例 10-4　发送广播包代码实现。

```
1 #include <stdio.h>
2 #include <arpa/inet.h>
3 #include <sys/types.h>
```

```
 4 #include <sys/socket.h>
 5 #include <netinet/in.h>
 6 #include <stdlib.h>
 7 #include <unistd.h>
 8 #include <string.h>
 9
10 #define N 128
11 #define errlog(errmsg) do{perror(errmsg);\
12                          printf("%s--%s--%d\n",\
13                                  __FILE__, __func__, __LINE__);\
14                          exit(1);\
15                          }while(0)
16
17 int main(int argc, const char *argv[])
18 {
19     int sockfd;
20     struct sockaddr_in broadcastaddr;
21     socklen_t addrlen = sizeof(broadcastaddr);
22     char buf[N] = {};
23
24     if(argc < 3)
25     {
26         fprintf(stderr, "Usage: %s ip port\n", argv[0]);
27         exit(1);
28     }
29
30     //第一步：创建套接字
31     if((sockfd = socket(AF_INET, SOCK_DGRAM, 0)) < 0)
32     {
33         errlog("fail to socket");
34     }
35
36     //第二步：填充广播网络信息结构体
37     //inet_addr:将点分十进制 IP 地址转化为网络字节序的整型数据
38     //htons:将主机字节序转化为网络字节序
39     //atoi:将数字型字符串转化为整型数据
40     broadcastaddr.sin_family = AF_INET;
41     broadcastaddr.sin_addr.s_addr = inet_addr(argv[1]);
42     broadcastaddr.sin_port = htons(atoi(argv[2]));
43
44     //第三步：设置为允许发送广播权限
45     int on = 1;
46     if(setsockopt(sockfd, SOL_SOCKET,\
47             SO_BROADCAST, &on, sizeof(on)) < 0)
48     {
49         errlog("fail to setsockopt");
50     }
51
52     while(1)
53     {
54         fgets(buf, N, stdin);
55         buf[strlen(buf) - 1] = '\0';
56
57         if(sendto(sockfd, buf, N, 0,\
58                 (struct sockaddr *)&broadcastaddr, addrlen) < 0)
```

```
59          {
60              errlog("fail to sendto");
61          }
62
63      }
64
65      close(sockfd);
66
67      return 0;
68 }
```

广播包接收的流程如下。

（1）创建 UDP 套接字。

（2）填充广播信息结构体（指定地址和端口）。

（3）绑定信息信息结构体。

（4）接收广播信息。

接收广播包的示例代码如例 10-5 所示。

例 10-5　接收广播包代码实现。

```
 1 #include <stdio.h>
 2 #include <arpa/inet.h>
 3 #include <sys/types.h>
 4 #include <sys/socket.h>
 5 #include <netinet/in.h>
 6 #include <stdlib.h>
 7 #include <unistd.h>
 8 #include <string.h>
 9
10 #define N 128
11 #define errlog(errmsg) do{perror(errmsg);\
12                         printf("%s--%s--%d\n",\
13                             __FILE__, __func__, __LINE__);\
14                         exit(1);\
15                     }while(0)
16
17 int main(int argc, const char *argv[])
18 {
19     int sockfd;
20     struct sockaddr_in broadcastaddr, addr;
21     socklen_t addrlen = sizeof(broadcastaddr);
22     char buf[N] = {};
23
24     if(argc < 3)
25     {
26         fprintf(stderr, "Usage: %s ip port\n", argv[0]);
27         exit(1);
28     }
29
30     //第一步：创建套接字
31     if((sockfd = socket(AF_INET, SOCK_DGRAM, 0)) < 0)
32     {
33         errlog("fail to socket");
34     }
35
```

```
36      //第二步：填充广播网络信息结构体
37      //inet_addr:将点分十进制 IP 地址转化为网络字节序的整型数据
38      //htons:将主机字节序转化为网络字节序
39      //atoi:将数字型字符串转化为整型数据
40      broadcastaddr.sin_family = AF_INET;
41      broadcastaddr.sin_addr.s_addr = inet_addr(argv[1]);
42      broadcastaddr.sin_port = htons(atoi(argv[2]));
43
44      //第三步：将套接字与服务器网络信息结构体绑定
45      if(bind(sockfd, (struct sockaddr *)&broadcastaddr, addrlen) < 0)
46      {
47          errlog("fail to bind");
48      }
49
50      ssize_t bytes;
51      while(1)
52      {
53          if((bytes = recvfrom(sockfd, buf, N, 0,\
54                      (struct sockaddr *)&addr, &addrlen)) < 0)
55          {
56              errlog("fail to recvfrom");
57          }
58          else
59          {
60              printf("ip: %s, port: %d\n",\
61                      inet_ntoa(addr.sin_addr),\
62                      ntohs(addr.sin_port));
63
64              printf("broadcast : %s\n", buf);
65
66          }
67      }
68
69      close(sockfd);
70
71      return 0;
72  }
```

为了测试广播包是否可以发送到网段中的其他主机，测试时使用网络调试助手作为一个模拟主机，检测是否可以接收数据，具体如下所示。（注：本次虚拟机中设置网络为桥接模式，手动配置 Ubuntu 网络与 Windows 的网络属于同一网段。）

Ubuntu 的网络设置如下所示。

```
linux@Master:~/1000phone/net/broadcast$ ifconfig
eth0      Link encap:以太网  硬件地址 00:0c:29:e6:9e:37
          inet 地址:10.0.36.199  广播:10.0.36.255  掩码:255.255.255.0
          inet6 地址: fe80::20c:29ff:fee6:9e37/64 Scope:Link
          UP BROADCAST RUNNING MULTICAST  MTU:1500  跃点数:1
          接收数据包:79898 错误:0 丢弃:0 过载:0 帧数:0
          发送数据包:9385 错误:0 丢弃:0 过载:0 载波:0
          碰撞:0 发送队列长度:1000
```

接收字节:19528352 (19.5 MB)   发送字节:690482 (690.4 KB)

Windows 的网络配置如图 10.1 和图 10.2 所示（按 Win + R 组合键启动，再输入 cmd 即可）。本次测试使用的 Windows 的主机 IP 地址为 10.0.36.250。

图 10.1　运行 Windows 终端

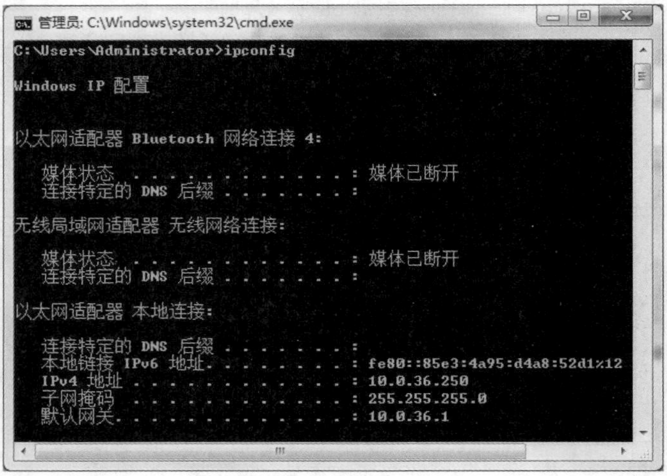

图 10.2　Windows 网络配置

先运行接收广播包程序，再运行发送广播包程序。注意，命令行参数传入的地址为广播地址，以本次测试为例，则传入 10.0.36.255，读者可根据自己的系统进行设定。再在 Windows 环境中运行网络调试助手，其 IP 将自动选择为 Windows IP 地址，协议自动选择为 UDP。可单击"连接"按钮打开，如图 10.3 所示。使用调试助手的目的是检测在同一网段中的其他主机是否可以收到广播信息。

在发送广播包一端输入发送的数据，除接收广播包一端可接收显示外，可看到网络调试助手同样可以接收信息。

发送端运行结果如下。

```
linux@Master:~/1000phone/net/broadcast$ ./send 10.0.36.255 8080
hello world
```

接收端运行结果如下。

```
linux@Master:~/1000phone/net/broadcast$ ./recv 10.0.36.255 8080
ip: 10.0.36.199, port: 33536
broadcast : hello world
```

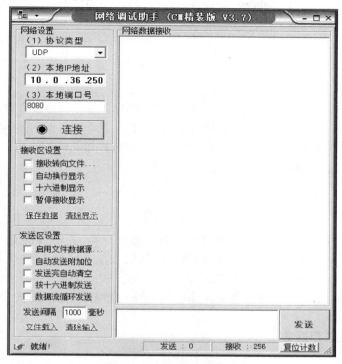

图 10.3 网络调试助手（1）

网络调试助手显示结果如图 10.4 所示，测试成功。

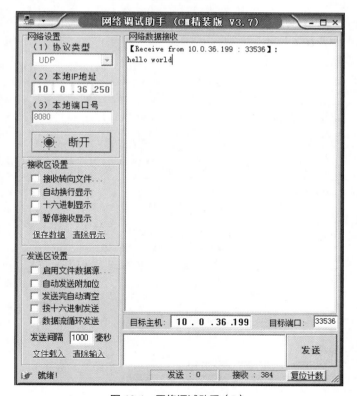

图 10.4 网络调试助手（2）

10.3　组播

组播

10.3.1　组播概述

　　为了减少在广播中涉及的不必要的开销，可以只向特定的一部分接收方发送信息，这被称为组播（又称为多播）。当发送组播数据包时，只有加入指定多播组的主机数据链路层才会处理，其他主机在数据链路层会直接丢掉收到的数据包。如果将同时发给局域网中的所有主机称为广播，那么只发给局域网中的部分主机称为组播。

10.3.2　组播地址

　　7.2.2 节已经介绍了 IP 地址，其中主要说明了 IP 地址的分类。其中 A 类 IP 地址的范围为 1.0.0.1 到 127.255.255.254；B 类 IP 地址范围为 128.0.0.1 到 191.255.255.254；C 类 IP 地址范围为 192.0.0.1 到 223.255.255.254；D 类 IP 地址范围为 224.0.0.1 到 239.255.255.254。

　　E 类 IP 地址保留。D 类地址又被称为组播地址。每一个组播地址代表一个多播组。

10.3.3　组播的发送与接收

　　组播包的发送和接收依然是通过 UDP 编程来实现。组播包发送的流程如下。

　　（1）创建 UDP 套接字。

　　（2）指定目标地址和端口。

　　（3）发送数据包。

　　组播包代码实现如例 10-6 所示。

　　例 10-6　发送组播包代码实现。

```
 1 #include <stdio.h>
 2 #include <arpa/inet.h>
 3 #include <sys/types.h>
 4 #include <sys/socket.h>
 5 #include <netinet/in.h>
 6 #include <stdlib.h>
 7 #include <unistd.h>
 8 #include <string.h>
 9
10 #define N 128
11 #define errlog(errmsg) do{perror(errmsg);\
12                          printf("%s--%s--%d\n",\
13                          __FILE__, __func__, __LINE__);\
14                          exit(1);\
15                          }while(0)
16
17 int main(int argc, const char *argv[])
18 {
19     int sockfd;
20     struct sockaddr_in groupcastaddr;
21     socklen_t addrlen = sizeof(groupcastaddr);
22     char buf[N] = {};
23
```

```
24      if(argc < 3)
25      {
26          fprintf(stderr, "Usage: %s ip port\n", argv[0]);
27          exit(1);
28      }
29
30      //第一步：创建套接字
31      if((sockfd = socket(AF_INET, SOCK_DGRAM, 0)) < 0)
32      {
33          errlog("fail to socket");
34      }
35
36      //第二步：填充组播网络信息结构体
37      //inet_addr:将点分十进制 IP 地址转化为网络字节序的整型数据
38      //htons:将主机字节序转化为网络字节序
39      //atoi:将数字型字符串转化为整型数据
40      groupcastaddr.sin_family = AF_INET;
41      //224.x.x.x - 239.x.x.x
42      groupcastaddr.sin_addr.s_addr = inet_addr(argv[1]);
43      groupcastaddr.sin_port = htons(atoi(argv[2]));
44
45      while(1)
46      {
47          fgets(buf, N, stdin);
48          buf[strlen(buf) - 1] = '\0';
49
50          if(sendto(sockfd, buf, N, 0,\
51                  (struct sockaddr *)&groupcastaddr, addrlen) < 0)
52          {
53              errlog("fail to sendto");
54          }
55
56      }
57
58      close(sockfd);
59
60      return 0;
61 }
```

在 IPv4 因特网域（AF_INET）中，组播地址结构体用结构体 ip_mreq 表示。

```
typedef uint32_t in_addr_t;
struct in_addr{
    in_addr_t s_addr;
};
struct ip_mreq  {
    struct in_addr imr_multiaddr;   /*组播的 IP 地址*/
    struct in_addr imr_interface;   /*本机的 IP 地址*/
};
```

组播包接收流程如下。

（1）创建 UDP 套接字。

（2）绑定地址和端口。

（3）加入多播组。

（4）接收数据包。

组播包代码实现如例 10-7 所示。

例 10-7　接收组播包代码实现。

```
1  #include <stdio.h>
2  #include <arpa/inet.h>
3  #include <sys/types.h>
4  #include <sys/socket.h>
5  #include <netinet/in.h>
6  #include <stdlib.h>
7  #include <unistd.h>
8  #include <string.h>
9
10 #define N 128
11 #define errlog(errmsg) do{perror(errmsg);\
12                     printf("%s--%s--%d\n",\
13                         __FILE__, __func__, __LINE__);\
14                     exit(1);\
15                     }while(0)
16
17 int main(int argc, const char *argv[])
18 {
19     int sockfd;
20     struct sockaddr_in groupcastaddr, addr;
21     socklen_t addrlen = sizeof(groupcastaddr);
22     char buf[N] = {};
23
24     if(argc < 3)
25     {
26         fprintf(stderr, "Usage: %s ip port\n", argv[0]);
27         exit(1);
28     }
29
30     //第一步: 创建套接字
31     if((sockfd = socket(AF_INET, SOCK_DGRAM, 0)) < 0)
32     {
33         errlog("fail to socket");
34     }
35
36     //第二步: 填充组播网络信息结构体
37     //inet_addr:将点分十进制 IP 地址转化为网络字节序的整型数据
38     //htons:将主机字节序转化为网络字节序
39     //atoi:将数字型字符串转化为整型数据
40     groupcastaddr.sin_family = AF_INET;
41     groupcastaddr.sin_addr.s_addr = inet_addr(argv[1]); //224-239
42     groupcastaddr.sin_port = htons(atoi(argv[2]));
43
44     //第三步: 将套接字与服务器网络信息结构体绑定
45     if(bind(sockfd, (struct sockaddr *)&groupcastaddr, addrlen) < 0)
46     {
47         errlog("fail to bind");
48     }
49
```

```
50      //加入多播组，允许数据链路层处理指定数据包
51      struct ip_mreq mreq;
52      mreq.imr_multiaddr.s_addr = inet_addr(argv[1]);
53      mreq.imr_interface.s_addr = htonl(INADDR_ANY);
54
55      if(setsockopt(sockfd, IPPROTO_IP,\
56                  IP_ADD_MEMBERSHIP, &mreq, sizeof(mreq)) < 0)
57      {
58          errlog("fail to setsockopt");
59      }
60
61      ssize_t bytes;
62      while(1)
63      {
64          if((bytes = recvfrom(sockfd, buf, N, 0,\
65                      (struct sockaddr *)&addr, &addrlen)) < 0)
66          {
67              errlog("fail to recvfrom");
68          }
69          else
70          {
71              printf("ip: %s, port: %d\n",\
72                      inet_ntoa(addr.sin_addr), ntohs(addr.sin_port));
73
74              printf("groupcast : %s\n", buf);
75
76          }
77      }
78
79      close(sockfd);
80
81      return 0;
82 }
```

在例 10-7 中，需要特别注意的是加入多播（组播）组的操作，首先定义多播组的结构体，如下所示。

```
struct  ip_mreq mreq;
```

其次，需要添加多播组 IP，如下所示，argv[1]为命令行传入组播 IP。

```
mreq.imr_multiaddr.s_addr = inet_addr(argv[1]);
```

添加一个将要添加到多播组的 IP 地址，如下所示。这里使用宏 INADDR_ANY，表示任何地址，即表示主机的所有的网卡对应的 IP 地址（因为有些主机不止一张网卡）。

```
mreq.imr_interface.s_addr = htonl(INADDR_ANY);
```

最后实现加入多播组，如下所示。

```
setsockopt(sockfd, IPPROTO_IP, IP_ADD_MEMBERSHIP, &mreq, sizeof(mreq));
```

为了接收发送方发送的信息，需要接收方将主机 IP 地址添加到多播组中。不同于上一节广播的测试（接收方无须配置网络属性），网络调试助手无法实现将主机 IP 地址添加到多播组中，无法作

为接收方接收信息。因此，本次测试需要多台主机（至少两台，保证多个主机 IP）作为接收方即可。本次测试将只演示使用网络调试助手作为发送方，Ubuntu 运行接收方程序，传入组播地址（224.0.0.1～239.255.255.254 之间任意选取）。

先运行接收方，组播地址为 224.10.10.1，端口在本次测试被设置为 7777。再运行发送方（网络调试助手），设置本机端口为 8080（自行设置），本机 IP 地址为 Windows 主机 IP 地址，已自动选择，本次测试为 10.0.36.250。然后，进行连接即可。

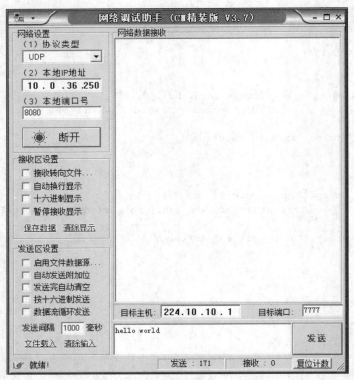

图 10.5　发送方设置

如图 10.5 所示，输入目标地址为 224.10.10.1，目标端口为 7777，在发送信息区域输入"hello world"，单击"发送"按钮。则接收端收到信息如下所示，成功接收。

```
linux@Master:~/1000phone/net/groupcast$ ./recv 224.10.10.1 7777
ip: 10.0.36.250, port: 8080
groupcast : hello world
```

10.4　UNIX 域套接字

UNIX 域套接字

10.4.1　UNIX 域套接字概述

在 7.2.1 节中，我们已经介绍了套接字的分类：流式套接字（SOCK_STREAM）、数据报套接字（SOCK_DGRAM）、原始套接字（SOCK_RAW）。并且在第 8 章中，着重讲述了基于流式套接字的网络编程，用于 TCP 通信；以及基于数据报套接字的网络编程，用于 UDP 通信。需要注意的是 BSD 分支最初引入套接字时只支持本地通信，1986 年之后进行了扩展，开始支持网络协议。因此，流式套接字与数据报套接字，除可以完成网络通信外，也可以完成本地通信。换句话说，网络通信中，可以使用流式套接字与数据报套接字来完成。同理，本地通信中，也可以使用流式套接字与数据报套接字来实现。

通常把用于本地通信的套接字称为 UNIX 域套接字。

UNIX 域套接字只能用于在同一个计算机的进程间通信。虽然网络套接字也可以用于单机进程间的通信，但使用 UNIX 域套接字不仅简单而且高效。UNIX 域套接字仅仅进行数据复制，不会执行在网络协议栈中需要处理的添加、删除报文头、计算校验和、计算报文顺序等复杂操作，因而在本地的进程间通信中，更加推荐使用 UNIX 域套接字。UNIX 域套接字常用于前后台进程间的通信。

当套接字用于网络通信时，在编程过程中，使用结构体 struct sockaddr_in（包含协议、IP 地址、端口）和套接字文件描述符关联起来。同样，当套接字用于本地通信时，可以用结构体 struct sockaddr_un 描述一个本地地址。

```
#define  Unix_PATH_MAX  108
typedef unsigned short __kernel_sa_family_t;
struct sockaddr_un {
    __kernel_sa_family_t sun_family; /* AF_Unix */
    char sun_path[Unix_PATH_MAX];   /* pathname */
};
```

将宏定义及重定义替换为原型，则结构体原型如下所示。

```
struct sockaddr_un {
    unsigned short sun_family; /*协议类型*/
    char sun_path[108];   /*套接字文件路径*/
};
```

10.4.2　UNIX 域流式套接字

UNIX 域流式套接字的用法与 TCP 编程基本一致，区别就在于使用的协议和地址不同。

UNIX 域流式套接字实现本地通信服务器端流程如下。

（1）创建 UNIX 域流式套接字。

（2）将套接字文件描述符与本地信息结构体绑定。

（3）设置监听模式。

（4）接收客户端的连接请求。

（5）发送、接收数据。

UNIX 域流式套接字代码实现如例 10-8 所示。

例 10-8　UNIX 域流式套接字服务器端代码实现。

```
 1 #include <stdio.h>
 2 #include <arpa/inet.h>
 3 #include <sys/types.h>
 4 #include <sys/socket.h>
 5 #include <stdlib.h>
 6 #include <unistd.h>
 7 #include <string.h>
 8 #include <strings.h>
 9 #include <sys/un.h>
10
11 #define N 128
```

```
12 #define errlog(errmsg) do{perror(errmsg);\
13                         printf("%s--%s--%d\n",\
14                                 __FILE__, __func__, __LINE__);\
15                         exit(1);\
16                     }while(0)
17
18 int main(int argc, const char *argv[])
19 {
20     int sockfd, acceptfd;
21     struct sockaddr_un serveraddr, clientaddr;
22     socklen_t addrlen = sizeof(serveraddr);
23     char buf[N] = {};
24
25     //初始化结构体
26     bzero(&serveraddr, addrlen);
27     bzero(&clientaddr, addrlen);
28
29     //第一步：创建套接字
30     if((sockfd = socket(AF_Unix, SOCK_STREAM, 0)) < 0){
31         errlog("fail to socket");
32     }
33
34     //第二步：填充服务器本地信息结构体
35     serveraddr.sun_family = AF_Unix;
36     strcpy(serveraddr.sun_path, argv[1]);
37
38     //第三步：将套接字与服务器网络信息结构体绑定
39     if(bind(sockfd, (struct sockaddr *)&serveraddr, addrlen) < 0){
40         errlog("fail to bind");
41     }
42
43     //第四步：将套接字设置为被动监听模式
44     if(listen(sockfd, 5) < 0){
45         errlog("fail to listen");
46     }
47
48     //第五步：阻塞等待客户端的连接请求
49     if((acceptfd = accept(sockfd,\
50                 (struct sockaddr *)&clientaddr, &addrlen)) < 0){
51         errlog("fail to accept");
52     }
53
54     ssize_t bytes;
55     while(1){
56         if((bytes = recv(acceptfd, buf, N, 0)) < 0){
57             errlog("fail to recv");
58         }
59         else if(bytes == 0){
60             printf("NO DATA\n");
61             exit(1);
62         }
63         else{
64             if(strncmp(buf, "quit", 4) == 0){
65                 printf("client quit\n");
66                 break;
```

```
67                 }
68             else{
69                 printf("client: %s\n", buf);
70
71                 strcat(buf, " *_*");
72
73                 if(send(acceptfd, buf, N, 0) < 0){
74                     errlog("fail to send");
75                 }
76             }
77         }
78     }
79
80     close(acceptfd);
81     close(sockfd);
82
83     return 0;
84 }
```

UNIX 域流式套接字实现本地通信客户端流程如下所示。

（1）创建 UNIX 域流式套接字。

（2）指定服务器端地址（套接字文字）。

（3）建立连接。

（4）发送、接收数据。

UNIX 域流式套接字代码实现如例 10-9 所示。

例 10-9　UNIX 域流式套接字客户端代码实现。

```
 1 #include <stdio.h>
 2 #include <arpa/inet.h>
 3 #include <sys/types.h>
 4 #include <sys/socket.h>
 5 #include <stdlib.h>
 6 #include <unistd.h>
 7 #include <string.h>
 8 #include <sys/un.h>
 9
10 #define N 128
11 #define errlog(errmsg) do{perror(errmsg);\
12                         printf("%s--%s--%d\n",\
13                             __FILE__, __func__, __LINE__);\
14                         exit(1);\
15                         }while(0)
16
17 int main(int argc, const char *argv[])
18 {
19     int sockfd;
20     struct sockaddr_un serveraddr;
21     socklen_t addrlen = sizeof(serveraddr);
22     char buf[N] = {};
23
24     //第一步：创建套接字
25     if((sockfd = socket(AF_Unix, SOCK_STREAM, 0)) < 0){
26         errlog("fail to socket");
27     }
```

```
28
29      //第二步：填充服务器本地信息结构体
30      serveraddr.sun_family = AF_Unix;
31      strcpy(serveraddr.sun_path, argv[1]);
32
33      //第三步：发送客户端连接请求
34      if(connect(sockfd, (struct sockaddr *)&serveraddr, addrlen) < 0){
35          errlog("fail to connect");
36      }
37
38      while(1){
39          fgets(buf, N, stdin);
40          buf[strlen(buf) - 1] = '\0';
41
42          if(send(sockfd, buf, N, 0) < 0){
43              errlog("fail to send");
44          }
45
46          if(strncmp(buf, "quit", 4) == 0){
47              printf("client is quited\n");
48              break;
49          }
50          else {
51              if(recv(sockfd, buf, N, 0) < 0){
52                  errlog("fail to recv");
53              }
54
55              printf("server: %s\n", buf);
56          }
57      }
58
59      close(sockfd);
60
61      return 0;
62  }
```

先运行服务器端，再运行客户端，客户端终端输入发送的数据即可。注意，UNIX 域套接字实现本地通信有点类似于管道，即通过文件实现通信。

客户端运行结果如下所示。终端输入发送的数据，服务器收到数据之后，进行修改，并回复给客户端。输入"quit"则客户端与服务器退出。"./stream"为当前目录下的文件 stream，不需要提前创建，程序运行自动创建。

```
linux@Master:~/1000phone/net/unix_stream$ ./client ./stream
hello
server: hello *_*
world
server: world *_*
quit
client is quited
```

服务器端运行结果如下所示，接收客户端发送的数据。

```
linux@Master:~/1000phone/net/unix_stream$ ./server ./stream
client: hello
```

```
client: world
client quit
```

在当前目录下自动创建的套接字文件如下所示。

```
linux@Master:~/1000phone/net/unix_stream$ ls -l stream
srwxrwxr-x 1 linux linux 0  6月 21 10:37 stream
```

10.4.3　UNIX 域数据报套接字

UNIX 域数据报套接字的流程可参考 UDP 套接字编程。其服务器端流程如下。
（1）创建 UNIX 域数据报套接字。
（2）填充服务器本地信息结构体。
（3）将套接字与服务器本地信息结构体绑定。
（4）进行通信（recvfrom()函数/sendto()函数）。
代码实现如例 10-10 所示。
例 10-10　UNIX 域数据报套接字服务器端代码实现。

```
 1 #include <stdio.h>
 2 #include <arpa/inet.h>
 3 #include <sys/types.h>
 4 #include <sys/socket.h>
 5 #include <stdlib.h>
 6 #include <unistd.h>
 7 #include <string.h>
 8 #include <sys/un.h>
 9
10 #define N 128
11 #define errlog(errmsg) do{perror(errmsg);\
12                         printf("%s--%s--%d\n",\
13                                 __FILE__, __func__, __LINE__);\
14                         exit(1);\
15                         }while(0)
16
17 int main(int argc, const char *argv[])
18 {
19     int sockfd;
20     struct sockaddr_un serveraddr, clientaddr;
21     socklen_t addrlen = sizeof(serveraddr);
22     char buf[N] = {};
23
24     //第一步：创建套接字
25     if((sockfd = socket(AF_Unix, SOCK_DGRAM, 0)) < 0){
26         errlog("fail to socket");
27     }
28
29     //第二步：填充服务器本地信息结构体
30     serveraddr.sun_family = AF_Unix;
31     strcpy(serveraddr.sun_path, argv[1]);
32
33     //第三步：将套接字与服务器本地信息结构体绑定
34     if(bind(sockfd, (struct sockaddr *)&serveraddr, addrlen) < 0){
```

```
35        errlog("fail to bind");
36    }
37
38    ssize_t bytes;
39    while(1){
40        if((bytes = recvfrom(sockfd, buf, N, 0,\
41                (struct sockaddr *)&clientaddr, &addrlen)) < 0){
42            errlog("fail to recvfrom");
43        }
44        else{
45            printf("clientaddr.sun_path = %s\n", clientaddr.sun_path);
46
47            if(strncmp(buf, "quit", 4) == 0){
48                printf("client quit\n");
49                break;
50            }
51            else{
52                printf("client: %s\n", buf);
53
54                strcat(buf, " *_*");
55
56                if(sendto(sockfd, buf, N, 0,\
57                    (struct sockaddr *)&clientaddr, addrlen) < 0){
58                    errlog("fail to sendto");
59                }
60            }
61        }
62    }
63
64    close(sockfd);
65
66    return 0;
67 }
```

客户端的流程如下所示。

（1）创建 UNIX 域数据报套接字。

（2）填充服务器本地信息结构体。

（3）填充客户端本地信息结构体。

（4）将套接字与客户端本地信息结构体绑定。

（5）进行通信（sendto()/recvfrom()）。

代码实现如例 10-11 所示。

例 10-11 UNIX 域数据报套接字客户端代码实现。

```
 1 #include <stdio.h>
 2 #include <arpa/inet.h>
 3 #include <sys/types.h>
 4 #include <sys/socket.h>
 5 #include <stdlib.h>
 6 #include <unistd.h>
 7 #include <string.h>
 8 #include <sys/un.h>
 9
10 #define N 128
11 #define errlog(errmsg) do{perror(errmsg);\
```

```
12                          printf("%s--%s--%d\n",\
13                              __FILE__, __func__, __LINE__);\
14                          exit(1);\
15                          }while(0)
16
17  int main(int argc, const char *argv[])
18  {
19      int sockfd;
20      struct sockaddr_un serveraddr;
21      socklen_t addrlen = sizeof(serveraddr);
22      char buf[N] = {};
23
24      //第一步：创建套接字
25      if((sockfd = socket(AF_Unix, SOCK_DGRAM, 0)) < 0){
26          errlog("fail to socket");
27      }
28
29      //第二步：填充服务器本地信息结构体
30      serveraddr.sun_family = AF_Unix;
31      strcpy(serveraddr.sun_path, argv[1]);
32
33      //客户端需要绑定自己的信息，否则服务器无法给客户端发送数据
34      struct sockaddr_un clientaddr;
35      clientaddr.sun_family = AF_Unix;
36      strcpy(clientaddr.sun_path, argv[2]);
37
38      if(bind(sockfd, (struct sockaddr *)&clientaddr, addrlen) < 0){
39          errlog("fail to bind");
40      }
41
42      while(1){
43          fgets(buf, N, stdin);
44          buf[strlen(buf) - 1] = '\0';
45
46          if(sendto(sockfd, buf, N, 0,\
47                  (struct sockaddr *)&serveraddr, addrlen) < 0){
48              errlog("fail to sendto");
49          }
50
51          if(strncmp(buf, "quit", 4) == 0){
52              printf("client is quited\n");
53              break;
54          }
55          else{
56              if(recvfrom(sockfd, buf, N, 0,\
57                  (struct sockaddr *)&serveraddr, &addrlen) < 0){
58                  errlog("fail to recv");
59              }
60              printf("server: %s\n", buf);
61          }
62      }
63      close(sockfd);
64
65      return 0;
66  }
```

上述客户端代码中，需要注意的是，UNIX 域数据报套接字与网络数据报套接字（UDP）不同的是，前者的客户端一定要绑定自己的信息结构体。数据报套接字在用于网络通信时，服务器可以为客户端自动分配地址和端口。而在本地通信时，服务器不会为客户端分配套接字文件（本地信息结构体）。如果客户端不绑定自己的信息结构体，服务器则无法知道客户端是谁。

先运行服务器端，再运行客户端，在客户端终端输入发送的数据即可。客户端的运行结果如下所示，命令行传参为套接字文件的名称。客户端发送数据，服务器将数据修改之后，回复给客户端。输入"quit"，客户端与服务器退出。

```
linux@Master:~/1000phone/net/unix_dgram$ ./client dgram dgram_client
hello world
server: hello world *_*
quit
client is quited
```

服务器的运行结果如下所示。

```
linux@Master:~/1000phone/net/unix_dgram$ ./server dgram
clientaddr.sun_path = dgram_client
client: hello world
clientaddr.sun_path = dgram_client
client quit
```

在当前目录下自动创建的套接字文件如下所示。

```
linux@Master:~/1000phone/net/unix_dgram$ ls -l dgram*
srwxrwxr-x 1 linux linux 0  6月 21 15:16 dgram
srwxrwxr-x 1 linux linux 0  6月 21 15:16 dgram_client
```

10.5 原始套接字

原始套接字

10.5.1 原始套接字概述

原始套接字（SOCK_RAW）不同于流式套接字、数据报套接字。原始套接字是基于 IP 数据包的编程，流式套接字只能收发 TCP 的数据，数据报套接字只能收发 UDP 的数据。前面讲述的网络编程都是在应用层收发数据，每个程序只能收到发给自己的数据，即每个程序只能收到来自该程序绑定的端口的数据。收到的数据往往只包括应用层数据，原有的头部信息在传递过程中被隐藏了。

协议栈的原始套接字从实现上可以分为链路层原始套接字和网络层原始套接字两大类。链路层原始套接字可以直接用于接收和发送链路层的 MAC 帧，在发送时需要由调用者自行构造和封装MAC 首部。而网络层原始套接字可以直接用于接收和发送 IP 层的报文数据，在发送时需要自行构造 IP 报文头。

因此，原始套接字提供了普通流式和数据报套接字不能提供的 3 个能力。

（1）进程使用原始套接字可以读写 ICMP、IGMP 等网络报文。

（2）进程使用原始套接字就可以读写那些内核不处理的 IPv4 数据报。

（3）进程可以使用 IP_HDRINCL 套接字选项自行构造 IP 头部。

原始套接字与普通套接字（流式、数据报）的区别如图 10.6 所示。

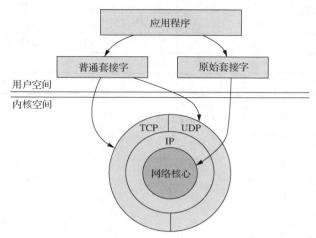

图 10.6　原始套接字与普通套接字的区别

10.5.2　链路层原始套接字的创建

链路层原始套接字调用 socket()函数来创建。其中，第一个参数指定协议族类型为 AF_PACKET，第二个参数可以设置为 SOCK_RAW 或 SOCK_DGRAM，第三个参数是协议类型。

```
#include <sys/types.h>          /* See NOTES */
#include <sys/socket.h>
int socket(int domain, int type, int protocol);
```

参数 type 设置为 SOCK_RAW 时，套接字接收和发送的数据都是从 MAC 首部开始的。在发送时需要由调用者从 MAC 首部开启构造和封装报文数据。type 设置为 SOCK_RAW 的情况应用是比较多的。具体传参如下所示。

```
socket(AF_PACKET, SOCK_RAW, htons(protocol));
```

参数 type 设置为 SOCK_DGRAM 时，套接字接收的数据报文会将 MAC 头部去掉。同时在发送时也不需要再手动构造 MAC 头部。只需要从 IP 头部（不固定，封装的报文类型不同则不同，如 ARP 头部）开始构造数据即可，而 MAC 头部的填充由内核实现。对 MAC 头部不关心的场景，可以使用这种类型，但这种用法使用较少。

```
socket(AF_PACKET, SOCK_DGRAM, htons(protocol));
```

协议类型 protocol 不同取值的意义如表 10.2 所示。

表 10.2　　　　　　　　　　　**protocol 不同取值的意义**

protocol	值	作用
ETH_P_ALL	0x0003	接收本机收到的所有二层报文
ETH_P_IP	0x0800	接收本机收到的所有 IP 报文
ETH_P_ARP	0x0806	接收本机收到的所有 ARP 报文

protocol	值	作用
ETH_P_RARP	0X8035	接收本机收到的所有 RARP 报文
自定义协议	如 0x0820	接收本机收到的所有类型为 0x0820 的二层报文
不指定	0	默认值
……	……	……

链路层原始套接字创建代码具体如例 10-12 所示。

例 10-12　链路层原始套接字的创建。

```
1  #include <stdio.h>
2  #include <sys/socket.h>
3  #include <stdlib.h>
4  #include <arpa/inet.h>
5  #include <unistd.h>
6  #include <netinet/if_ether.h>
7
8  int main(int argc, const char *argv[])
9  {
10     //创建原始套接字
11     int sockfd = socket(AF_PACKET, SOCK_RAW, htons(ETH_P_ALL));
12     if(sockfd < 0)
13     {
14         perror("fail to socket");
15         exit(1);
16     }
17
18     printf("sockfd = %d\n", sockfd);
19
20     close(sockfd);
21
22     return 0;
23 }
```

如果以普通用户权限执行程序，则运行失败，由于原始套接字可以直接访问底层协议（IP、ICMP等），因此必须在管理员权限下才能使用原始套接字。运行结果如下。

```
linux@Master:~/1000phone/net/net$ ./a.out
fail to socket: Operation not permitted
linux@Master:~/1000phone/net/net$ sudo ./a.out
sockfd = 3
```

10.5.3　网络层原始套接字的创建

创建面向连接的 TCP 和创建面向无连接的 UDP 套接字，在接收和发送时只能操作数据部分，而不能操作 IP、TCP 和 UDP 头部。如果想要操作 IP 头部或传输层协议头部，则需要调用 socket()函数创建网络层原始套接字。第一个参数指定协议族的类型为 AF_INET，第二个参数为 SOCK_RAW，第三个参数 protocol 为协议类型。协议类型 protocol 不同取值的意义如表 10.3 所示。

表 10.3　　　　　　　　　　　　　　**protocol 不同取值的意义**

prototol	值	作用
IPPROTO_TCP	6	接收或发送 TCP 类型的报文
IPPROTO_UDP	17	接收或发送 UDP 类型的报文
IPPROTO_ICMP	1	接收或发送 ICMP 类型的报文
IPPROTO_IGMP	2	接收或发送 IGMP 类型的报文
IPPROTO_RAW	255	原始 IP 包
……	……	……

网络层原始套接字接收的报文数据是从 IP 头部开始的，即接收的数据包含 IP、TCP、UDP、ICMP 等头部，以及数据部分。

网络层原始套接字发送的报文数据，在默认情况下是从 IP 头部开始之后开始的，即需要调用者自行构造和封装 TCP、UDP 等协议头部。当然也可在发送时从 IP 首部开始构造数据，通过 setsockopt() 函数给套接字设置 IP_HDRINCL 选项，即可在发送时自行构造 IP 头部。

10.5.4　ICMP、Ethernet 封包解析

为了帮助读者更好地理解网络编程的框架结构，本书 8.3 节已经介绍了网络协议栈的数据封装和解析的原理。在网络分层的结构中，每层协议都使用下层协议提供的服务，并向自己的上层提供服务。应用程序数据在发送到物理网络之前，将沿着协议栈从上往下依次传递。每层协议都将在上层数据的基础上加上自己的头部信息（有时还包括尾部信息）。例如，使用 TCP 发送应用数据时，则应用数据经过传输层时会在数据包之前再添加一个头信息，这个头信息即为 TCP 头部。依次类推，数据包在应用层发送到底层（物理层）的过程中，不断地对其数据包进行封装，经过的每一层都会对数据"安装"一个头部，用来实现该层的功能。反之，当接收数据包时，则会在经过的每一层中对数据包进行"拆解"，将对应该层协议的头部解析掉。这样就完成了一个数据包的基本传递。图 10.7 所示为数据的封装与解析过程。

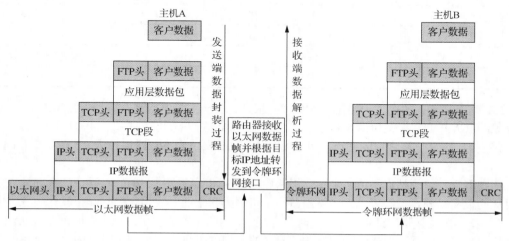

图 10.7　数据的封装与解析过程

使用原始套接字进行编程开发时，涉及开发者自行构造 MAC 头部或 IP 头部的问题，因此需要对不同协议的数据包进行学习。这些数据封装的头部都有其特有的格式。

8.3.3 节已经分别介绍了 TCP、UDP、IP 的封包格式（头部格式），本节将不再叙述。接下来讨

论 Ethernet 封包格式及 ICMP 的封包格式。

在 TCP/IP 协议族中，ICMP 经常被认为是对 IP 协议的补充协议。它允许主机和路由器报告差错情况和异常状况。ICMP 报文通常被 IP 层或更高层的协议（TCP 或 UDP）使用。ICMP 报文是在 IP 数据报内部传输的，如图 10.8 所示。

图 10.8　ICMP 封装在 IP 数据报内部

ICMP 报文的格式如图 10.9 所示。

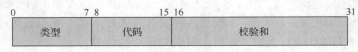

图 10.9　ICMP 报文格式

ICMP 协议封装在 IP 协议中，ICMP 有很多报文类型，每一个报文类型又各自不相同，但是它们的前 4 字节的报文格式是相同的。如图 10.9 所示，类型占 1 字节，用来表示 ICMP 的消息类型；代码占 1 字节，用来对类型的做进一步说明；校验和占 2 字节，是对整个报文的报文信息的校验。ICMP 常见报文类型如表 10.4 所示。

表 10.4　　　　　　　　　　　　　　　　ICMP 常见报文类型

类型的值	ICMP 消息类型	类型的值	ICMP 消息类型
0	回送应答	12	参数出错报告
3	目的站点不可达	13	时间戳请求
4	源点抑制	14	时间戳应答
5	路由重定向	15	信息请求
8	回送请求	16	信息应答
9	路由器询问	17	地址掩码请求
10	路由器通告	18	地址掩码应答
11	超时报告		

ICMP 的报文分为两类，一类是 ICMP 询问报文，另一类是 ICMP 差错报告报文。

常见的 ICMP 询问报文包括 8 回送请求、0 回送应答、13 时间戳请求、14 时间戳应答。常见的 ICMP 差错报告报文包括 3 目的站点不可达、11 超时报告、12 参数错误报告、5 路由重定向、4 源点抑制。

上述类型中，目的站点不可达表示，当路由器或主机不能交付数据的时候，就会向源点发送终点不可达的报文；源点抑制表示，当路由器或主机因为阻塞而导致丢包的时候，就会向源点发送源点抑制报文，请求发送报文速度降低；超时报告表示，当路由器或主机发现生存时间 TTL 值为 0 时，会丢弃该报文，并向源点发送时间超过的信息，或者目的主机没有在规定时间内收到所有的数据分片，会丢弃之前的数据分片，并发出报告；参数出错报告表示，当路由器或主机发现数据包首部字段值不正确的时候，会丢弃报文，并发送参数错误报文。

图 10.10 所示为 ICMP 回送请求和应答报文的格式。

接下来讨论 Ethernet 的封包格式。如图 10.11 所示，其封装格式为 RFC 894 定义的格式。

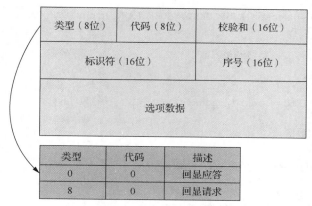

图 10.10 ICMP 回送请求和应答报文的格式

以太网封装（RFC 894）

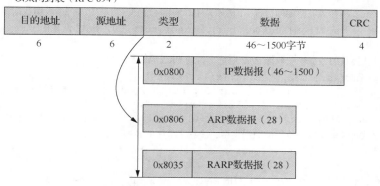

图 10.11 以太网封装格式

其中，源地址与目的地址是指网卡的硬件地址（MAC 地址），长度为 48 位。其类型分为 3 类：0x0800 表示携带数据为 IP 数据报，0x0806 表示携带数据为 ARP 数据报，0x8035 表示携带数据为 RARP 数据报。因此，不难看出，在 TCP/IP 协议族中，链路层主要有三个目的：一是为 IP 模块发送和接收 IP 数据报；二是为 ARP 模块发送 ARP 请求和接收 ARP 应答；三是为 RARP 发送 RARP 请求和接收 RARP 应答。

10.5.5 MAC 数据包接收

根据上一节中以太网的封包格式，接下来将通过原始套接字编程代码示例，展示抓取分析 MAC 数据包。具体如例 10-13 所示。

例 10-13 原始套接字接收 MAC 数据包。

```
1 #include <stdio.h>
2 #include <sys/socket.h>
3 #include <stdlib.h>
4 #include <arpa/inet.h>
5 #include <unistd.h>
6 #include <netinet/if_ether.h>
7
8 int main(int argc, const char *argv[])
9 {
10     //创建原始套接字
```

```
11      int sockfd = socket(AF_PACKET, SOCK_RAW, htons(ETH_P_ALL));
12      if(sockfd < 0)
13      {
14          perror("fail to socket");
15          exit(1);
16      }
17      printf("sockfd = %d\n", sockfd);
18
19      //接收链路层数据
20      int ret;
21      unsigned short mac_type;
22      while(1)
23      {
24          unsigned char buf[1600] = {};
25          char src_mac[18] = {};
26          char dest_mac[18] = {};
27          //buf 将存放完整的帧数据 （例如，MAC 头部+IP 头+TCP/UDP 头+应用数据）
28          ret = recvfrom(sockfd, buf, sizeof(buf), 0, NULL, NULL);
29
30          //从接收的数据中获取源 MAC 地址、目的 MAC 地址及类型
31          sprintf(src_mac, "%x:%x:%x:%x:%x:%x",\
32                  buf[0], buf[1], buf[2], buf[3], buf[4], buf[5]);
33          sprintf(dest_mac, "%x:%x:%x:%x:%x:%x",\
34            buf[0+6], buf[1+6], buf[2+6], buf[3+6], buf[4+6], buf[5+6]);
35          //从封包中获取网络层的数据类型，注意字节序的转换
36          mac_type = ntohs(*(unsigned short *)(buf + 12));
37
38          printf("源 MAC: %s --> 目的 MAC: %s\n", src_mac, dest_mac);
39          printf("type = %#x\n", mac_type);
40
41          if(mac_type == 0x800)
42          {
43              printf("\n****************IP 数据包*****************\n");
44
45              //定义指针变量保存 IP 数据包首地址
46              unsigned char *ip_buf = buf + 14;
47
48              //获取 IP 数据包首部长度
49              //首部长度占 4 位，是数据包的前八位中的后四位，且单位是 4 字节
50              int ip_headlen = ((*ip_buf) & 0x0f) * 4;
51              printf("IP 数据包首部长度：%d 字节\n", ip_headlen);
52              //获取 IP 封包的总长度，表示总长度的位置从 IP 数据包的第 16 位开始
53              printf("IP 数据包总长度：%d 字节\n",\
54                      ntohs(*(unsigned short *)(ip_buf + 2)));
55
56              //分析 IP 协议包中传输层协议(IP 报文的上层协议)
57              unsigned char ip_type = *(unsigned short *)(ip_buf + 9);
58              if(ip_type == 1)
59              {
60                  printf("ICMP 协议\n");
61              }
62              else if(ip_type == 2)
63              {
```

```
64                printf("IGMP 协议\n");
65            }
66            else if(ip_type == 6)
67            {
68                printf("TCP 协议\n");
69            }
70            else if(ip_type == 17)
71            {
72                printf("UDP 协议\n");
73            }
74
75            printf("*******************************************\n\n");
76        }
77        else if(mac_type == 0x0806)
78        {
79            printf("\nARP 数据包\n\n");
80        }
81        else if(mac_type == 0x8035)
82        {
83            printf("\nRARP 数据包\n\n");
84        }
85    }
86
87    close(sockfd);
88
89    return 0;
90 }
```

　　在 Ubuntu 环境中，运行上述代码，即可实现抓取到发送给本机网卡的报文，并打印出一些信息。结合之前讲述的各层协议封包的格式，以及数据封装与解析的过程，才能更好地认识代码的思路。

　　运行结果如下所示，不同的主机运行结果依当时自身的情况而定，即本次代码运行结果不固定，因此运行结果仅为参考，说明问题即可。本次截取了三个数据包的读取信息。可以看到抓取到两个 IP 数据包（一个使用 TCP，另一个使用 UDP），一个 ARP 数据包。

```
linux@Master:~/1000phone/net/net$ sudo ./a.out
[sudo] password for linux:
sockfd = 3
源 MAC: f0:98:38:3f:49:27 --> 目的 MAC: 0:c:29:e6:9e:37
type = 0x800

*******************IP 数据包*********************
IP 数据包首部长度： 20 字节
IP 数据包总长度：60 字节
TCP 协议
*******************************************

源 MAC: f0:98:38:3f:49:27 --> 目的 MAC: 0:c:29:e6:9e:37
type = 0x806

ARP 数据包
```

```
源 MAC: ff:ff:ff:ff:ff:ff --> 目的 MAC: 0:21:cc:6d:58:1a
type = 0x800

********************IP 数据包********************
IP 数据包首部长度： 20 字节
IP 数据包总长度：36 字节
UDP 协议
**************************************************
```

10.5.6　MAC 数据包发送

10.5.5 节通过一个简单的代码展示了读取一个完整的 MAC 帧（MAC 数据包）的操作，使用 recvfrom()函数完成读取功能。同样，发送原始套接字数据则使用 sendto()函数。

```
sendto(sockfd, buf, len, 0, dest_addr, addrlen);
```

需要注意的是，原始套接字不同于 UDP 套接字。此时，参数 buf 中需传入的不是单纯的应用数据，而是一个完整的 MAC 帧数据（应用数据，以及传输层数据、网络层数据、链路层数据组成的完整数据），即封装好的协议数据。同时，参数 len 一定为帧数据的真实长度。参数 dest_addr 表示目的地址，但是在原始套接字中是从链路层发送数据，在发送之前，已经将上层的数据封装成功，即已经知道对方的 IP 地址以及端口信息。因此，此处参数不应传入接收方网络信息结构体，而是应传入组成的帧数据发送所使用的本机网络接口。描述本机网络接口的结构体如下所示，只需对成员 sll_ifindex（接口类型）赋值，就可使用。

```
struct sockaddr_ll{
    unsigned short int sll_family; /*一般为 AF_PACKET*/
    unsigned short int sll_protocol; /*上层协议*/
    int sll_ifindex;    /*接口类型*/
    unsigned short int sll_hatype; /*报头类型*/
    unsigned char sll_pkttype; /*包类型*/
    unsigned char sll_halen;  /*地址长度*/
    unsigned char sll_addr[8]; /*MAC 地址*/
};
```

发送数据的使用具体如例 10-14 所示。

例 10-14　MAC 数据包发送实现。

```
/*将网络接口赋值给原始套接字地址结构*/
struct sockaddr_ll sll;
bzero(&sll, sizeof(sll));
sll.sll_ifindex = /*获取本机的网络接口*/
int len = sendto(sock_raw_fd, buf, sizeof(buf), 0,\
                (struct sockaddr *)&sll, sizeof(sll));
```

由上述示例 10-14 可知，程序只需要获取本机的网络接口即可，而获取网络接口通过 ioctl()函数来实现。

```
#include <sys/ioctl.h>
int ioctl(int d, int request, ...);
```

ioctl()函数是一个功能非常强大的函数，被用来实现对文件描述符的控制。参数 d 传入被控制的文件描述符。参数 request 表示一个操作码，可以自行定义。本次则传入一些与网络相关的宏定义，具体如表 10.5 所示。

表 10.5　　　　　　　　　　　　　　　　参数 request 的说明

类别	request	说明	数据类型
接口	SIOCGIFINDEX	获取网络接口	struct ifreq
	SIOCSIFADDR	设置接口地址	struct ifreq
	SIOCGIFADDR	获取接口地址	struct ifreq
	SIOCSIFFLAGS	设置接口标志	struct ifreq
	SIOCGIFFLAGS	获取接口标志	struct ifreq

在原始套接字编程中，第三个参数用来指定网络接口属性的结构体 struct ifreq，进而获取或设置网络接口的属性信息。

ioctl()函数获取网络接口地址有固定的编写方式，如例 10-15 所示。本次测试使用 Ubuntu 系统中的网卡为虚拟网卡 eth0，虚拟网卡可以自行添加，因此测试时需要按照当时情况，选择网卡名称，使用 ifconfig 命令进行查看。

例 10-15　ioctl 获取网络接口。

```
/*描述网络接口属性的结构体*/
struct ifreq ethreq;
/*将网卡的名称 eth0 复制到结构体成员 ifr_name 中，指定要获取属性的网卡*/
/*宏 IFNAMSIZ 表示复制的长度*/
strcpy(ethreq.ifr_name, "eth0", IFNAMSIZ);
/*获得网卡为 eth0 接口信息，
/*对 ethreq 表示的结构体属性信息进行初始化，该信息一定与 eth0 有关系*/
if(ioctl(sock_raw_fd, SIOCGIFINDEX, &ethreq) == -1){
    perror("ioctl error");
    close(sock_raw_fd);
    return -1;
}
++++++++++++++++++++++++++++++++++++++++++++++++++++++++++
/*将网络接口赋值给原始套接字地址结构*/
struct sockaddr_ll sll;
bzero(&sll, sizeof(sll));
sll.sll_ifindex = ethreq.ifr_ifindex; /*获取本机的网络接口 eth0*/
int len = sendto(sock_raw_fd, buf, sizeof(buf), 0,\
                 (struct sockaddr *)&sll, sizeof(sll));
```

在获取本机的网络接口的情况下，此时并不能将一个需要发送的完整 MAC 帧数据发送给其他指定的主机。如果一个主机 A（192.168.1.1）向另一个主机 B（192.168.1.2）发送一个数据包，需要的条件除 IP 地址、端口（port）、使用的协议（TCP/UDP）外，还需要知道对方的 MAC 地址，这是因为在以太网封包格式中 MAC 地址是必须要有的。因此，当主机需要发送一个完整的 MAC 帧数据给其他指定的主机时，必须要知道对方的 MAC 地址。而获得对方的 MAC 地址，则可以使用地址解析协议（Address Resolution Protocol，ARP）来完成，下一节将着重介绍使用 ARP 实现获取 MAC 地址。

10.5.7 ARP 实现 MAC 地址扫描

10.5.4 节介绍了 Ethernet 的封包格式（参考图 10.11），以太网头部除了可以携带 IP 数据报以外，也可以携带大小为 28 字节的 ARP 数据报，或者携带大小为 28 字节的 RARP 数据报。ARP 格式如图 10.12 所示。

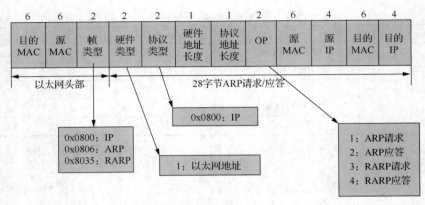

图 10.12　ARP 格式

ARP 是 TCP/IP 协议族中的一员，用来完成网络层地址（IP 地址）和链路层地址（MAC 地址）之间的动态映射。因此，可以将 ARP 理解为介于网络层与链路层之间的一种协议。

ARP 主要的功能是可以查询指定 IP 所对应的 MAC，具体的工作原理如下。

（1）每个主机都会在自己的 ARP 缓存区中建立一个 ARP 列表，以表示 IP 地址和 MAC 地址之间的对应关系。

（2）当有主机新加入网络时（也有可能是网络接口重启），会发送免费 ARP 报文把自己的 IP 地址和 MAC 地址的映射关系广播给其他主机。

（3）网络上的主机接收免费 ARP 报文时，会更新自己的 ARP 缓存区，将新的映射关系更新到自己的 ARP 表中。

（4）当某个主机需要发送报文时，首先检查 ARP 列表中是否有对应 IP 地址的目的主机的 MAC 地址。如果有，则直接发送数据；如果没有，则向本网段中的所有主机发送 ARP 数据报（广播），包括源主机 IP 地址、源主机 MAC 地址、目的主机 IP 地址等。

（5）当本网络的所有主机收到该 ARP 数据报时，首先检测数据报中的 IP 地址是否为自己的 IP 地址，如果不是，则忽略该数据报；如果是，则首先从数据报中取出源主机的 IP 和 MAC 地址更新到 ARP 列表中，如果已经存在，则覆盖；然后将自己的 MAC 地址写入 ARP 响应包中，通知源主机自己就是它想要寻找的 MAC 地址。

（6）源主机收到 ARP 响应包后，将目的主机的 IP 和 MAC 地址写入 ARP 列表，之后则可以发送数据。如果源主机一直没有收到 ARP 响应数据包，表示 ARP 查询失败。

综上所述可知，使用 ARP 的请求方使用广播来发送请求，应答方则使用单播来回送数据。接下来将通过代码示例展示通过 ARP 来获取目的主机的 MAC 地址，具体使用如例 10-16 所示。

例 10-16　通过 ARP 协议获取目的主机的 MAC 地址。

```
1 #include <stdio.h>
2 #include <sys/socket.h>
3 #include <stdlib.h>
4 #include <arpa/inet.h>
5 #include <unistd.h>
```

```
 6 #include <netinet/if_ether.h>
 7 #include <netpacket/packet.h>
 8 #include <sys/ioctl.h>
 9 #include <net/if.h>
10 #include <string.h>
11
12 int main(int argc, const char *argv[])
13 {
14     //创建原始套接字
15     int sockfd = socket(PF_PACKET, SOCK_RAW, htons(ETH_P_ALL));
16     if(sockfd < 0){
17         perror("fail to socket");
18         exit(1);
19     }
20
21     //使用 ARP 请求获取 10.0.36.250 的 MAC 地址
22     //MAC 头 ARP 头
23     unsigned char msg[1600] = {
24         //组 MAC 头
25         //目的 MAC,广播请求所使用的 MAC 地址
26         0xff, 0xff, 0xff, 0xff, 0xff, 0xff,
27         //源 MAC
28         0x00, 0x0c, 0x29, 0xe6, 0x9e, 0x37,
29         //帧类型
30         0x08, 0x06,
31         //硬件类型（以太网地址为 1）
32         0x00, 0x01,
33         //协议类型
34         0x08, 0x00,
35         //硬件地址长度和协议地址长度（MAC 和 IP）
36         0x06, 0x04,
37         //选项，ARP 请求
38         0x00, 0x01,
39         //源 MAC
40         0x00, 0x0c, 0x29, 0xe6, 0x9e, 0x37,
41         //源 IP 地址
42         10, 0, 36, 199,
43         //目的 MAC
44         0x00, 0x00, 0x00, 0x00, 0x00, 0x00,
45         //目的 IP 地址
46         10, 0, 36, 250
47     };
48
49     //将 ARP 请求报文通过 eth0 发送出去
50     //使用 ioctl() 函数获取本机网络接口
51     struct ifreq ethreq;
52     strncpy(ethreq.ifr_name, "eth0", IFNAMSIZ);
53     if(ioctl(sockfd, SIOCGIFINDEX, &ethreq) == -1){
54         perror("fail to ioctl");
55         exit(1);
56     }
57
```

```
58        //设置本机网络接口
59        struct sockaddr_ll sll;
60        bzero(&sll, sizeof(sll));
61        sll.sll_ifindex = ethreq.ifr_ifindex;
62
63        sendto(sockfd, msg, 42, 0, (struct sockaddr *)&sll, sizeof(sll));
64
65        //接收数据
66        while(1){
67            unsigned char buf[1600] = {};
68
69            recvfrom(sockfd, buf, sizeof(buf), 0, NULL, NULL);
70            unsigned short mactype = ntohs(*(unsigned short *)(buf + 12));
71            //必须是 ARP 数据包才分析
72            if(mactype == 0x0806){
73                //请求为 ARP 应答
74                unsigned short arpopt = htons(*(unsigned short *)(buf + 20));
75                if(arpopt == 0x02){
76                    char mac[18] = {};
77                    sprintf(mac, "%x:%x:%x:%x:%x:%x", buf[0+6],\
78                            buf[1+6], buf[2+6], buf[3+6], buf[4+6], buf[5+6]);
79
80                    printf("10.0.36.250 --> %s\n", mac);
81                    break;
82                }
83            }
84        }
85
86        close(sockfd);
87        return 0;
88  }
```

上述代码中，首先对 ARP 报文进行封装，通过目的 MAC 地址选择广播的地址，即 ff:ff:ff:ff:ff:ff，并且通过 ioctl()函数获得本机网络接口，使用 sendto()函数发送 ARP 请求。之后开始获取 ARP 响应，如果是 ARP 应答，则读取其 MAC 地址。

在虚拟机的 Ubuntu 系统中运行程序，即使用 Ubuntu 系统中的虚拟网卡 eth0 发送 ARP 请求，并将 Windows 的 IP 地址设为目的 IP 地址，意为获取 Windows 系统主机的 MAC 地址。因此，封装的 ARP 请求报文的源 IP 地址为 10.0.36.199，源 MAC 地址为 00:0c:29:e6:9e:37。

```
linux@Master: ~/1000phone/net/net$ ifconfig
eth0    Link encap:以太网  硬件地址 00:0c:29:e6:9e:37
        inet 地址:10.0.36.199  广播:10.0.36.255  掩码:255.255.255.0
        inet6 地址: fe80::20c:29ff:fee6:9e37/64 Scope:Link
        UP BROADCAST RUNNING MULTICAST  MTU:1500  跃点数:1
        接收数据包:242273 错误:0 丢弃:4 过载:0 帧数:0
        发送数据包:42522 错误:0 丢弃:0 过载:0 载波:0
        碰撞:0 发送队列长度:1000
        接收字节:56662818 (56.6 MB)  发送字节:2953557 (2.9 MB)
```

运行结果如下所示，可获得 Windows 主机的 MAC 地址。

```
linux@Master:~/1000phone/net/net$ sudo ./a.out
[sudo] password for linux:
10.0.36.250 --> 3c:97:e:b6:5d:15
```

　　运行 Windows 终端，输入 ipconfig /all，获取主机详细网络配置信息。可看到其 MAC 地址与程序获取的 MAC 地址一致。如图 10.13 所示。

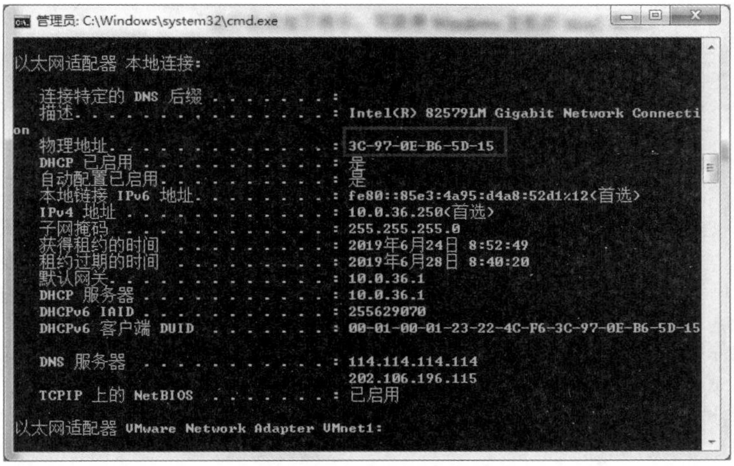

图 10.13　获取 Windows 网络配置

　　上述代码示例采用字符型数组——赋值的方式进行 ARP 请求报文的封装。如果遇到比较复杂且长度较大的封包格式，封装的方式则有点不太成熟，且不直观。因此，上述代码可以采用另一种策略进行封装，即结构体封装，将报文中的信息保存在结构体中，再进行传参。描述 Ethernet 的头部以及 ARP 请求的报文的结构体无须自己定义，系统中已经定义，如下所示。在定义的 struct arphdr 结构体中，有部分内容被注释掉，可以考虑修改取消注释，即将#if 0 修改为#if 1。

```
struct ether_header{
    4u_int8_t  ether_dhost[ETH_ALEN];  /*目的 MAC 地址*/
    u_int8_t  ether_shost[ETH_ALEN];  /*源 MAC 地址*/
    u_int16_t ether_type;              /*帧类型*/
} __attribute__ ((__packed__));
struct arphdr{
    unsigned short int ar_hrd;      /*硬件类型*/
    unsigned short int ar_pro;      /*协议类型*/
    unsigned char ar_hln;        /*硬件地址长度*/
    unsigned char ar_pln;        /*协议地址长度*/
    unsigned short int ar_op;      /*op*/
#if 0
    /* Ethernet looks like this : This bit is variable sized
       however... */
    unsigned char __ar_sha[ETH_ALEN];  /*源 MAC 地址*/
    unsigned char __ar_sip[4];      /*源 IP 地址*/
    unsigned char __ar_tha[ETH_ALEN];  /*目的 MAC*/
    unsigned char __ar_tip[4];      /*目的 IP*/
#endif
    };
```

根据上述结构体定义，修改例 10-16 的代码，最终修改如例 10-17 所示。

例 10-17 通过 ARP 协议获取目的主机的 MAC 地址。

```
1  #include <stdio.h>
2  #include <sys/socket.h>
3  #include <stdlib.h>
4  #include <arpa/inet.h>
5  #include <unistd.h>
6  #include <netinet/if_ether.h>
7  #include <netpacket/packet.h> //struct sockaddr_ll
8  #include <sys/ioctl.h>
9  #include <net/if.h> //struct ifreq
10 #include <string.h>
11 #include <net/ethernet.h> //支持结构体 struct ether_header
12 #include <net/if_arp.h> //支持结构体 struct arphdr
13
14 int main(int argc, const char *argv[])
15 {
16     //创建原始套接字
17     int sockfd = socket(PF_PACKET, SOCK_RAW, htons(ETH_P_ALL));
18     if(sockfd < 0){
19         perror("fail to socket");
20         exit(1);
21     }
22
23     //使用 ARP 请求获取 10.0.36.250 的 MAC 地址
24
25     unsigned char msg[1600] = {};
26     unsigned char src_mac[6] = {0x00, 0x0c, 0x29, 0xe6, 0x9e, 0x37};
27     struct ether_header *eth_head = (struct ether_header *)msg;
28     //组 MAC 头
29     //目的 MAC
30     memset(eth_head->ether_dhost, 0xff, 6);
31     //源 MAC
32     memcpy(eth_head->ether_shost, src_mac, 6);
33     //协议类型
34     eth_head->ether_type = htons(0x0806);
35
36     //组 ARP 头
37     struct arphdr *arp_head = (struct arphdr *)(msg + 14);
38     //硬件类型，以太网为 1
39     arp_head->ar_hrd = htons(1);
40     //协议类型
41     arp_head->ar_pro = htons(0x0800);
42     //硬件地址长度
43     arp_head->ar_hln = 6;
44     //协议地址长度
45     arp_head->ar_pln = 4;
46     //ARP 请求
47     arp_head->ar_op = htons(1);
48     //源 MAC
49     memcpy(arp_head->__ar_sha, src_mac, 6);
```

```
50      //源 IP
51      *(unsigned int *)(arp_head->__ar_sip) = inet_addr("10.0.36.199");
52      //目的 MAC
53      memset(arp_head->__ar_tha, 0, 6);
54      //目的 IP
55      *(unsigned int *)(arp_head->__ar_tip) = inet_addr("10.0.36.250");
56
57      //将 ARP 请求报文通过 eth0 发送出去
58      //使用 ioctl() 函数获取本机网络接口
59      struct ifreq ethreq;
60      strncpy(ethreq.ifr_name, "eth0", IFNAMSIZ);
61      if(ioctl(sockfd, SIOCGIFINDEX, &ethreq) == -1){
62          perror("fail to ioctl");
63          exit(1);
64      }
65
66      //设置本机网络接口
67      struct sockaddr_ll sll;
68      bzero(&sll, sizeof(sll));
69      sll.sll_ifindex = ethreq.ifr_ifindex;
70
71      sendto(sockfd, msg, 42, 0, (struct sockaddr *)&sll, sizeof(sll));
72
73      //接收数据
74      while(1){
75          unsigned char buf[1600] = {};
76
77          recvfrom(sockfd, buf, sizeof(buf), 0, NULL, NULL);
78          unsigned short mactype = ntohs(*(unsigned short *)(buf + 12));
79          //必须是 ARP 数据包才分析
80          if(mactype == 0x0806){
81              //请求为 ARP 应答
82              unsigned short arpopt = htons(*(unsigned short *)(buf + 20));
83              if(arpopt == 0x02){
84                  char mac[18] = {};
85                  sprintf(mac, "%x:%x:%x:%x:%x:%x",\
86                          buf[0 + 6], buf[1 + 6], buf[2 + 6],\
87                          buf[3 + 6], buf[4 + 6], buf[5 + 6]);
88
89                  printf("10.0.36.250 --> %s\n", mac);
90                  break;
91              }
92          }
93      }
94      close(sockfd);
95      return 0;
96  }
```

运行结果如下所示，即可得到目的 IP 主机的 MAC 地址。得到目的主机的 MAC 地址之后就可以发送完整的帧数据了。

```
linux@Master:~/1000phone/net/net$ sudo ./a.out
192.168.1.222 --> 3c:97:e:b6:5d:15
```

10.6　本章小结

本章的知识点较多，且有些内容不易理解。首先，本章介绍了如何实现网络编程中的超时检测问题。在实际开发中，很少出现采用阻塞的方式解决数据接收的问题。因此本章介绍了采用不同的方式分别实现超时检测的设计来解决此问题。其次，本章介绍了两种数据发送的方式——广播与组播，这两种方式很好地解决了单播时的效率问题，它们在实际中应用广泛。再次，本章介绍了 UNIX 域套接字，以实现本地通信。最后，本章讨论了原始套接字的使用。原始套接字直接操作链路层或网络层数据，从而实现自行封装数据报文，因此需要对网络协议格式有很清楚地认识。本章知识每个部分内容都从概念引入到编程示范，意在为读者更好地理解其中的原理，并且更快提高编程能力。读者应认真学习编程示例，结合概念掌握每一个问题的处理方法。

10.7　习题

1. 填空题

（1）用来实现获取指定 IP 地址主机的 MAC 地址的协议是＿＿＿＿。

（2）可同时发送数据给局域网中的所有主机的网络信息传输方式为＿＿＿＿。

（3）发送数据给局域网中特定的部分主机的网络信息传输方式为＿＿＿＿。

（4）用于本地通信的套接字叫作＿＿＿＿。

（5）链路层原始套接字可以直接用于接收和发送＿＿＿＿。

2. 选择题

（1）网络信息传播的主要方式不包括（　　　）。

　　A. 单播　　　　　　　B. 组播　　　　　　　　C. 分播　　　　　　　　D. 广播

（2）以 C 类网段 192.168.1.x 为例，该网段的广播地址是（　　　）。

　　A. 192.168.1.0　　　B. 192.168.1.1　　　　　C. 192.168.1.255　　　D. 255.255.255.0

（3）IP 地址分为 5 类，分别为 A、B、C、D、E，其中哪类地址为组播地址（　　　）。

　　A. B 类　　　　　　　B. D 类　　　　　　　　C. A 类　　　　　　　　D. E 类

（4）发送 ARP 请求广播时，其封包格式中目的 MAC 地址为（　　　）。

　　A. 00:00:00:00:00:00　　　　　　　　　　　B. 11:22:33:44:55:66

　　C. 11:11:11:11:11:11　　　　　　　　　　　D. ff:ff:ff:ff:ff:ff

（5）以太网头部封装的格式为（　　　）。

　　A. 目的 MAC 地址+源 MAC 地址+帧类型

　　B. 源 MAC 地址+目的 MAC 地址+帧类型

　　C. 目的 MAC 地址+源 MAC 地址+数据长度

　　D. 源 MAC 地址+目的 MAC 地址+数据长度

3. 思考题

（1）简述 ARP 获取 MAC 地址的工作原理。

（2）简述流式套接字、数据报套接字及原始套接字的区别。

4. 编程题

编写代码实现加入多播组的功能（只写功能部分）。

第11章 SQLite数据库

本章学习目标
- 了解数据库的基本概念
- 掌握 SQLite 常用命令的使用方法
- 掌握 SQLite 编程接口的使用方法

本章介绍一种小型的、基于嵌入式的数据库 SQLite 的基本使用。实际开发中遇到的数据库有很多，作为一种信息存储管理的工具，数据库可以基于不同的平台运行。数据库虽然类型不同，但都有着相同的功能设计思想。本章将从两个方面来介绍 SQLite 数据库：首先讲解 SQLite 的操作命令，使读者可以熟练使用数据库实现基本功能；然后介绍 SQLite 的 C 语言 API，讲解 SQLite 数据的操作。

11.1 SQLite 的基本使用

SQLite 的基本使用

11.1.1 SQLite 数据库概述

数据库是按照一定方式存储在一起，能与多个用户共享，与应用程序彼此独立的数据集合。用户可以对数据进行新增、查询、更新、删除等操作。

数据库主要分为关系数据库和非关系数据库两类。

1. 关系数据库

关系数据库是创建在关系模型基础上的数据库，借助于集合代数等数学概念和方法来处理数据库中的数据。

典型的代表有 Oracle、Microsoft SQL Server、MySQL 等。

Oracle 公司是最早开发关系数据库的厂商之一，其产品支持最广泛的操作系统平台。目前 Oracle 关系数据库产品的市场占有率较高。

SQL Server 是微软开发的数据库产品，主要支持 Windows 平台。

MySQL 是一个小型关系型数据库管理系统，开发者为瑞典 MySQL AB 公司，2008 年被 Sun 公司收购，开放源码。

2. 非关系数据库

非关系数据库是传统关系数据库的一个有效补充。它是针对特定场景，以高性能和使用便利为目的的功能特异化的数据库产品。

典型的代表有 Berkeley DB、Memcached、Redis 等。

Memcached 是一个开源的、高性能的、具有分布式内存对象的缓存系统。它可以减轻数据库负载，加速动态的 Web 应用。

Redis 是一个高性能的 key-value 数据库，很大程度上补偿了 Memcached 这类 key-value 存储的不足。与 Memcached 一样，为了保证效率，Redis 的数据都是缓存在内存中，区别是 Redis 会周期性地把更新的数据写入磁盘或者把修改操作写入追加的记录文件。

本章介绍的数据库 SQLite 属于轻量级数据库，只有几十 KB，一般应用在嵌入式和移动设备中。SQLite 的源代码是 C，其源代码完全开放。它具有以下特性：（1）零配置，无须安装和管理配置；（2）储存在单一磁盘文件中的一个完整的数据库；（3）数据库文件可以在不同字节顺序的机器间自由共享；（4）支持数据库大小至 2TB；（5）对数据的操作比目前流行的大多数数据库要快。

11.1.2 SQLite 数据库安装

目前，几乎所有版本的 Linux 操作系统都附带 SQLite。因此，一般只需在终端上输入命令 sqlite3 检测是否安装即可。如下所示，SQLite 版本为 3.7.9。

```
linux@Master:~/1000phone/sqlite$ sqlite3
SQLite version 3.7.9 2011-11-01 00:52:41
Enter ".help" for instructions
Enter SQL statements terminated with a ";"
sqlite>
```

如果没有看到类似的结果，则意味着在当前 Linux（Ubuntu）系统上没有安装 SQLite。可以直接进入 SQLite 官网进行下载。如图 11.1 所示，进入在官网中选择 Download 选项。

SQLite
Home
About
Documentation
Download
License
Support
Purchase

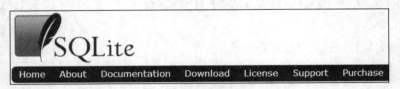

图 11.1　SQLite 官网

选择下载选项之后，在 SQLite 下载页中，直接寻找支持 Linux 系统的 SQLite 工具（.zip 的压缩文件），如图 11.2 所示，双击鼠标左键，直接下载即可。

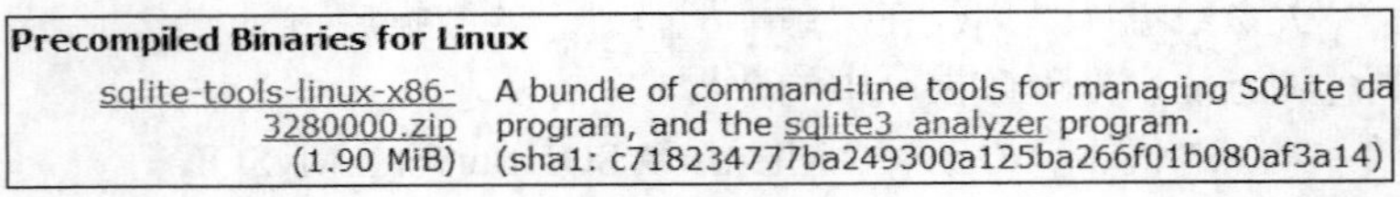

Precompiled Binaries for Linux
sqlite-tools-linux-x86-3280000.zip
(1.90 MiB)
A bundle of command-line tools for managing SQLite da
program, and the sqlite3_analyzer program.
(sha1: c718234777ba249300a125ba266f01b080af3a14)

图 11.2　SQLite 下载

等待下载结束之后，直接解压压缩包，解压文件如图 11.3 所示。

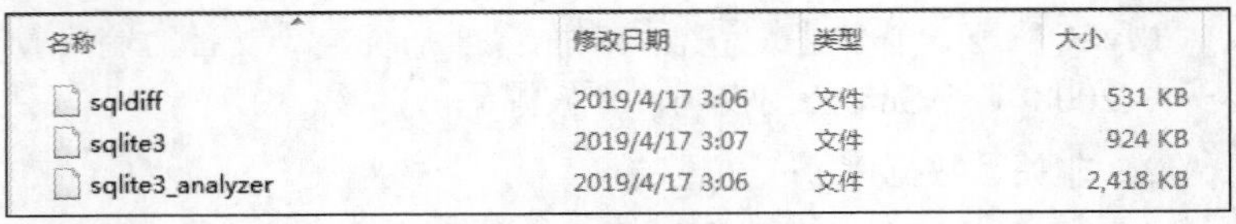

名称
修改日期
类型
大小
sqldiff
2019/4/17 3:06
文件
531 KB
sqlite3
2019/4/17 3:07
文件
924 KB
sqlite3_analyzer
2019/4/17 3:06
文件
2,418 KB

图 11.3　SQLite 下载文件

将图 11.3 中的文件一并放入到 Linux 系统中（本书采用 Ubuntu 系统）的自定义文件夹中，如下所示。

```
linux@Master:~/sqlite-tools-linux-x86-3280000$ ls
sqldiff  sqlite3  sqlite3_analyzer
```

完成上述过程之后，即可直接运行，无须再进行其他安装，如下所示。

```
linux@Master:~/sqlite-tools-linux-x86-3280000$ ls
sqldiff  sqlite3  sqlite3_analyzer
linux@Master:~/sqlite-tools-linux-x86-3280000$ sqlite3
SQLite version 3.28.0 2019-04-16 19:49:53
Enter ".help" for usage hints.
Connected to a transient in-memory database.
Use ".open FILENAME" to reopen on a persistent database.
sqlite>
```

上述 SQLite 数据库的安装方式，并没有实现真正意义上的安装。只是将一个已经编译成功的命令集工具，仅可以使用，但并没有在 Ubuntu 系统中安装 SQLite 以及 SQLite API 所需的库文件和头文件。

如果选择长期使用或者需要 SQLite 的库文件实现 SQLite 的编程任务则可以选择下载 SQLite Source Code。同样进入 SQLite 官网，如图 11.1 所示。进入下载页中，选择 Source Code 源码选项，下载 sqlite-autoconf-xxx.tar.gz，如图 11.4 所示。

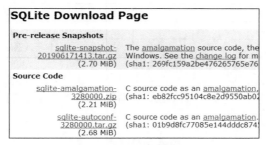

图 11.4　SQLite 源码下载

下载完成后，将其放置到 Ubuntu 的系统中，并执行解压，如下所示。

```
linux@Master:~/1000phone/sqlite$ tar xvf sqlite-autoconf-3280000.tar.gz
```

解压完成之后，进入解压好的目录中，首先执行 ./configure --prefix=/usr/local 完成配置，并指定配置文件生成所在的目录。之后执行 make 进行编译，待编译结束后，执行 make install 进行安装即可。操作步骤如下所示。

```
linux@Master:~/1000phone/sqlite$ cd sqlite-autoconf-3280000/
linux@Master:~/1000phone/sqlite/sqlite-autoconf-3280000$./configure --prefix=/usr/local
linux@Master:~/1000phone/sqlite/sqlite-autoconf-3280000$ make
linux@Master:~/1000phone/sqlite/sqlite-autoconf-3280000$ make install
```

11.1.3　SQLite 命令

SQLite 可支持的操作命令很多，首先需要介绍一些系统命令，如需获得一些可使用的命令清单，可以在任何时候，在"sqlite>"后输入".help"+Enter 键查看，如下所示（命令较多，只截取部分内容）。

```
linux@Master:~/sqlite-tools-linux-x86-3280000$ sqlite3
SQLite version 3.7.9 2011-11-01 00:52:41
Enter ".help" for instructions
Enter SQL statements terminated with a ";"
sqlite> .help
.backup ?DB? FILE      Backup DB (default "main") to FILE
……
.timeout MS            Try opening locked tables for MS milliseconds
.width NUM1 NUM2 ...    Set column widths for "column" mode
.timer ON|OFF          Turn the CPU timer measurement on or off
sqlite>
```

SQLite 数据库的系统命令，都是以"."开头；普通的命令，都是以";"结束。

SQLite 系统命令如表 11.1 所示。

表 11.1   SQLite 系统命令

命令	功能
.help	查看帮助信息
.quit	退出数据库
.exit	退出数据库
.databases	查看数据库
.schema	查看表的结构
.tables	显示数据库中的所有表的名字

下面将从实际的工作角度出发，通过对简单的学生信息表的操作展示 SQLite 命令的使用。假设某小学的班级需要完成学生期末考试成绩信息的采集保存，学生信息如表 11.2 所示（示例选取三位学生，仅做参考）。

表 11.2   学生信息记录

学号	姓名	性别	年龄	分数
1001	ZhangSan	M	9	96
1002	LiSi	W	8	94
1003	WangWu	M	8	88

将上述学生信息保存到数据库中，首先需要创建一个数据库。创建数据库的语法为"sqlite3 + xxx.db"，如下所示，本次将创建一个 stu.db 数据库。

```
linux@Master:~/sqlite-tools-linux-x86-3280000$ sqlite3 stu.db
SQLite version 3.7.9 2011-11-01 00:52:41
Enter ".help" for instructions
Enter SQL statements terminated with a ";"
sqlite>
```

此时进入命令输入状态，为了检测上述数据库 stu.db 是否创建成功，则输入表 11.1 中的命令".databases"查看数据库，如下所示。

```
linux@Master:~/sqlite-tools-linux-x86-3280000$ sqlite3 stu.db
SQLite version 3.7.9 2011-11-01 00:52:41
```

```
Enter ".help" for instructions
Enter SQL statements terminated with a ";"
sqlite> .databases
seq  name          file
---  ------------  ------------------------------------------------------
0    main          /home/linux/sqlite-tools-linux-x86-3280000/stu.db
sqlite>
```

根据查看结果得知数据库创建成功，接下来则需要在数据库中创建一张表（数据库可创建多个表），对应学生信息表 11.2。创建表的命令格式为 "create + table + 表名(字段名称 1 字段类型，字段名称 2 字段类型，……);"。创建学生信息表的操作如下所示，表名为 "stu"，字段与表 11.2 中的选项匹配，包括学号、姓名、性别、年龄、分数。

```
sqlite> create table stu(id int, name char, sex char, age int, score float);
sqlite>
```

此时可以通过命令查看当前创建的表的信息和结构，如下所示。

```
sqlite> .tables
stu
sqlite> .schema
CREATE TABLE stu(id int, name char, sex char, age int, score float);
sqlite>
```

创建表成功后，则需要将学生信息录入到表中，即插入一条记录。插入一条记录的命令格式为 "insert + into + 表名 + values（字段值 1，字段值 2，……);"。具体的操作如下所示。

```
sqlite> insert into stu values(1001, 'ZhangSan', 'm', 9, 96);
sqlite>
```

如果此时插入记录不需要对所有的字段赋值，则可以申明记录中需要赋值的字段名称即可，其命令格式为 "insert + into + 表名（字段名称 1，字段名称 2）+ values（字段值 1，字段值 2);"。此时插入下一条学生信息，只录入部分内容，如下所示。

```
sqlite> insert into stu (id, name, sex, age) values(1002, 'LiSi', 'w', 8);
sqlite>
```

使用同样的方法，插入下一条记录，此时选择不录入 "性别"（示例中的字段读者可自行选取，非固定，仅供参考），如下所示。

```
sqlite> insert into stu (id, name, age, score) values(1003, 'WangWu', 8, 88);
sqlite>
```

完成上述三条记录的插入之后，则需要查看数据库记录，看是否有信息录入，或者信息是否有错误。查看记录的命令格式为 "select + * + from + 表名"，其中 "*" 表示所有。使用如下所示。

```
sqlite> select * from stu;
1001|ZhangSan|m|9|96.0
1002|LiSi|w|8|
1003|WangWu||8|88.0
sqlite>
```

查询记录，也可选择条件查询，即查询某一条特定的记录。如果表中的信息较多，采用选择查询，则非常有效。选择查询的命令格式为"select + * + from + 表名 + where + 查询条件"。例如，本示例则选择查询年龄为 8 岁的学生信息，如下所示。

```
sqlite> select * from stu where age = 8;
1002|LiSi|w|8|
1003|WangWu||8|88.0
sqlite>
```

查询也可以更加精细，可选择利用不同的逻辑组合完成查询。
例如，查询年龄为 8 岁并且学号为 1002 的学生信息，如下所示。

```
sqlite> select * from stu where age = 8 and id = 1002;
1002|LiSi|w|8|
sqlite>
```

查询年龄为 8 岁或学号为 1002 的学生信息，如下所示。

```
sqlite> select * from stu where age = 8 or id = 1002;
1002|LiSi|w|8|
1003|WangWu||8|88.0
sqlite>
```

查询学号从 1001 到 1002 的学生信息，如下所示。

```
sqlite> select * from stu where id >= 1001 and id <= 1002;
1001|ZhangSan|m|9|96.0
1002|LiSi|w|8|
sqlite>
```

有时不需要查询记录的全部信息，也可选择指定字段查询。例如，只查询学生的姓名与成绩，如下所示。

```
sqlite> select name,score from stu;
ZhangSan|96.0
LiSi|
WangWu|88.0
sqlite>
```

删除记录与查询比较类似，其命令格式为"delete + from + 表名 + where + 删除条件;"。例如，删除学号为 1003 并且姓名为 WangWu 的学生，并查询是否删除成功，如下所示。

```
sqlite> delete from stu where id = 1003 and name = 'WangWu';
sqlite> select * from stu;
1001|ZhangSan|m|9|96.0
1002|LiSi|w|8|
sqlite>
```

如果表中的信息发送了变化，则需要对表中的记录进行更新。其命令格式为"update + 表名 + set + 修改字段 + 选择条件;"。例如，当前 LiSi 同学没有成绩，则需要更新成绩信息，为了避免同名，可选择学号与姓名查询，并且查询判断是否更新成功。

```
sqlite> update stu set score = 94 where id = 1002 and name = 'LiSi';
```

```
sqlite> select * from stu;
1001|ZhangSan|m|9|96.0
1002|LiSi|w|8|94.0
sqlite>
```

如果表中的信息不足，需要增加某些字段信息。例如，学生信息表中需要增加提供家庭地址选项，则需要增加表中该字段。命令格式为"alter + table + 表名 + add + column + 字段名称 + 字段类型;"。如下所示，增加地址字段并使用表 11.1 中系统命令查看表结构是否更新。

```
sqlite> alter table stu add column addr char;
sqlite> .schema
CREATE TABLE stu(id int, name char, sex char, age int, score float, addr char);
sqlite>
```

如果不需要该表，则将表中数据库中删除，删除表命令格式为"drop + table + 表名;"。同时使用删除表操作可实现删除字段的功能，因为 SQLite 数据库只有增加字段的操作，没有删除字段的功能。因此，删除某字段需要先创建一个新表，并从旧表中读出数据，然后删除旧表，并且对新表重命名即可（重命名为旧表的名称）。例如，删除学生性别选项，具体使用如下。

```
sqlite> create table stu1 as select id, name, age, score from stu;
sqlite> drop table stu;
sqlite> alter table stu1 rename to stu;
sqlite> .schema
CREATE TABLE "stu"(id INT,name TEXT,age INT,score REAL);
sqlite>
```

至此，SQLite 数据库的基本操作已讲解完毕，读者需要针对不同情况，有效地选择筛选条件，完成必要的操作即可。

11.2 SQLite API

11.2.1 SQLite API 介绍

11.1 节中，通过一个简单示例，展示了 SQLite 命令的使用，实现了数据库的基本操作。本节将介绍关于 SQLite 的编程接口，通过代码实现对 SQLite 数据库的操作。

```
int sqlite3_open(const char *filename, sqlite3 **ppDb);
```

sqlite3_open()函数用于打开由 filename 参数指定的 SQLite 数据库文件。其中，filename 指定数据库文件。ppDb 表示数据库连接句柄（指针），类似于文件描述符，与 filename 建立联系。函数成功运行之后返回 SQLITE_OK，失败为错误码，可以由 sqlite3_errmsg()函数打印。

```
const char *sqlite3_errmsg(sqlite3*);
```

sqlite3_errmsg()函数用来返回描述错误的提示。参数 sqlite3*为数据库连接句柄（sqlite3_open()函数的参数）。

```
int sqlite3_close(sqlite3*);
```

sqlite3_close()函数为关闭 sqlite 数据库，参数 sqlite3*为数据库连接句柄。

函数的使用示例如例 11-1 所示。

例 11-1 打开数据库文件。

```
sqlite3 *db;
if(sqlite3_open("stu.db", &db) != SQLITE_OK){
    printf("error: %s\n", sqlite3_errmsg(db));
}
```

执行数据库 SQLite 的操作的函数是 sqlite3_exec，其原型如下。

```
int sqlite3_exec(sqlite3*,const char *sql,
            int (*callback)(void*,int,char**,char**), void *arg;
            char **errmsg);
```

参数 sqlite*为数据库连接句柄。参数 sql 为分号分隔的 SQL 执行语句。参数 callback 指向回调函数的指针，如果为 NULL 则不会调用回调。只有在使用查询语句时，才给回调函数传参。参数 arg 为 callback 传递参数。参数 errmsg 保存错误信息的地址。

```
int (*callback)(void* arg ,int ncolumn ,char** f_value,char** f_name)
```

在使用查询功能时，回调函数的功能为得到查询结果。参数 arg 为回调函数传递参数使用。参数 ncolumn 用于指定记录中包含的字段的数目。参数 f_value 为包含每个字段值的指针数组。参数 f_name 为包含每个字段名称的指针数组。函数使用示例如例 11-2 所示。

例 11-2 执行数据库操作语句。

```
char *errmsg;
if(sqlite3_exec(db, "create table stu(id int, name char, score int)",
            NULL, NULL, &errmsg) < 0){
    printf("error: %s\n", errmsg);
}
```

查询数据库的函数为 sqlite3_get_table()，原型如下。

```
int sqlite3_get_table(
    sqlite3 *db,          /* An open database */
    const char *zSql,     /* SQL to be evaluated */
    char ***pazResult,    /* Results of the query */
    int *pnRow,           /* Number of result rows written here */
    int *pnColumn,        /* Number of result columns written here */
    char **pzErrmsg       /* Error msg written here */
    );
```

sqlite3_get_table()函数用于查询数据库，它会创建一个新的内存区域来存放查询的结果。参数 zSql 表示数据库的 SQL 语句。参数 pazResult 为查询的结果。参数 pnRow 表示查询到符合条件的记录数。参数 pnColumn 表示查询到符合条件的字段数。参数 pzErrmsg 表示错误信息。

```
void sqlite3_free_table(char **result);
```

sqlite3_free_table()函数用于释放 sqlite3_get_table()函数返回的结果表。参数 result 为 sqlite3_get_table()函数返回的结果表指针。

11.2.2　SQLite API 使用

　　11.2.1 节简单地介绍了有关于 SQLite 的编程接口，本节将通过上述接口完成编程示例，实现数据库的基本功能：增、删、改、查。具体如例 11-3 所示。

　　例 11-3　实现数据库的基本操作。

```
 1 #include <stdio.h>
 2 #include <stdlib.h>
 3 #include <string.h>
 4 #include <sqlite3.h>
 5
 6 #define  DATABASE  "student.db"
 7 #define  N  128
 8 int flags = 0;
 9
10 int do_insert(sqlite3 *db)
11 {
12     int id;
13     char name[32] = {};
14     char sex;
15     int score;
16     char sql[N] = {};
17     char *errmsg;
18
19     printf("Input id:");
20     scanf("%d", &id);
21
22     printf("Input name:");
23     scanf("%s", name);
24     getchar();
25
26     printf("Input sex:");
27     scanf("%c", &sex);
28
29     printf("Input score:");
30     scanf("%d", &score);
31
32     /*执行插入记录的工作*/
33     sprintf(sql, "insert into stu values(%d, '%s', '%c', %d)",
34                 id, name, sex, score);
35
36     if(sqlite3_exec(db, sql, NULL, NULL, &errmsg) != SQLITE_OK){
37         printf("%s\n", errmsg);
38     }
39     else{
40         printf("Insert done.\n");
41     }
42
43     return 0;
44 }
45 int do_delete(sqlite3 *db)
46 {
47     int id;
48     char sql[N] = {};
```

```
49      char *errmsg;
50
51      printf("Input id:");
52      scanf("%d", &id);
53
54      /*通过 ID 完成记录的删除*/
55      sprintf(sql, "delete from stu where id = %d", id);
56
57      if(sqlite3_exec(db, sql, NULL, NULL, &errmsg) != SQLITE_OK){
58          printf("%s\n", errmsg);
59      }
60      else{
61          printf("Delete done.\n");
62      }
63
64      return 0;
65  }
66  /*选择 ID，更改姓名*/
67  int do_update(sqlite3 *db)
68  {
69      int id;
70      char sql[N] = {};
71      char name[32] = "";
72      char *errmsg;
73
74      printf("Input id:");
75      scanf("%d", &id);
76
77      printf("Input new name:");
78      scanf("%s", name);
79      getchar;
80
81      sprintf(sql, "update stu set name='%s' where id=%d", name, id);
82
83      if(sqlite3_exec(db, sql, NULL, NULL, &errmsg) != SQLITE_OK){
84          printf("%s\n", errmsg);
85      }
86      else{
87          printf("update done.\n");
88      }
89
90      return 0;
91  }
92  /*调用 callback 一次，仅能查询一条记录即一行
93   *表中的记录有 n 条，回调函数则执行 n 次
94   */
95  int callback(void *arg, int f_num, char ** f_value, char ** f_name)
96  {
97      int i = 0;
98
99      /*打印列表中一条记录的所有信息，f_num 为记录中的列数*/
100     if(flags == 0){
101         /*打印列表名，f_name 指向指针数组，数组中保存的是列表名的地址*/
102         for(i = 0; i < f_num; i++){
103             printf("%-8s", f_name[i]);
```

```
104          }
105
106          printf("\n");
107          flags = 1;
108      }
109      /*打印列的内容值*/
110      for(i = 0; i < f_num; i++){
111          printf("%-8s", f_value[i]);
112      }
113      printf("\n");
114      return 0;
115  }
116  /*调用 sqlite3_exec 查询*/
117  int do_query(sqlite3 *db)
118  {
119      char *errmsg;
120      char sql[N] = "select * from stu;";
121
122      /*查询所有,调用回调函数 callback 完成*/
123      if(sqlite3_exec(db, sql, callback, NULL, &errmsg) != SQLITE_OK){
124          printf("%s", errmsg);
125      }
126      else{
127          printf("select done.\n");
128      }
129  }
130  /*调用 sqlite3_get_table 查询*/
131  int do_query1(sqlite3 *db)
132  {
133      char *errmsg;
134      char ** resultp;
135      int nrow;
136      int ncolumn;
137
138      if(sqlite3_get_table(db, "select * from stu",\
139               &resultp, &nrow, &ncolumn, &errmsg) != SQLITE_OK){
140          printf("%s\n", errmsg);
141          return -1;
142      }
143      else{
144          printf("query done.\n");
145      }
146
147      int i = 0;
148      int j = 0;
149      int index = ncolumn;
150
151      /*打印列表名*/
152      for(j = 0; j < ncolumn; j++){
153          printf("%-8s ", resultp[j]);
154      }
155      putchar(10);
156
157      /*从第二行开始输出记录中的内容值*/
158      for(i = 0; i < nrow; i++){
```

```
159          for(j = 0; j < ncolumn; j++){
160              printf("%-8s ", resultp[index++]);
161          }
162          putchar(10);
163      }
164
165      return 0;
166  }
167
168  int main(int argc, const char *argv[])
169  {
170      sqlite3 *db;
171      char *errmsg;
172      int n;
173
174      /*打开数据库*/
175      if(sqlite3_open(DATABASE, &db) != SQLITE_OK){
176          printf("%s\n", sqlite3_errmsg(db));
177          return -1;
178      }
179      else{
180          printf("Open DATABASE success.\n");
181      }
182
183      /*创建数据库表*/
184      if(sqlite3_exec(db, "create table if not exists stu
185                  (id int, name char, sex char, score int);",\
186                  NULL, NULL, &errmsg) != SQLITE_OK){
187          printf("%s\n", errmsg);
188      }
189      else{
190          printf("Create or open table success.\n");
191      }
192
193      while(1){
194          printf("**********************************************\n");
195          printf("1:insert  2:query  3:delete  4:update  5:quit\n");
196          printf("**********************************************\n");
197          printf("Please select:");
198          scanf("%d", &n);
199
200          switch(n){
201              case 1:
202                  do_insert(db);
203                  break;
204              case 2:
205                  do_query(db);
206              //  do_query1(db);
207                  break;
208              case 3:
209                  do_delete(db);
210                  break;
211              case 4:
212                  do_update(db);
213                  break;
214              case 5:
```

```
215                 printf("main exit.\n");
216                 sqlite3_close(db);
217                 exit(0);
218                 break;
219             default :
220                 printf("输入有误，请重新输入!\n");
221         }
222     }
223     return 0;
224 }
```

上述代码中，do_insert()子函数实现插入记录的功能；实现查询功能的方式有两种，分别为 do_query()函数和 do_query1()函数，两种方式内部实现的函数不同，一种通过 sqlite3_exec()函数实现，另一种通过 sqlite3_get_table()函数实现；do_delete()子函数实现根据 ID 判断删除记录；do_update()子函数实现了部分更新功能，即通过 ID 判断实现名字的修改，其他的修改将不再列出，只需按照名字修改的代码复制即可。

注意数据库编程接口出自第三方库，因此编译时需要手动链接库文件-lsqlite3，否则编译会失败。

运行结果如下所示，运行出现选择窗口，选择 1 添加记录，并按提示输入信息，则出现 Insert done. 表示添加记录成功。

```
linux@Master:~/1000phone/sqlite$ ./student
Open DATABASE success.
Create or open table success.
*********************************************
1:insert  2:query  3:delete  4:update  5:quit
*********************************************
Please select:1
Input id:1001
Input name:ZhangSan
Input sex:m
Input score:90
Insert done.
*********************************************
1:insert  2:query  3:delete  4:update  5:quit
*********************************************
Please select:
```

用同样的方式添加 LiSi 的信息到数据库表中，如下所示。

```
*********************************************
1:insert  2:query  3:delete  4:update  5:quit
*********************************************
Please select:1
Input id:1002
Input name:LiSi
Input sex:m
Input score:95
Insert done.
*********************************************
1:insert  2:query  3:delete  4:update  5:quit
*********************************************
Please select:
```

此时选择 2 查询记录，则可显示表中的记录，包括选项名与对应的值。

```
**********************************************
1:insert  2:query  3:delete  4:update  5:quit
**********************************************
Please select:2
id      name    sex     score
1001    ZhangSan m       90
1002    LiSi    m       95
select done.
**********************************************
1:insert  2:query  3:delete  4:update  5:quit
**********************************************
Please select:
```

选择 4 更新记录，选择修改 ID 为 1002 的名字为 WangWu，查询修改成功，如下所示。

```
**********************************************
1:insert  2:query  3:delete  4:update  5:quit
**********************************************
Please select:4
Input id:1002
Input new name:WangWu
update done.
**********************************************
1:insert  2:query  3:delete  4:update  5:quit
**********************************************
Please select:2
1001    ZhangSan m       90
1002    WangWu  m       95
select done.
**********************************************
1:insert  2:query  3:delete  4:update  5:quit
**********************************************
Please select:
```

选择 3 删除记录，并查询删除成功，如下所示。

```
**********************************************
1:insert  2:query  3:delete  4:update  5:quit
**********************************************
Please select:3
Input id:1002
Delete done.
**********************************************
1:insert  2:query  3:delete  4:update  5:quit
**********************************************
Please select:2
1001    ZhangSanm       90
select done.
**********************************************
1:insert  2:query  3:delete  4:update  5:quit
**********************************************
Please select:
```

选择 5 则退出，如下所示。

```
************************************
1:insert  2:query  3:delete  4:update  5:quit
************************************
Please select:5
main exit.
linux@Master:~/1000phone/sqlite$
```

11.3　本章小结

　　本章的核心内容有两部分，一部分是 SQLite 的命令，另一部分则是 SQLite 的编程接口。通过命令或编程接口，可以实现数据库对数据增、删、改、查的基本功能。这两部分内容都属于简单难度，因此需要读者完全掌握并熟练使用 SQLite 数据库。读者通过学习本章的内容能初步建立对数据库的认识。

11.4　习题

　　1. 填空题

　　（1）借助于集合代数等数学概念和方法来处理数据的数据库类型为_____。

　　（2）以高性能和使用便利为目的的功能特异化的数据库类型为_____。

　　（3）SQLite 数据库属于_____级数据库。

　　（4）检测 SQLite 数据库是否安装，只需在终端中输入_____即可。

　　（5）SQLite 数据库打开数据库的函数接口是_____。

　　2. 选择题

　　（1）以下哪种数据库不属于关系型数据库（　　　　）。

　　　　A. Oracle　　　　　　B. MySQL　　　　　　C. Redis　　　　　　D. SQL Server

　　（2）关于 SQLite 数据库，以下哪个属性是错误的（　　　　）。

　　　　A. 只有几十 KB，一般应用在嵌入式和移动设备中

　　　　B. SQLite 的源代码是 C，其源代码完全开放。

　　　　C. 储存在多个磁盘文件中的一个完整的数据库

　　　　D. 支持数据库大小至 2TB

　　（3）SQLite 系统命令查看表的结构的命令是（　　　　）。

　　　　A. .schema　　　　　B. schema;　　　　　　C. .tables　　　　　D. tables;

　　（4）查看数据库中所有表的名字的命令是（　　　　）。

　　　　A. .databases　　　　B. .tables　　　　　　C. .schema　　　　　D. .help

　　（5）查询数据库的表中所有记录信息的命令是（　　　　）。

　　　　A. select * to 表名　　　　　　　　　　B. select from * 表名

　　　　C. select * from 表名　　　　　　　　　D. select from 表名

　　3. 思考题

　　（1）简述数据库的分类。

　　（2）简述 SQLite 数据库的优势及缺陷。

　　4. 编程题

　　通过 SQLite 编程接口 sqlite3_exec()和 sqlite3_get_table()分别实现查询表中所有数据的功能。

第12章　小区物业停车管理系统

本章学习目标
- 理解本章项目的设计框架
- 熟练应用系统编程接口
- 掌握多任务机制的问题处理方法
- 掌握项目功能模块的代码设计方法

前面我们以模块化递进的方式详细介绍了 Linux 系统编程的核心知识，包括 I/O 模型、进程通信机制等。本章将通过一个实际的项目案例帮助读者回忆和巩固各个模块的知识。其目的是帮助读者更好地理解技术知识点，并且将这些知识与实际开发结合，更加深入地理解 Linux 系统编程。

12.1　系统概述

系统概述

12.1.1　开发背景

信息化社会的发展，使人们生活中对信息智能化的管理需求不断加大。生活中各个领域的智能化管理系统的出现，极大地提高了对信息的处理效率。

小区停车管理系统是物业管理公司实现对小区业主信息高效管理的手段，使小区停车管理更加便捷。随着社会经济的快速发展，私家汽车成为人们生活中不可缺少的出行工具，同时也加重了小区物业对车辆停车位管理的负担。因此，对小区业主信息进行有效管理，以便合理分配公共资源用地的划分及使用，则显得十分重要。使用传统人工的方式管理文件档案记录信息，存在诸多的不便，如查找烦琐、效率低、不利于更新、保密性差等，不利于小区物业的规范化管理。

随着计算机在生活中不断普及，其丰富的功能已为人们深刻认识。它已进入人类社会的各个领域，并发挥越来越重要的作用。

作为计算机应用的一部分，使用计算机对小区业主信息进行管理，具有文件档案管理无法比拟的优点，如检索迅速、可靠性高、存储量大、保密性好、寿命长等。这些优点能够极大地提高小区信息化管理的效率。

不同的计算机技术领域实现信息管理的手段各不相同，本章则侧重关注于通过前面章节中介绍的各种应用接口，通过编程设计实现业主信息管理的各个功能。建立一套完整的模型，为同类其他产品提供参考。并希望读者可以打开编程思路，提升面对实际开发项目需求的代码解决能力。

12.1.2 项目需求分析

小区物业停车管理系统开发是基于 Linux 系统编程，通过操作文件实现的。文件操作作为 Linux 系统编程的一项重要课题。在实际开发中它经常结合数据库实现信息的管理。同时，该系统利用 TCP 来实现支持多用户信息管理（循环服务器）。它具有功能直观较容易理解、操作方便容易掌握、人性化（能让使用者根据提示就能使用）等特点。

系统设置为两种类型用户使用：物业管理人员与小区业主。不同类型用户系统的使用功能也不同。普通业主的功能需求为查询信息，修改登录密码的功能；物业管理人员的功能则拥有最高权限，其权限包括查询任意业主信息、更新任意业主信息、添加新业主的信息、删除任意业主信息。系统设计思想及总体流程如图 12.1 所示，在该系统中，当用户登录后，根据用户名判断用户级别。如果为物业管理员，则进入管理员界面；如果为普通业主，则进入普通用户界面。不同用户级别的登录界面不同。

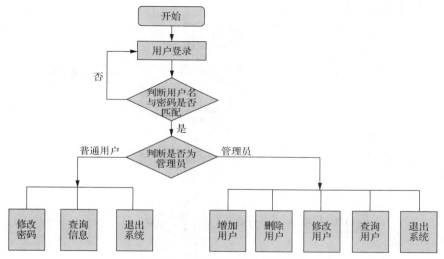

图 12.1 系统设计思想及总体流程

12.1.3 环境使用说明

小区物业停车管理系统环境要求如表 12.1 所示。

表 12.1 系统环境使用说明

名称	系统配置条件
操作系统	Linux 操作系统（如 Ubuntu 12.04）
语言	C 语言
开发工具	Wmware 10
使用环境	网络连接环境

为了减少可能出现的错误，读者可参考上述环境配置，避免出现后续代码示例无法编译运行。

12.1.4 系统软件设计

本系统由客户端和服务器端构成，服务器端通过对业主信息的处理实现与客户端的信息交互。客户端则可以运行在多个不同的主机上连接服务器，实现多用户登录，完成物业管理人员或业主与登录界面的交互。其工作模式如图 12.2 所示。

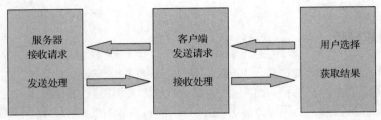

图 12.2　系统工作模式

　　本系统服务器端代码详细设计流程如图 12.3 所示。服务器端的功能分为两部分，一部分为与客户端通信，另一部分为数据处理。其流程为打开数据文件并对网络进行监听。服务器接收数据则先判断登录结构体是否有变化，如果有变化，表示有新用户登录，则创建一个线程；如果没有变化，则表示无用户登录或收到数据为已登录用户的数据。如果是用户登录，则判断是否为管理员账户。通过接收客户端请求操作数据文件，完成后将结果发送给客户端，并返回等待下次的数据到来。如果出现错误，则发送错误信息给客户端。

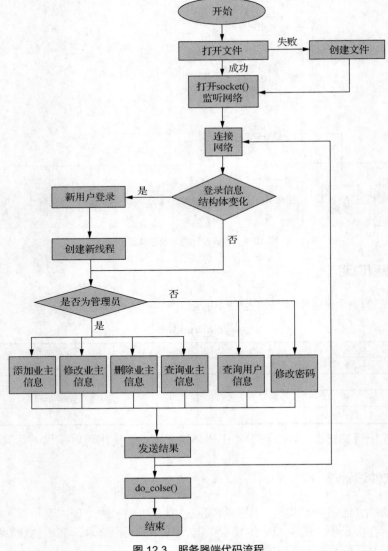

图 12.3　服务器端代码流程

客户端功能则可以分为用户登录部分、用户权限选择部分、用户信息的操作请求部分和退出程序部分。其流程如图 12.4 所示。

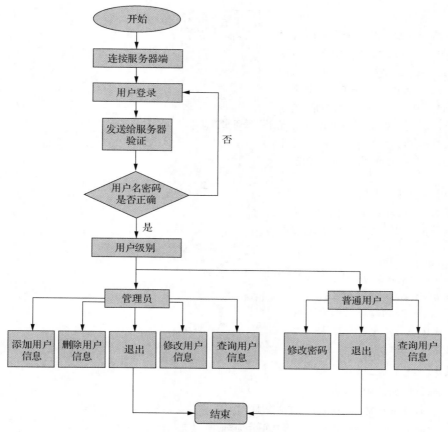

图 12.4 客户端代码流程

（1）用户登录部分的功能。当客户端连接上服务器之后进入登录界面，提示用户输入用户名和密码。如果用户名和密码正确则登录成功，进入相应的界面；否则，返回登录界面。

（2）用户权限选择部分的功能。用户登录成功之后，经过服务器端判断决定用户进入对应权限的界面。

（3）用户信息的操作请求部分的功能。如果进入的是物业管理界面则管理员通过姓名选择相应的业主信息后，具有添加业主信息、删除业主信息、修改业主信息、查询业主信息四项权限。如果进入的是普通业主界面则该用户仅具有修改个人信息（修改密码）、查询个人信息两项权限，即向服务器发送相应的请求，实现功能。

（4）退出程序部分的功能。当用户操作结束之后退出程序，也可返回上一层界面。

12.2 系统案例实现

12.2.1 服务器程序设计

系统案例实现

接下来按照 12.1.4 节中介绍的服务器的功能部分来展示服务器程序代码，具体情况如例 12-1、例 12-2 所示。

例 12-1 服务器端头文件实现。

```
1  #define N 64
2  #define READ 1 //查询业主信息
3  #define CHANGE 2 //修改业主信息
4  #define DELETE 3 //删除业主信息
5  #define ADD 4 //添加业主信息
6  #define LOAD 5 //业主申请登录
7  #define QUIT 6 //业主退出时发给服务器通知消息
8  #define SUCCESS 7 //服务器操作成功
9  #define FAILED 8 //服务器操作失败
10
11 /*用户级别宏*/
12 #define STAFF 10 //小区业主
13 #define ADM 11 //物业管理人员
14
15 typedef struct{
16     int type;//判断是否为物业管理员
17     char name[N];//名字
18     char passwd[N];//登录密码
19     int no;//业主登记编号
20 }USER;
21
22 typedef struct{
23     char name[N];//名字
24     char addr[N];//业主小区详细住址
25     char time_start[N];//停车费年卡办理时间
26     char time_end[N];//年卡有效截止日期
27     int location;//车库位置编号
28     int no;//编号
29     int card;//车库年卡费用
30     char phone[N];//手机号
31     int type;//用户级别
32     char car_num[N];//车牌号
33 }INFO;
34
35 typedef struct{
36     int sign;//标志符判断操作是否成功
37     int type;//判断操作类型
38     char name[N];//发送消息的用户
39     INFO info;//住户信息结构体
40     char passwd[N];//业主密码在第一次登录使用
41     char data[N];//操作失败或成功的消息
42 }MSG;
43
44 /*用于登录时判断用户是否存在*/
```

```
45 void FindUser(MSG *);
46 /*用于物业管理查询业主信息*/
47 void FindMsg(MSG *);
48 /*用于添加业主登录信息，实现后续业主登录功能*/
49 void AddUser(MSG *);
50 /*用于物业管理添加业主详细信息，实现后续查询业主信息*/
51 void AddMsg(MSG *);
52 /*用于删除业主登录信息*/
53 void DelUser(MSG *);
54 /*用于删除业主详细信息*/
55 void DelMsg(MSG *);
```

代码分析如下。

上述代码为自定义的服务器端程序使用的头文件 server.h，分为三部分内容。第 1～13 行为操作标志宏定义，即服务器根据接收的标志来完成相应的动作。第 15～42 行为封装的信息结构体。结构体 USER 存储用户基本登录信息，在登录时操作使用；结构体 INFO 用来存储业主信息，它是完成业主的添加、删除、修改操作的核心结构体；结构体 MSG 为客户端与服务器建立通信联系的结构体，用来完成二者之间的数据传输，结构体 INFO 包含在此结构体中。第 44～55 行为操作服务器端的操作函数声明，实现核心的操作。

例 12-2　服务器端代码实现。

```
1 #include <stdio.h>
2 #include <stdlib.h>
3 #include <errno.h>
4 #include <string.h>
5 #include <arpa/inet.h>
6 #include <unistd.h>
7 #include <signal.h>
8 #include <sys/wait.h>
9 #include <sys/types.h>
10 #include <netinet/in.h>
11 #include <pthread.h>
12 #include <unistd.h>
13 #include "server.h"
14
15 typedef struct sockaddr SA;
16
17 int Info_rmark = 0;//文件 info.dat 互斥操作的读
18 int Info_wmark = 0;//文件 info.dat 互斥操作的写
19 int User_rmark = 0;//文件 User.dat 互斥操作的读
20 int User_wmark = 0;//文件 User.dat 互斥操作的写
21
22 /******************************************************
23  * 线程处理函数，每登录一个用户，则创建一个线程来处理
24  ******************************************************/
25 void *handler(void *arg){
26     int confd = *((int *)arg);
27     MSG msg;
28     int n;
29
30     while(1){
```

```
31          /*接收客户端发送信息结构体*/
32          n = recv(confd, &msg, sizeof(MSG), 0);
33          printf("get message from %s type:%d sign:%d\n",\
34                  msg.name, msg.type, msg.sign);
35
36          /*如果收到退出宏，则线程退出，程序自动回到接收请求处*/
37          if(msg.type == QUIT){
38              printf("user %s quit\n", msg.name);
39              pthread_exit(NULL);
40              close(confd);
41          }
42
43          if(n == -1){
44              break;
45          }
46
47          /*执行核心函数，分析客户端请求，执行相应操作*/
48          GetMsg(&msg);
49          printf("send message to %s type:%d sign:%d\n\n",
50                  msg.name, msg.type, msg.sign);
51          /*发送执行结果给客户端*/
52          send(confd, &msg, sizeof(MSG), 0);
53      }
54
55      close(confd);
56      pthread_exit(NULL);
57
58  }
59  /*服务器端主函数*/
60  int main(int argc, const char *argv[])
61  {
62      /***************************************************
63       *将管理员的登录信息先写入文件 user.dat 中
64       *后续登录时将读取文件进行判断，保证管理员登录成功
65       ***************************************************/
66  #if 1
67      USER user;
68      strcpy(user.name, "admin");
69      strcpy(user.passwd, "123");
70
71      user.type = 11;
72      user.no = 111111;
73
74      FILE *fp = fopen("./user.dat", "wb");
75      fwrite(&(user), sizeof(USER), 1, fp);
76
77      fclose(fp);
78  #endif
79
80      int listenfd, confd;
81
82      struct sockaddr_in serveraddr, clientaddr;
83
84      /*命令行传参判断，是否符合传参规则*/
```

```
85      if(argc != 3){
86          printf("please input %s <ip> <port>\n", argv[0]);
87          return -1;
88      }
89
90      /*创建流式套接字*/
91      if((listenfd = socket(AF_INET, SOCK_STREAM, 0)) == -1){
92          perror("socket error");
93          return -1;
94      }
95
96      /*填充网络信息结构体*/
97      bzero(&serveraddr, sizeof(serveraddr));
98      serveraddr.sin_family = AF_INET;
99      serveraddr.sin_addr.s_addr = inet_addr(argv[1]);
100     serveraddr.sin_port = htons(atoi(argv[2]));
101
102     /*绑定套接字*/
103     if(bind(listenfd, (SA *)&serveraddr, sizeof(serveraddr)) == -1){
104         perror("bind error");
105         return -1;
106     }
107
108     /*监听客户端连接*/
109     listen(listenfd, 5);
110
111     bzero(&clientaddr, sizeof(clientaddr));
112     socklen_t len = sizeof(clientaddr);
113     printf("listenfd = %d\n", listenfd);
114
115     while(1){
116         /*等待客户端连接请求*/
117         if((confd = accept(listenfd, (SA *)&clientaddr, &len)) == -1){
118             perror("accept error");
119             return -1;
120         }
121
122         /*输出客户端地址及端口信息*/
123         printf("connect with ip: %s, port: %d\n",\
124             inet_ntoa(clientaddr.sin_addr), ntohs(clientaddr.sin_port));
125
126         /*服务器收到客户端请求之后，创建线程与客户端进行通信*/
127         pthread_t thread;
128
129         if(pthread_create(&thread, NULL, handler, (void *)&confd) < 0){
130             perror("pthread_create error");
131             return -1;
132         }
133     }
134
135     close(listenfd);
136     return 0;
137 }
```

代码分析如下。

上述代码为服务器主函数操作内容。需要明确的是，服务器端共操作两个文件，分别为 user.dat 和 info.dat。文件 user.dat 用来保存各个用户的登录信息，即写入的是 USER 结构体。文件 info.dat 用来保存的用户的详细信息，即写入的是 INFO 结构体。

代码第 17～20 行为文件读写标志位，分别对两个文件设置标志位，其目的是为了实现对文件操作时的互斥，从而避免出现竞态，导致文件存储数据出现问题。如果出现多用户同时登录，并进行操作请求，那么服务器则需要创建多个线程对文件进行操作，并发读取文件，并不会对文件中的内容造成影响，但并发写文件，情况则不同，这无疑带来了不确定性。通过判断标志位的值，来确定当前对共享资源（文件）的操作是否需要执行，这一点类似于多线程的同步机制信号量。程序使用标志位操作，并没有采用多线程的同步互斥机制的原因是，采用标志位完全可以达到同样的效果，且容易操作，出错率低。

代码第 25～56 行为线程处理函数，使用循环处理，可一直响应客户端的请求，线程处理函数的核心操作为 GetMsg()，其功能为读取客户端发送的 MSG 结构体，并执行相应的操作，后续将介绍其操作。

代码第 60～136 行为主函数操作内容，其建立了网络连接，并使用了循环服务器的思想，结合多线程，用来接收多个客户端的连接请求。

```
138 int GetMsg(MSG *msg){
139     switch(msg->type){
140         case READ:
141             FindMsg(msg);
142             break;
143         case CHANGE:
144             DelUser(msg);
145             DelMsg(msg);
146             AddUser(msg);
147             AddMsg(msg);
148             break;
149         case ADD:
150             AddUser(msg);
151             AddMsg(msg);
152             break;
153         case DELETE:
154             DelUser(msg);
155             DelMsg(msg);
156             break;
157         case LOAD:
158             FindUser(msg);
159             break;
160         default:
161             break;
162     }
163     return 0;
164 }
```

代码分析如下。

上述代码为 GetMsg() 的操作内容，通过获取客户端回复的操作类型，执行相应的分支操作。

```
165 /*查找用户，判断是否可以登录*/
166 void FindUser(MSG *msg){
167     FILE *fp;
```

```
168      int flag = 0;
169
170      /*************************************************
171       *实现对文件读写的互斥，如果写 user.dat 文件的写标志位大于 0，
172       *表示此时有线程在对文件进行写操作，此时执行循环判断，直到
173       *标志位为 0，则结束循环。
174       *************************************************/
175      while(User_wmark > 0){
176          usleep(100000);
177      }
178
179      /**************************************************
180       *在执行读操作之前，将对文件 user.dat 的读标志位进行自加，
181       *其他任务在操作之前则判断此标志位，如果大于 0，则不允许操作
182       ***************************************************/
183      User_rmark++;
184
185      /*打开存放用户登录信息的文件*/
186      if((fp = fopen("./user.dat", "rb")) == NULL){
187          printf("User %s request:no file user.dat\n", msg->name);
188          msg->sign = FAILED;
189          strcpy(msg->data, "no file");
190          return;
191      }
192
193      USER user_temp;
194
195      /*读取文件中的信息，将存放信息的结构体 USER 依次取出*/
196      while(fread(&user_temp, sizeof(USER), 1, fp) != 0){
197          /*将文件中读取出的结构体信息中的名字信息与客户端请求的
198           *结构体中的名字进行对比，判断是否有一致的名字*/
199          if(strcmp(user_temp.name, msg->name) == 0){
200              /*如果名字一致，则继续判断登录密码*/
201              if(strcmp(user_temp.passwd, msg->passwd) == 0){
202                  /*满足以上条件，则判断登录成功，设置对应的标志位*/
203                  flag = 1;
204                  msg->sign = SUCCESS;
205                  msg->info.type = user_temp.type;
206                  strcpy(msg->data, "all is right");
207                  return;
208              }
209          }
210      }
211      /*如果 flag 没有变化，说明未找到匹配信息，设置对应的标志位*/
212      if(flag == 0){
213          msg->sign = FAILED;
214          strcpy(msg->data, "find user failed\n");
215          return;
216      }
217
218      fclose(fp);
219      /*操作完成，标志位恢复*/
220      User_rmark--;
```

```
221  }
```

代码分析如下。

上述代码为用户登录时，客户端发送请求之后，服务器执行的核心处理。其核心的操作为第186～210 行，即打开存储用户登录信息的文件 user.dat，将存储信息的结构体与从客户端接收的结构体信息 MSG 进行成员匹配，一致则判断登录成功，反之则失败，并返回判断结果。

```
222  /***********************************************
223   *向保存用户登录信息的文件中，添加新用户的信息
224   *其目的是保证后续该用户可以登录系统
225   ***********************************************/
226  void AddUser(MSG *msg){
227      FILE *fp;
228      USER user;
229      /*读取客户端发送的结构体 MSG，保存的是新用户的信息
230       *并将其复制到结构体 USER 中，之后写入文件*/
231      strcpy(user.name, msg->info.name);
232      strcpy(user.passwd, msg->passwd);
233
234      user.type = STAFF;
235      user.no = msg->info.no;
236
237      /***********************************************
238       *判断对 user.dat 文件的读写标志位是否为 0
239       *如果大于 0，表示当前有线程在操作此文件
240       ***********************************************/
241      while((User_wmark > 0) && (User_rmark > 0)){
242          usleep(100000);
243      }
244
245      /*在将新用户信息写入文件之前，操作标志位自加对其他线程执行互斥*/
246      User_wmark++;
247
248      /*打开存放用户登录信息的文件*/
249      if((fp = fopen("./user.dat", "ab")) == NULL){
250          printf("User %s request: open user.dat failed\n", msg->name);
251          msg->sign = FAILED;
252          strcpy(msg->data, "no file");
253          return;
254      }
255
256      /*写入新用户的登录信息*/
257      fwrite(&(user), sizeof(USER), 1, fp);
258      printf("add user for %s ok\n", msg->name);
259
260      /*写入成功，发送写入成功标志*/
261      msg->sign = SUCCESS;
262      strcpy(msg->data, "add user ok\n");
263
264      fclose(fp);
265      /*恢复标志位*/
266      User_wmark--;
```

```
267 }
```

代码分析如下。

上述代码为当物业管理人员添加一个新的业主时，服务器操作的一部分。此部分实现的功能相当于注册新用户，即将新用户的登录信息进行记录，后续如果该用户进行登录时，则执行 FindUser() 时，可以找到对应用户信息，确保用户登录成功。

```
268 /*添加用户的详细信息*/
269 void AddMsg(MSG *msg){
270     FILE *fp;
271
272     /******************************************************
273      *判断 info.dat 文件的读写标志位，如果标志位大于 0
274      *表示此时文件正在被其他线程操作，则执行循环等待
275      ******************************************************/
276     while((Info_wmark > 0) && (Info_rmark > 0)){
277         usleep(100000);
278     }
279
280     /******************************************************
281      *在将新用户的详细信息写入文件之前，
282      *对 info.dat 文件的读写标志位进行自加，
283      *对其他线程实现互斥
284      ******************************************************/
285     Info_wmark++;
286
287     /*打开用于存储用户详细信息的文件*/
288     if((fp = fopen("./info.dat", "ab")) == NULL){
289         printf("User %s request:open info.dat failed\n", msg->name);
290         msg->sign = FAILED;
291         strcpy(msg->data, "no file");
292         return;
293     }
294
295     /*将新用户的详细信息写入文件中保存*/
296     fwrite(&(msg->info), sizeof(INFO), 1, fp);
297
298     /*写入成功，设置对应的标志位，之后发送给客户端*/
299     printf("add info for %s ok\n", msg->name);
300     msg->sign = SUCCESS;
301     strcpy(msg->data, "write info ok\n");
302
303     fclose(fp);
304     /*恢复标志位*/
305     Info_wmark--;
306 }
```

代码分析如下。

上述代码同样为当物业管理人员添加一个新的业主时，服务器操作的一部分。核心代码为第 288~296 行，其操作为将从客户端获取的保存新用户信息的结构体 INFO，写入文件中。

```
307 void DelUser(MSG *msg){
```

```
308     FILE *fp;
309     int i = 0;
310     USER user_temp[N];
311
312     /*****************************************************
313      *检测文件 user.dat 文件的写标志位，由于读操作不会
314      *对文件中的内容产生影响，因此不需要关注读标志位
315      *如果标志位大于 0,则执行循环等待
316      *****************************************************/
317     while(User_wmark > 0){
318         usleep(100000);
319     }
320
321     /*对文件 user.dat 的读标志位进行自加，实现互斥*/
322     User_rmark++;
323
324     /*打开存放用户登录信息的文件*/
325     if((fp = fopen("./user.dat", "rb")) == NULL){
326         printf("User %s request:open user.dat failed\n", msg->name);
327         msg->sign = FAILED;
328         strcpy(msg->data, "no file");
329         return;
330     }
331
332     /*将文件中所有的业主信息全部取出，保存到结构体数组中*/
333     while(fread(&(user_temp[i++]), sizeof(USER), 1, fp) != 0){
334         ;
335     }
336
337     fclose(fp);
338     User_rmark--;
339
340     /*判断读写标志位，原理同上*/
341     while((User_rmark > 0) && (User_wmark > 0)){
342         usleep(100000);
343     }
344
345     User_wmark++;
346
347     /*重新打开文件，并清空文件中原有的数据*/
348     if((fp = fopen("./user.dat", "wb")) == NULL){
349         printf("User %s request:open user.dat failed\n", msg->name);
350         msg->sign = FAILED;
351         strcpy(msg->data, "no file");
352         return;
353     }
354
355     /*****************************************************
356      *判断需要删除的用户的编号与文件中所有的用户的编号进行对比
357      *由于编号设定时是唯一的，因此将判断符合条件的结构体从数组中
358      *移除，并将移除之后的数组中的结构体依次重新写入文件，即实现删除
359      *****************************************************/
360     while(i--){
361         if(msg->info.no != user_temp[i].no){
```

```
362                 fwrite(&(user_temp[i]), sizeof(USER), 1, fp);
363             }
364         }
365
366     /*操作完成后，设置对应的标志位*/
367     msg->sign = SUCCESS;
368
369     printf("delete user for %s ok\n", msg->name);
370     strcpy(msg->data, "delete user ok\n");
371
372     fclose(fp);
373     User_wmark--;
374 }
```

代码分析如下。

上述代码中，其核心操作为第 325～364 行，实现删除用户的第一步，即删除用户的登录信息，之后用户将无法登录系统。实现的方式为将存储用户登录信息的结构体从文件中删除。删除的设计思想为将所有存储用户登录信息的结构体从文件中依次读出，并保存在结构体数组中。然后，在将数组中的结构体重新写入文件时则需要进行判断，使需要删除的结构体跳过写入操作，将其他结构体依次写入，即实现完成删除操作。

```
375 /*删除业主的详细信息，其原理与删除登录信息时一致*/
376 void DelMsg(MSG *msg){
377     FILE *fp;
378     int i = 0;
379     INFO info_temp[N];
380
381     /*实现对文件读写的互斥*/
382     while(Info_wmark > 0){
383         usleep(100000);
384     }
385
386     Info_rmark ++;
387
388     /*打开用于存储用户详细信息的文件*/
389     if((fp = fopen("./info.dat", "rb")) == NULL){
390         printf("User %s request:open info.dat failed\n", msg->name);
391         msg->sign = FAILED;
392         strcpy(msg->data, "no file");
393         return;
394     }
395
396     /*将存储用户详细信息的结构体依次从文件中读出，并保存在结构体数组中*/
397     while(fread(&(info_temp[i++]), sizeof(INFO), 1, fp) != 0){
398         ;
399     }
400
401     fclose(fp);
402     Info_rmark--;
403
404     while((Info_rmark > 0) && (Info_wmark > 0)){
405         usleep(100000);
406     }
```

```
407
408      Info_wmark++;
409
410      /*重新打开文件*/
411      if((fp = fopen("./info.dat", "wb")) == NULL){
412          printf("User %s request:open info.dat failed\n", msg->name);
413          msg->sign = FAILED;
414          strcpy(msg->data, "no file");
415          return;
416      }
417
418      /***********************************************************
419       *将结构体数组中的保存用户详细信息的结构体重新写入文件
420       *写入时，将符合删除条件的结构体跳过写入操作，实现删除
421       ***********************************************************/
422      while(i--){
423          if(msg->info.no == info_temp[i].no)
424              continue;
425          fwrite(&(info_temp[i]), sizeof(INFO), 1, fp);
426      }
427
428      printf("delete info for %s ok\n", msg->name);
429      msg->sign = SUCCESS;
430      strcpy(msg->data, "change info ok\n");
431
432      fclose(fp);
433      Info_wmark--;
434  }
```

代码分析如下。

上述代码为将业主的信息从系统中删除，其实现的原理与上一段代码一致。核心的代码为第388~426 行，完成此出操作时，业主信息将彻底从系统中移除，用户无法登录的同时，物业管理也无法查询。

```
435  /*实现查询业主信息*/
436  void FindMsg(MSG *msg){
437      INFO info_temp;
438      int flag = 0;
439      FILE *fp;
440
441      while(Info_wmark >0){
442          usleep(100000);
443      }
444
445      Info_rmark++;
446
447      /*打开存储业主详细信息的文件*/
448      if((fp = fopen("./info.dat", "rb")) == NULL){
449          printf("User %s request:no file info.dat\n", msg->name);
450          msg->sign = FAILED;
451          strcpy(msg->data, "no file");
452          return;
453      }
454
```

```
455        if(strcmp(msg->info.name, "NULL") != 0){
456            /*从文件中依次读取描述业主信息的结构体*/
457            while(fread(&info_temp, sizeof(INFO), 1, fp) != 0){
458                /*判断客户端需要查询的业主姓名与文件中读取的是否一致*/
459                if(strcmp(info_temp.name, msg->info.name) == 0){
460                    /*如果名字相同，则再次判断其编号，避免业主名字相同，查询出错*/
461                    if((msg->info.no != 0) && (msg->info.no == info_temp.no)){
462                        /*判断符合条件则将该结构体之后发送给客户端*/
463                        msg->info = info_temp;
464                        msg->sign = SUCCESS;
465                        strcpy(msg->data, "find it2");
466                        flag = 1;
467                        return;
468                    }
469                    else{
470                        continue;
471                    }
472                }
473            }
474            if(flag == 0){
475                msg->sign = FAILED;
476                strcpy(msg->data, "not find");
477                return;
478            }
479        }
480
481        fclose(fp);
482        Info_rmark--;
483 }
```

代码分析如下。

上述代码的功能为当客户端执行查询请求时，服务器端的核心操作。核心的代码为第 448～473 行，实现的内容为从存储业主详细信息的文件中，将需要读取的业主信息所对应的结构体发送给客户端。由于业主编号在整个管理系统中具有唯一性，因此将其作为判断用户的标记，避免执行读取操作时，读到信息重叠的其他用户，导致读取信息不正确的情况。

12.2.2　客户端程序设计

本节将按照 12.1.4 节中介绍的客户端的功能部分来展示客户端程序代码示例，具体情况如例 12-3 和例 12-4 所示。

例 12-3　客户端头文件实现。

```
1 #define N 64
2 #define READ 1 //查询业主信息
3 #define CHANGE 2 //修改业主信息
4 #define DELETE 3 //删除业主信息
5 #define ADD 4 //添加业主信息
6 #define LOAD 5 //业主申请登录
7 #define QUIT 6 //业主退出时发给服务器通知消息
8 #define SUCCESS 7 //服务器操作成功
```

```
 9 #define FAILED 8 //服务器操作失败
10 /*用户级别宏*/
11 #define STAFF 10 //小区业主
12 #define ADM 11 //物业管理人员
13
14 typedef struct{
15     int type;//判断是否为物业管理员
16     char name[N];//名字
17     char passwd[N];//登录密码
18     int no;//业主登记编号
19 }USER;
20
21 typedef struct{
22     char name[N];//名字
23     char addr[N];//业主小区详细住址
24     char time_start[N];//停车费年卡办理时间
25     char time_end[N];//年卡有效截止日期
26     int location;//车库位置编号
27     int no;//身份证号
28     int card;//车库年卡费用
29     char phone[N];//手机号
30     int type;//用户级别
31     char car_num[N];//车牌号
32 }INFO;
33
34 typedef struct{
35     int sign;//标志符判断操作是否成功
36     int type;//判断操作类型
37     char name[N];//发送消息的用户
38     INFO info;//住户信息结构体
39     char passwd[N];//业主密码在第一次登录使用
40     char data[N];//操作失败或成功的消息
41 }MSG;
42
43 /*客户端实现添加新用户信息请求的函数接口*/
44 int do_adduser(int sockfd, MSG *msg);
45 /*客户端实现删除用户信息请求的函数接口*/
46 int do_deluser(int sockfd, MSG *msg);
47 /*客户端实现修改用户信息请求的函数接口*/
48 int do_modifyuser(int sockfd, MSG *msg);
49 /*客户端实现查询用户信息请求的函数接口*/
50 int do_selectuser(int sockfd, MSG *msg);
```

代码分析如下。

上述代码为客户端程序需要的头文件，第 2～12 行代码为操作的宏定义，用来与服务器进行信息传递时指定请求的类型，服务器根据该定义完成对应的操作。第 21～32 行代码为结构体 **INFO**，用来保存业主详细信息的结构体。第 34～41 行代码为客户端与服务器进行信息传递的载体，结构体

INFO 被包含于其中。第 43～50 行代码为客户端设置的关于请求操作的函数接口。

例 12-4　客户端代码实现。

```
1  #include <stdio.h>
2  #include <string.h>
3  #include <fcntl.h>
4  #include <unistd.h>
5  #include <stdlib.h>
6  #include <sys/types.h>
7  #include <sys/socket.h>
8  #include <netinet/in.h>
9  #include "client.h"
10
11 int main(int argc, const char *argv[])
12 {
13     int sockfd;
14     struct sockaddr_in serveraddr;
15
16     MSG msg;
17
18     /*创建流式套接字*/
19     if((sockfd = socket(AF_INET, SOCK_STREAM, 0)) < 0){
20         perror("socket error");
21         return -1;
22     }
23
24     /*填充网络信息结构体*/
25     bzero(&serveraddr, sizeof(serveraddr));
26     serveraddr.sin_family = AF_INET;
27     serveraddr.sin_addr.s_addr = inet_addr(argv[1]);
28     serveraddr.sin_port = htons(atoi(argv[2]));
29
30     /*连接服务器*/
31     if(connect(sockfd, (struct sockaddr *)&serveraddr,\
32             sizeof(serveraddr)) < 0){
33         perror("connect error");
34         return -1;
35     }
36
37     /*登录界面，使用循环，保证操作错误时可以再次返回该界面*/
38     while(1){
39         puts("==========================================");
40         puts("++++++++++++++++++Login++++++++++++++++++++");
41         puts("==========================================");
42
43         /*输入登录信息 名字+密码*/
44         printf("Please input your name >");
45         fgets(msg.name, N, stdin);
46         msg.name[strlen(msg.name) -1] = '\0';
47
48         printf("Please input your password >");
49         fgets(msg.passwd, N, stdin);
50         msg.passwd[strlen(msg.passwd) - 1] = '\0';
51         msg.type = LOAD;
52
```

```
53        /*发送消息给服务器，进行登录验证*/
54        send(sockfd, &msg, sizeof(MSG), 0);
55        printf("---load type %d\n", msg.type);
56        /*接收服务器的反馈消息*/
57        recv(sockfd, &msg, sizeof(MSG), 0);
58
59        /*根据服务器端返回的标志进行判断*/
60        /*登录成功*/
61        if(msg.sign == SUCCESS){
62            /*进入业主登录界面*/
63            if(msg.info.type == STAFF){
64                goto User;
65            }
66            /*进入物业管理界面*/
67            else if(msg.info.type == ADM){
68                goto Admin;
69            }
70        }
71        /*登录失败*/
72        if(msg.sign == FAILED){
73            printf("%s\n", msg.data);
74            continue;
75        }
76    }
```

代码分析如下。

上述代码为客户端与服务器建立网络连接之后，实现进入登录界面的操作。登录时根据用户名（用户姓名）与登录密码实现登录，将登录请求发送给服务器，服务器判断保存用户登录信息的文件中，是否有匹配用户，并将结果返回给客户端。第57～75行代码为客户端对服务器返回的结果进行解析，选择需要跳转的界面。登录成功进入物业管理或业主界面，失败则重新返回登录界面。

```
77 /*跳转到物业管理界面*/
78 Admin:
79     while(1){
80         /*管理员权限*/
81     puts("=====================================================");
82     puts("1:add user 2:delete user 3:modify info 4:select info 5:exit");
83     puts("=====================================================");
84     printf("please input your command > ");//输入对应的操作数字
85
86         /*输入错误命令情况处理*/
87     int result;
88     int command;
89     char clear[N];
90
91     if(scanf("%d", &command) == 0){
92         fgets(clear, N, stdin);
93         continue;
94     }
95
96         switch(command){
```

```
97              case 1:
98                  /*添加业主信息*/
99                  result = do_adduser(sockfd, &msg);
100                 if(result == SUCCESS){
101                     puts("注册业主信息成功");
102                 }
103                 else if(result == FAILED){
104                     printf("%s\n", msg.data);
105                     continue;
106                 }
107                 break;
108             case 2:
109                 /*删除业主信息*/
110                 result = do_deluser(sockfd, &msg);
111                 if(result == SUCCESS){
112                     puts("删除业主信息成功");
113                 }
114                 else if(result == FAILED){
115                     printf("%s\n", msg.data);
116                     puts("删除业主信息失败");
117                     continue;
118                 }
119                 break;
120             case 3:
121                 /*修改业主信息*/
122                 result = do_modifyuser(sockfd, &msg);
123                 if(result == SUCCESS){
124                     puts("修改业主信息成功");
125                 }
126                 else if(result == FAILED){
127                     printf("%s\n", msg.data);
128                     puts("修改业主信息失败");
129                     continue;
130                 }
131                 break;
132             case 4:
133                 /*查询业主信息*/
134                 result = do_selectuser(sockfd, &msg);
135                 if(result == SUCCESS){
136                     printf("姓名:%s\n", msg.info.name);
137                     printf("业主详细地址:%s\n", msg.info.addr);
138                     printf("停车费年卡办理时间:%s\n", msg.info.time_start);
139                     printf("停车卡有效截止日期:%s\n", msg.info.time_end);
140                     printf("车位编号:%d\n", msg.info.location);
141                     printf("业主编号:%d\n", msg.info.no);
142                     printf("年卡费用:%d\n", msg.info.card);
143                     printf("手机号:%s\n", msg.info.phone);
144                     printf("用户类型:%d\n", msg.info.type);
145                     printf("车牌号:%s\n", msg.info.car_num);
146                 }
147                 else if(result == FAILED){
```

```
148                    printf("%s\n", msg.data);
149                    puts("业主信息不存在");
150                    continue;
151                }
152                break;
153            case 5:
154                msg.type = QUIT;
155                send(sockfd, &msg, sizeof(MSG), 0);
156                goto Exit;
157            }
158        }
159 Exit:
160     close(sockfd);
```

代码分析如下。

上述代码为跳转到物业管理界面后，选择不同的选项，则执行不同的请求，分支语句保证程序可以跳转到不同的函数，执行不同的请求，包括添加新的业主信息、删除业主信息、查询业主信息、修改业主信息，以及系统退出。

```
161 /*跳转到业主界面*/
162 User:
163     while(1){
164         /*普通业主权限*/
165         puts("===============================================");
166         puts("+++++1:select info 2:modify passwd 3:exit+++++");
167         puts("===============================================");
168         printf("please input your command > ");
169
170         /*处理输入错误命令的情况*/
171         int command;
172         char clear[N];
173         /*****************************************************
174          * 如果终端输入的内容未被成功读取，则返回值为零；
175          * 说明本次输入的选择，不合规则，无法读取；
176          * continue 跳过本次循环，重新让业主选择
177          *****************************************************/
178         if(scanf("%d", &command) == 0){
179             fgets(clear, N, stdin);
180             continue;
181         }
182
183         switch(command){
184             case 1:
185                 msg.type = READ;
186                 strcpy(msg.info.name, msg.name);
187                 printf("请输入编号 > ");
188 input_no:
189                 if(scanf("%d", &(msg.info.no)) == 0){
190                     printf("input type error, exp 1001\n");
191                     fgets(clear, N, stdin);
192                     goto input_no;
193                 }
194                 /*发送查询消息*/
```

```
195            send(sockfd, &msg, sizeof(MSG), 0);
196            /*接收服务器的反馈消息*/
197            recv(sockfd, &msg, sizeof(MSG), 0);
198            /*打印用户自身消息*/
199            printf("姓名:%s\n", msg.info.name);
200            printf("业主详细地址:%s\n", msg.info.addr);
201            printf("办停车卡时间:%s\n", msg.info.time_start);
202            printf("停车卡有效期:%s\n", msg.info.time_end);
203            printf("车位编号:%d\n", msg.info.location);
204            printf("业主编号:%d\n", msg.info.no);
205            printf("年卡费用:%d\n", msg.info.card);
206            printf("手机号:%s\n", msg.info.phone);
207            printf("用户类型:%d\n", msg.info.type);
208            printf("车牌号:%s\n", msg.info.car_num);
209            break;
210        case 2:
211            /*向服务器端确认需要修改密码的用户的编号以及名字*/
212            strcpy(msg.info.name, msg.name);
213            getchar();
214            printf("请输入业主编号 > ");
215
216            input_no1:
217            if(scanf("%d", &(msg.info.no)) == 0){
218                printf("input type error, exp 1001\n");
219                fgets(clear, N, stdin);
220                goto input_no1;
221            }
222            getchar();
223            printf("请输入新的登录密码 > ");
224            fgets(msg.passwd, N, stdin);
225            msg.passwd[strlen(msg.passwd) - 1] = '\0';
226            /*设置操作类型, 发送给服务器*/
227            msg.type = CHANGE;
228            send(sockfd, &msg, sizeof(MSG), 0);
229            break;
230        case 3:
231            msg.type = QUIT;
232            send(sockfd, &msg, sizeof(MSG), 0);
233            goto Exit;
234        }
235    }
236 Exit:
237    close(sockfd);
238    return 0;
239 }
```

代码分析如下。

上述代码为跳转到业主操作界面，选择不同的选项则执行不同的请求。代码第 183～234 行为通过分支语句跳转到不同的操作，实现不同功能，包括查询业主的信息，修改业主的登录密码，以及退出系统。

```
240  /*添加业主信息*/
241  int do_adduser(int sockfd, MSG *msg){
242      printf("请输入业主的姓名 > ");
243      getchar();
244      fgets((msg->info).name, N, stdin);
245      (msg->info).name[strlen((msg->info).name) - 1] = '\0';
246
247      printf("请输入业主的详细地址 > ");
248      fgets((msg->info).addr, N, stdin);
249      (msg->info).addr[strlen((msg->info).addr) - 1] = '\0';
250
251      printf("请输入业主的手机号码 > ");
252      fgets((msg->info).phone, N, stdin);
253      (msg->info).phone[strlen((msg->info).phone) - 1] = '\0';
254
255      printf("请输入业主的车牌号 > ");
256      fgets((msg->info).car_num, N, stdin);
257      (msg->info).car_num[strlen((msg->info).car_num) - 1] = '\0';
258
259      printf("请输入业主办理停车位起始日期 > ");
260      fgets((msg->info).time_start, N, stdin);
261      (msg->info).time_start[strlen((msg->info).time_start) - 1] = '\0';
262
263      printf("请输入业主停车位使用截止日期 > ");
264      fgets((msg->info).time_end, N, stdin);
265      (msg->info).time_end[strlen((msg->info).time_end) - 1] = '\0';
266
267      char clear[N];
268
269  input_location:
270      printf("请输入业主停车位编号 > ");
271      if(scanf("%d", &(msg->info.location)) == 0){
272          printf("input type error, exp 1001\n");
273          fgets(clear, N, stdin);
274          goto input_location;
275      }
276      getchar();
277  input_no:
278      printf("请输入业主编号 > ");
279      if(scanf("%d", &(msg->info.no)) == 0){
280          printf("input type error, exp 1001\n");
281          fgets(clear, N, stdin);
282          goto input_no;
283      }
284      getchar();
285  input_card:
286      printf("请输入停车位年卡费用 > ");
287      if(scanf("%d", &(msg->info.card)) == 0){
288          printf("input type error, exp 1200\n");
289          fgets(clear, N, stdin);
290          goto input_card;
291      }
```

```
292     getchar();
293 input_type:
294     printf("请输入业主类型 > ");
295     if(scanf("%d", &(msg->info.type)) == 0){
296         printf("input type error\n");
297         printf("类型选择：1.物业管理 2.小区常住业主 3.小区租户\n");
298         fgets(clear, N, stdin);
299         goto input_card;
300     }
301     getchar();
302
303     printf("请输入业主系统登录密码 > ");
304     fgets(msg->passwd, N, stdin);
305     msg->passwd[strlen(msg->passwd) - 1] = '\0';
306
307     /*发送操作类型给服务器*/
308     msg->type = ADD;
309
310     /*发送给服务器的结构体类型，必须和客户端一致*/
311     send(sockfd, msg, sizeof(MSG), 0);
312     recv(sockfd, msg, sizeof(MSG), 0);
313
314     return msg->sign;//返回服务器端的处理信息
315 }
```

代码分析如下。

上述代码为物业管理选择添加新业主信息时，需要执行的操作请求，其核心为对描述业主信息的结构体进行初始化操作。部分信息的输入采用了类似于递归函数的方式，实现输入有误时，可以重新输入。最后将填充了新业主信息的结构体发送给服务器，并接收服务器的反馈，判断是否添加成功。

```
316
317 /*删除业主信息*/
318 int do_deluser(int sockfd, MSG *msg){
319     printf("请输入删除业主的姓名 > ");
320     getchar();
321     fgets((msg->info).name, N, stdin);
322     (msg->info).name[strlen((msg->info).name) - 1] = '\0';
323
324     printf("请输入删除业主的编号 > ");
325     if(scanf("%d", &(msg->info.no)) == 0){
326         msg->info.no = 0;
327     }
328
329     msg->type = DELETE;
330
331     send(sockfd, msg, sizeof(MSG), 0);
332     recv(sockfd, msg, sizeof(MSG), 0);
333
334     return msg->sign;//返回服务器端的处理信息
```

```
335 }
```

代码分析如下。

上述代码为物业管理请求删除业主信息时，跳转的核心代码。这里采用名字与编号组合的方式来确定某一个业主，发送请求的类型为删除请求。服务器接收此结构体信息，并执行对比，将文件中匹配的业主信息删除。删除的操作是通过对文件先读后写的操作实现，详见上一节中展示的代码细节。

代码第 332～334 行为客户端得到服务器端的反馈，返回处理的结果。

```
336 /*修改业主信息*/
337 int do_modifyuser(int sockfd, MSG *msg){
338     printf("请输入被修改业主的姓名 > ");
339     getchar();
340     fgets((msg->info).name, N, stdin);
341     (msg->info).name[strlen((msg->info).name) - 1] = '\0';
342
343 input_no:
344     printf("请输入被修改业主编号 > ");
345     if(scanf("%d", &(msg->info.no)) == 0){
346         printf("input type error, exp 1001\n");
347         fgets(clear, N, stdin);
348         goto input_no;
349     }
350     getchar();
351
352     printf("请输入业主新的详细地址 > ");
353     fgets((msg->info).addr, N, stdin);
354     (msg->info).addr[strlen((msg->info).addr) - 1] = '\0';
355
356     printf("请输入业主新的手机号码 > ");
357     fgets((msg->info).phone, N, stdin);
358     (msg->info).phone[strlen((msg->info).phone) - 1] = '\0';
359
360     printf("请输入业主新的车牌号 > ");
361     fgets((msg->info).car_num, N, stdin);
362     (msg->info).car_num[strlen((msg->info).car_num) - 1] = '\0';
363
364     printf("请输入业主新办理停车位起始日期 > ");
365     fgets((msg->info).time_start, N, stdin);
366     (msg->info).time_start[strlen((msg->info).time_start) - 1] = '\0';
367
368     printf("请输入业主新停车位使用截止日期 > ");
369     fgets((msg->info).time_end, N, stdin);
370     (msg->info).time_end[strlen((msg->info).time_end) - 1] = '\0';
371
372     char clear[N];
373
374 input_location:
375     printf("请输入业主新停车位编号 > ");
376     if(scanf("%d", &(msg->info.location)) == 0){
377         printf("input type error, exp 1001\n");
```

```
378        fgets(clear, N, stdin);
379        goto input_location;
380    }
381    getchar();
382
383 input_card:
384    printf("请输入停车位年卡费用 > ");
385    if(scanf("%d", &(msg->info.card)) == 0){
386        printf("input type error, exp 1200\n");
387        fgets(clear, N, stdin);
388        goto input_card;
389    }
390    getchar();
391 input_type:
392    printf("请输入业主类型 > ");
393    if(scanf("%d", &(msg->info.type)) == 0){
394        printf("input type error, exp 2\n");
395        fgets(clear, N, stdin);
396        goto input_card;
397    }
398    getchar();
399
400    printf("请输入业主系统登录密码 > ");
401    fgets(msg->passwd, N, stdin);
402    msg->passwd[strlen(msg->passwd) - 1] = '\0';
403
404    /*发送操作类型给服务器*/
405    msg->type = CHANGE;
406
407    /*发送给服务器的结构体类型，必须和客户端一致*/
408    send(sockfd, msg, sizeof(MSG), 0);
409    recv(sockfd, msg, sizeof(MSG), 0);
410
411    return msg->sign;//返回服务器端的处理信息
412 }
```

代码分析如下。

上述代码为物业管理对业主信息更新时，客户端执行请求的操作代码，本次选择更新操作为更新全部信息，降低工作难度。名字与业主编号不在修改范围内，本程序不建议修改编号与名字，否则会出现错误。其他则全部可以选择修改，修改的方式为将原有信息全部覆盖。

```
413 /*查询业主信息*/
414 int do_selectuser(int sockfd, MSG *msg){
415    printf("请输入业主的姓名 > ");
416    getchar();
417
418    fgets((msg->info).name, N, stdin);
419    (msg->info).name[strlen((msg->info).name) - 1] = '\0';
420
421    /*当输入其他字符时，默认要查询的 no 值为 0*/
422    printf("请输入业主编号 > ");
```

```
423      if(scanf("%d", &(msg->info.no)) == 0){
424          msg->info.no = 0;
425      }
426      msg->type = READ;
427      send(sockfd, msg, sizeof(MSG), 0);
428      recv(sockfd, msg, sizeof(MSG), 0);
429
430      return msg->sign;
431 }
```

代码分析如下。

上述代码为物业管理查询业主信息时，客户端执行的请求。将需要查询的业主姓名与编号封装到结构体 MSG，并发送给服务器处理。

12.2.3 系统展示

将程序示例在工作环境中，进行编译并运行，先运行服务器端，再运行客户端，展示成果如下所示。

由于客户端程序实现了界面操作，因此本次将直接展示客户端程序运行效果，如下所示。

```
linux@Master:~/1000phone/project/client$ ./client 10.0.36.199 7777
===============================================
+++++++++++++++++++Login+++++++++++++++++++++
===============================================
Please input your name >
```

运行客户端，并输入需要连接的服务器端 IP 地址及端口建立连接。进入登录界面，按提示输入对应内容，使用物业管理身份进入系统。

```
Please input your name >admin
Please input your password >123
---load type 5
===============================================
1:add user 2:delete user 3:modify info 4:select info 5:exit
===============================================
please input your command >
```

如上所示，输入物业管理身份信息登录成功，进入物业管理窗口，选择操作方式 1 添加业主信息。

```
please input your command > 1
请输入业主的姓名 > 张三
请输入业主的详细地址 > 1 号楼 1 单元 101
请输入业主的手机号码 > 1234567890
请输入业主的车牌号 > 京 A999999
请输入业主办理停车位起始日期 > 2019 年 7 月 1 日
请输入业主停车位使用截止日期 > 2020 年 7 月 1 日
请输入业主停车位编号 > 1001
请输入业主编号 > 0101101
请输入停车位年卡费用 > 1400
```

```
请输入业主类型 > 2
请输入业主系统登录密码 > 000000
注册业主信息成功
=========================================================
1:add user 2:delete user 3:modify info 4:select info 5:exit
=========================================================
please input your command >
```

　　如上所示，按照提示依次输入小区新业主的个人信息，完成后得到注册成功提示，再次回到选择窗口界面，此时表示业主信息已经成功录入。此时选择查询选项，查看业主信息。

```
please input your command > 4
请输入业主的姓名 > 张三
请输入业主编号 > 0101101
姓名:张三
业主详细地址:1 号楼 1 单元 101
停车费年卡办理时间:2019 年 7 月 1 日
停车卡有效截止日期:2020 年 7 月 1 日
车位编号:1001
业主编号:101101
年卡费用:1400
手机号:1234567890
用户类型:2
车牌号:京 A999999
=========================================================
1:add user 2:delete user 3:modify info 4:select info 5:exit
=========================================================
please input your command >
```

　　如上所示，当选择查业主信息时，需要输入查询业主的姓名与编号，如果信息匹配则查询成功，之后再次自动返回选择窗口界面。

　　当新业主成功添加之后，表示该业主同样也具有登录系统的权利，此时重新运行一个新的客户端（不关闭上一个客户端），连接并使用业主的身份登录，如下所示。

```
linux@Master:~/1000phone/project/client$ ./client 10.0.36.199 7777
===========================================
++++++++++++++++++Login++++++++++++++++++++
===========================================
Please input your name >张三
Please input your password >000000
---load type 5
===========================================
+++++1:select info 2:modify passwd 3:exit+++++
===========================================
please input your command >
```

　　如上所示，使用添加的新业主身份登录系统，则进入业主操作的窗口界面。选择方式 1 查询自身信息。

```
please input your command > 1
```

```
请输入编号 > 0101101
姓名:张三
业主详细地址:1 号楼 1 单元 101
办停车卡时间:2019 年 7 月 1 日
停车卡有效期:2020 年 7 月 1 日
车位编号:1001
业主编号:101101
年卡费用:1400
手机号:1234567890
用户类型:2
车牌号:京 A999999
===============================================
+++++1:select info 2:modify passwd 3:exit+++++
===============================================
please input your command >
```

如上所示，输入业主编号，即可查询自身信息。选择方式 2 即可修改登录密码，如下所示。

```
please input your command > 2
请输入业主编号 > 0101101
请输入新的登录密码 > 123456
===============================================
+++++1:select info 2:modify passwd 3:exit+++++
===============================================
please input your command >
```

选择方式 3 退出，重新登录，输入新密码登录尝试，成功登录，表示修改成功，如下所示。

```
please input your command > 3
linux@Master:~/1000phone/project/client$ ./client 10.0.36.199 7777
===============================================
++++++++++++++++++Login+++++++++++++++++++++++
===============================================
Please input your name >张三
Please input your password >123456
---load type 5
===============================================
+++++1:select info 2:modify passwd 3:exit+++++
===============================================
please input your command >
```

此时回到上一个客户端（物业管理窗口界面），选择方式 3，修改该业主的信息，如下所示，提示修改业主信息成功，表示修改完成。

```
=============================================================
1:add user 2:delete user 3:modify info 4:select info 5:exit
=============================================================
please input your command > 3
请输入被修改业主的姓名 > 张三
请输入被修改业主编号 > 0101101
请输入业主新的详细地址 > 13 号楼 2 单元 101
```

```
请输入业主新的手机号码 > 15513245323
请输入业主新的车牌号 > 京 A999999
请输入业主新办理停车位起始日期 > 2019 年 7 月 1 日
请输入业主新停车位使用截止日期 > 2020 年 7 月 1 日
请输入业主新停车位编号 > 1323
请输入停车位年卡费用 > 1400
请输入业主类型 > 2
请输入业主系统登录密码 > 111111
修改业主信息成功
========================================================
1:add user 2:delete user 3:modify info 4:select info 5:exit
========================================================
please input your command >
```

选择方式 2，删除业主信息，并且在返回的窗口中，选择查询，发现业主信息不存在。此时业主已经从系统中删除，如下所示。

```
please input your command > 2
请输入删除业主的姓名 > 张三
请输入删除业主的编号 > 0101101
删除业主信息成功
========================================================
1:add user 2:delete user 3:modify info 4:select info 5:exit
========================================================
please input your command > 4
请输入业主的姓名 > 张三
请输入业主编号 > 0101101
not find
业主信息不存在
```

删除的业主，同时也无法登录系统，在另一个客户端窗口可测试，如下所示。

```
linux@Master:~/1000phone/project/client$ ./client 10.0.36.199 7777
==========================================
+++++++++++++++++++++Login+++++++++++++++++++++
==========================================
Please input your name >张三
Please input your password >123456
---load type 5
find user failed
```

至此，该系统中所有的功能测试完毕，读者也可多添加用户，并且可以设置多种情况进行测试。

12.3　本章小结

本章通过一个简单且直观的项目展示了 Linux 系统编程的魅力。本章项目涉及很多技术知识，包括 I/O 操作、进程通信机制、多线程机制、网络编程等。项目通过 Linux 系统编程接口借助于 C

语言编程技巧，实现了一个整体的功能模块。小区物业停车管理系统作为应用层的功能模块，可以结合上层图形界面，建立更良好的用户交互体验。也可以结合系统硬件层面，实现小区监控、自主门禁等生活常见需求，建立更加完整的智能化体系。本章项目意在串联读者对知识的熟练应用，提高自身的编程能力，使读者适应更加深入地实战项目开发。

12.4　习题

思考题

（1）简述本章项目的功能需求。

（2）简述本章项目中更新业主信息时，服务器的实现思路。